中国退役动力电池循环利用技术与产业发展报告

中国科学院过程工程研究所

北京资源强制回收环保产业技术创新战略联盟

资源与环境安全战略研究中心　**编著**

中国物资再生协会

中国环境科学研究院

人 民 出 版 社

科学技术文献出版社
SCIENTIFIC AND TECHNICAL DOCUMENTATION PRESS

图书在版编目（CIP）数据

中国退役动力电池循环利用技术与产业发展报告 / 中国科学院过程工程研究所等编著.—北京：科学技术文献出版社：人民出版社，2019.12（2023.3重印）
ISBN 978-7-5189-6088-0

Ⅰ.①中… Ⅱ.①中… Ⅲ.①蓄电池—废物综合利用—产业发展—研究报告—中国 Ⅳ.① X734.2

中国版本图书馆 CIP 数据核字（2019）第 193831 号

中国退役动力电池循环利用技术与产业发展报告

策划编辑：孙江莉　责任编辑：李　鑫　段海宝　责任校对：文　浩　责任出版：张志平

出　版　者	科学技术文献出版社　人民出版社
地　　　址	北京市复兴路15号　邮编 100038
编　务　部	(010) 58882938，58882087（传真）
发　行　部	(010) 58882868，58882870（传真）
邮　购　部	(010) 58882873
官 方 网 址	www.stdp.com.cn
发　行　者	科学技术文献出版社发行　全国各地新华书店经销
印　刷　者	北京虎彩文化传播有限公司
版　　　次	2019 年 12 月第 1 版　2023 年 3 月第 4 次印刷
开　　　本	710×1000　1/16
字　　　数	258 千
印　　　张	16
书　　　号	ISBN 978-7-5189-6088-0
定　　　价	78.00 元

版权所有　违法必究
购买本社图书，凡字迹不清、缺页、倒页、脱页者，本社发行部负责调换

《中国退役动力电池循环利用技术与产业发展报告》编委会

名誉顾问：张　懿　段　宁　张锁江　吴　锋

编委会主任：马　荣

副　主　任：许军祥　乔　琦

主　　　编：曹宏斌

副　主　编：孙　峙　郭玉文

执 行 主 编：何晓霞

编委会成员：（按姓氏笔画排序）

丁　鹤　于可利　王海波　区汉成

庄　培　刘秀庆　齐　涛　阮丁山

李　丽　余海军　张永祥　张西华

陈　龙　陈进昭　林　晓　郑　郧

曹国庆　崔　燕　董　悦　鲍　伟

序 一

党的十八大以来，国家高度重视新能源汽车产业发展，国务院发布的《节能与新能源汽车产业发展规划（2012—2020年)》提出发展目标，到2020年，纯电动汽车和插电式混合动力汽车累计产销量超过500万辆。新能源汽车产业进入快速发展期，产量和销售量快速增长，2016年产量为51.9万台，2017年产量为79.4万台，而2018年产量为127万台、动力蓄电池装机量总电量约56.9 GW·h。随着首批新能源汽车上路已满8年，我国即将迎来动力电池退役"小高峰"，行业专家从企业质保期限、电池循环寿命、车辆使用工况等方面综合测算，普遍认为2018年是动力蓄电池报废元年，预计到2020年累计将超过25 GW·h。据工业和信息化部发布的《新能源汽车动力蓄电池回收利用调研报告》，在"十城千辆工程"推广期间生产的新能源汽车共计产生退役动力蓄电池约1.22 GW·h；主要集中在深圳、合肥、北京等新能源汽车推广力度较大的城市，具有显著的地域特征。废旧动力蓄电池具有安全、环境与资源多重属性：从安全层面来看，废旧动力蓄电池处置不当存在触电、短路燃爆及氟化氢腐蚀等隐患；从环境层面看，废旧动力蓄电池存在镍、钴、铜、锰等重金属污染和电解液等有机污染，回收过程可能会存在粉尘、废气、废水和废渣污染；从资源层面看，废旧动力蓄电池含有锂、镍、钴、锰及稀土（镍氢电池）等关键资源。

近年来，在国务院、国家发展改革委、工业和信息化部等多部门的共同推动下，先后发布了《生产者责任延伸制度推行方案》《新能源汽车动力蓄电池回收利用管理暂行办法》《新能源汽车动力蓄电池回收利用溯源管理暂行规定》《新能源汽车动力蓄电池回收利用试点实施方案》等一系列政策强化推动新能源汽车动力蓄电池回收利用体系建设。同时也推进了一系列国家、行业、团体标准的发布与实施。废旧动力电池回收技术方面也取得了长足进步，并实现了产业应用，然而在异构电池兼容处理、废磷酸铁锂资源循环、复杂混合物料金属回收、材料短程再生、装备自动化、过程污染控制等方面仍存在诸多技术瓶颈。

本书旨在从动力电池回收利用全产业链角度出发，分析资源供给、利用技术与装备、过程污染控制、政策法规、产业上下游等多层面的发展现状，最终形成废旧动力电池回收利用产业发展路线规划，为新能源汽车产业的可持续发展提供支撑。

2019 年 11 月于中科院过程所

序 二

近年来，在环境问题日益严峻、能源多样化战略逐渐成为发展共识的背景下，多国政府加大了对新能源汽车产业的扶持力度，全球新能源汽车行业进入了快速发展阶段。随着新能源汽车市场规模不断增长，预计动力电池的报废量也会出现快速增长的趋势。从环境治理和资源利用角度来看，废旧动力电池循环利用将成新能源汽车产业的重要一环。尽管废旧动力电池循环利用的重要性在业界已达成共识，但其循环利用市场尚处于初级阶段，无论是政策法规、工艺技术还是回收体系，都亟待进一步加强研究和规范。

《中国退役动力电池循环利用技术与产业发展报告》着重从动力电池产业相关资源现状分析、废旧动力电池回收技术发展、废旧动力电池回收产业特征分析、动力电池回收行业宏观政策与标准、动力电池回收产业发展趋势及典型技术案例介绍6个章节着重介绍国内废旧动力电池产业发展实际情况。动力电池产业相关资源现状分析章节从我国工业现状出发，着重分析锂离子动力电池相关原材料从资源关键性、物质流向等角度分析供给风险并提出相应的解决策略与建议；废旧动力电池回收技术进展章节对目前退役动力电池回收利用的技术现状进行分析，对比不同技术的特点与差异、与产业的结合程度与应用情况；废旧动力电池回收产业特征分析章节对目前废旧动力电池回收产业链中各环节中涉及主体、对应职责及其作用进行梳理，同时从产业链上游电池原材料到中游动力电池制造集成再到下游新能源汽车对产业格局及集中度、分布情况及聚集区进行分析；动力电池回收行业宏观政策与标准章节对动力电池回收行业已发布的相关部委政策及全产业链的标准体系加以归纳梳理，分析未来工作开展的重要方向；动力电池回收产业发展趋势章节从我国动力电池回收行业发展环境出发，着重分析动力电池回收产业链发展趋势，从梯次利用、破碎拆解、金属提取等步骤分析三元电池及磷酸铁锂电池的回收成本和收益；典型技术案例介绍章节介绍了相关企业在废电池回收中实践应用情况。

在此，感谢本书专家顾问、编委会组成人员及联盟相关成员单位为本书的策划和编写提供的宝贵意见和建议，感谢人民出版社、科学技术文献出版社对本次出版发行提供的帮助，感谢为此书的出版给予大力支持的各界人士。

本书能够成功出版凝聚了多人的辛劳付出，但由于时间仓促，书中可能还有不足之外，恳请各位专家、读者批评指正。

马荣

2019 年 11 月于北京

目　录

第一章　动力电池产业相关资源现状分析 ···················· 1

1.1　动力电池市场概况 ···························· 1

　　1.1.1　中国新能源汽车市场分析 ················ 1

　　1.1.2　动力电池社会保有量分析 ················ 3

1.2　中国动力电池资源供给现状 ···················· 5

　　1.2.1　关键性评估 ···························· 7

　　1.2.2　关键性材料物质流分析 ················ 10

　　1.2.3　动力电池相关金属行业市场分析 ·········· 21

1.3　动力电池回收处理行业问题分析 ················ 27

第二章　废旧动力电池回收技术进展 ················ 29

2.1　废动力电池资源化利用全产业链技术体系 ·········· 30

2.2　梯次利用 ································ 31

　　2.2.1　废旧动力电池梯级利用商业模式及技术难点 ···· 32

　　2.2.2　废旧动力电池梯次利用现状 ·············· 40

　　2.2.3　废旧动力电池梯次利用问题及展望 ·········· 46

2.3　预处理 ································ 47

　　2.3.1　放电或失活过程 ···················· 48

　　2.3.2　热处理法 ························ 49

　　2.3.3　机械分离法 ······················ 52

　　2.3.4　机械化学处理 ···················· 55

　　2.3.5　溶剂溶解法 ···················· 57

　　2.3.6　碱液溶解法 ···················· 57

　　　　2.3.7　手工及其他拆解方法 ……………………………… 58

　2.4　金属再生 ……………………………………………………… 59

　　　　2.4.1　火法冶金技术 ………………………………………… 59

　　　　2.4.2　湿法冶金技术 ………………………………………… 62

　　　　2.4.3　直接再生技术 ………………………………………… 71

　2.5　环境风险和污染防治 ………………………………………… 75

　　　　2.5.1　环境风险 ……………………………………………… 75

　　　　2.5.2　节点控制 ……………………………………………… 79

　　　　2.5.3　污染防治 ……………………………………………… 82

第三章　废旧动力电池回收产业特征分析 ………………………… 85

　3.1　产业集中度 …………………………………………………… 85

　3.2　产业聚集区 …………………………………………………… 103

　3.3　产业上下游 …………………………………………………… 113

　　　　3.3.1　新能源汽车行业 ……………………………………… 113

　　　　3.3.2　动力电池行业 ………………………………………… 119

　　　　3.3.3　电池材料行业 ………………………………………… 124

第四章　动力电池回收行业宏观政策与标准 ……………………… 132

　4.1　国家部委出台的动力电池回收处理管理政策 ……………… 132

　4.2　地方政府有关动力电池回收利用方面出台的政策 ………… 138

　4.3　动力电池回收利用相关标准 ………………………………… 142

　　　　4.3.1　废旧动力电池资源化全产业链标准体系 …………… 142

　　　　4.3.2　相关标准 ……………………………………………… 144

第五章　动力电池回收产业发展趋势 ……………………………… 148

　5.1　行业发展趋势 ………………………………………………… 148

　　　　5.1.1　行业发展环境 ………………………………………… 148

　　　　5.1.2　产业链发展趋势 ……………………………………… 151

　　　　5.1.3　技术成本分析 ………………………………………… 155

　5.2　产业发展预测 ………………………………………………… 157

　　　　5.2.1　中国废旧动力电池产生量预测 ……………………… 157

　　5.2.2　市场规模预测:情景 Ⅰ ······························ 159

　　5.2.3　市场规模预测:情景 Ⅱ ······························ 161

第六章　典型技术案例介绍 ··································· 164

　6.1　实践案例——深圳市泰力废旧电池回收技术有限公司 ······· 164

　　6.1.1　企业情况简介 ····································· 164

　　6.1.2　企业经营管理模式 ································· 164

　　6.1.3　企业技术路线 ····································· 164

　　6.1.4　未来发展规划 ····································· 165

　6.2　实践案例——中天鸿锂清源股份有限公司 ················· 165

　　6.2.1　企业情况简介 ····································· 165

　　6.2.2　企业经营管理模式 ································· 165

　　6.2.3　企业技术路线 ····································· 166

　　6.2.4　回收模式与技术 ··································· 166

　6.3　实践案例——赣州市豪鹏科技有限公司 ··················· 166

　　6.3.1　企业情况简介 ····································· 166

　　6.3.2　企业经营管理模式 ································· 167

　　6.3.3　回收模式与技术 ··································· 167

　　6.3.4　企业发展规模 ····································· 167

　6.4　实践案例——浙江华友循环科技有限公司 ················· 168

　　6.4.1　企业情况简介 ····································· 168

　　6.4.2　企业经营管理理念 ································· 168

　　6.4.3　系统完善的回收体系 ······························· 168

　　6.4.4　相应的处理技术和设备 ····························· 169

附录 A　动力电池行业政策法规 ························· 170

附录 B　动力电池行业团体标准(现行) ···················· 185

第一章 动力电池产业相关资源现状分析

新能源汽车产业的快速发展引起了全球对动力电池核心原材料供给安全的高度关注。2016 年，欧盟发布了《2015—2030 年新能源与交通技术领域的材料供应链瓶颈分析报告》，指出稀土、石墨、锂、钴、硅、银等具有显著的供应短缺风险，如何应对这些风险已受到欧盟各国的高度关注。作为主要的新能源汽车生产国之一，我国从一次矿物处理、初级材料制备、电池材料制备、电解液/隔膜/黏结剂/集流体金属箔等配套材料制备，到电池生产、组装等都形成了具有显著竞争力的产业链和相对完备的工业体系；然而我国锂、钴、镍、锰、铜等一次资源储量低、严重依赖进口，存在巨大的资源短缺风险，不利于产业的可持续发展。基于这一考虑，包括中国五矿集团、华友钴业、天齐锂业等在内的国内企业都在海外寻求合作，以保障持续的原料供给，随着我国动力电池装机量的持续增长，资源供给在产业链中的作用将进一步凸显。

本章将从我国工业现状出发，着重分析锂离子动力电池相关原材料，从资源关键性、物质流向等角度分析供给风险，并提出相应的解决策略与建议，希望为我国新能源汽车产业的健康发展提供技术支撑。

1.1 动力电池市场概况

1.1.1 中国新能源汽车市场分析

从 2013 年新能源汽车财政补贴政策正式推广实施，中国的新能源汽车产业已经历近 6 年的高速发展阶段。根据中国汽车工业协会的数据显示，2013—2018 年，中国新能源汽车累计产量、销量分别达到 307 万辆和 292 万辆，这使得中国成为全球最大的新能源汽车市场（图 1.1）。虽然我国汽车产业在 2018 年受宏观经济、中美贸易战及优惠政策退坡的影响出现市场下滑，但新能源汽车产业发展仍然保持良好的势头。2018 年，新能源汽车产量、销量分别为 127 万辆和 125.6 万辆，比上年同期分别增长 59.9% 和 61.7%。其中，纯电动汽车产量、销量分别为 98.6 万辆和 98.4 万辆，比上年同期分别增长 47.9% 和 50.8%；插电式混合动力汽车产量、销量分别为 28.3 万辆和

27.1 万辆，比上年同期分别增长 122% 和 118%。

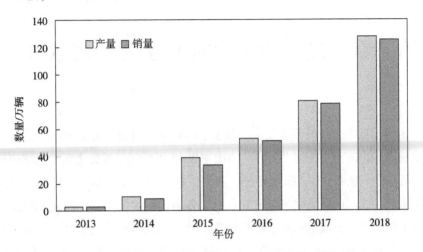

图 1.1　2013—2018 年中国新能源汽车生产量、销售量

数据来源：中国汽车工业协会。

从新能源汽车类别来看，2018 年，纯电动乘用车产量、销量分别为 79.2 万辆和 78.8 万辆，比上年同期分别增长 65.5% 和 68.4%；纯电动商用车产量、销量分别为 19.4 万辆和 19.6 万辆，产量、销量比上年同期分别增长 3% 和 6.3%；插电式混合动力乘用车产量、销量分别为 27.8 万辆和 26.5 万辆，比上年同期分别增长 143.3% 和 139.6%；插电式混合动力商用车产量、销量均为 0.6 万辆，比上年同期均下降 58%（图 1.2、图 1.3）。

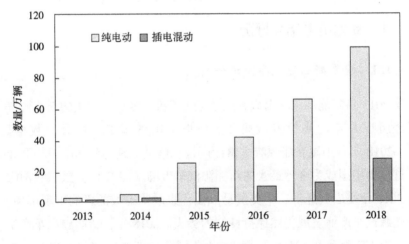

图 1.2　2013—2018 年我国纯电动汽车、混合动力汽车销量

数据来源：中国汽车工业协会。

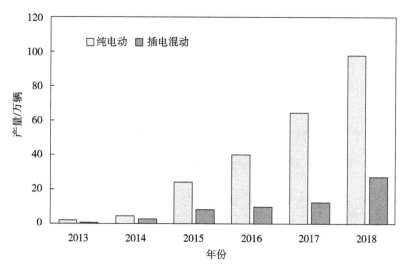

图1.3 2013—2018年我国纯电动汽车、混合动力汽车产量

数据来源：中国汽车工业协会。

1.1.2 动力电池社会保有量分析

随着新能源汽车产销量的不断增长，带动了动力电池产业的快速发展，动力电池等相关产品的技术成熟度及市场格局也日趋稳定。2018年我国动力电池装机量达57.0 GW·h，其中，三元电池累计生产30.74 GW·h，占总装机量的53.9%；磷酸铁锂电池累计生产21.57 GW·h，占总装机量的38.5%；其他材料电池累计生产469 GW·h，占总装机量的7.6%。2018年装机量居前10位的动力电池企业为宁德时代、比亚迪、合肥国轩、力神、孚能科技、比克、亿纬锂能、北京国能、中航锂电、卡耐新能源。前10家动力电池企业电池累积生产量占总装机量的83%。受到新能源补贴政策调整退坡、转向扶优扶强的影响，乘用车动力电池从2017年起就逐步转向搭载能量密度更高的三元电池。2018年三元动力电池出货量首次超过磷酸铁锂电池，约占总出货的54%（图1.4）。图1.5为2018年纯电动乘用车过渡期与补贴期能量密度分析。表1.1为纯电动乘用车过渡期与补贴期系统能量密度及补贴系数。

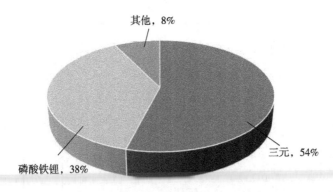

图 1.4　2018 年我国各类动力电池出货量占比

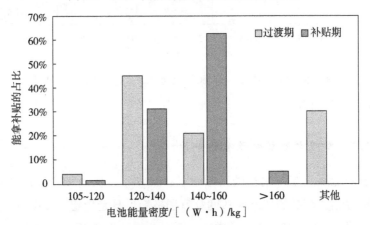

图 1.5　2018 年纯电动乘用车过渡期与补贴期能量密度分析

表 1.1　纯电动乘用车过渡期与补贴期系统能量密度及补贴系数

	能量密度/〔（W·h）/kg〕	105～120	120～140	140～160	>160
补贴期	补贴系数/倍	0.6	1.0	1.1	1.2

　　目前，磷酸铁锂电池主要用于纯电动商务车，而三元材料电池在纯电动乘用车大量配套。不同类型新能源汽车中动力电池重量存在一定的差异（表1.2），插电式混合动力的商务车和乘用车的动力电池重量相差不大，但是纯电动汽车中商务车的动力电池平均重量约为乘用车的 3.5 倍。

表 1.2　不同类型新能源汽车的动力电池重量估算　　　　　　　单位：辆

车型	插电式混合动力乘用车	插电式混合动力商用车	纯电动乘用车	纯电动商用车
电池类型	锂离子电池	锂离子电池	锂离子电池	锂离子电池
重量/kg	150～400	120～350	300～800	800～3000
平均重量/kg	275	235	550	1900

根据中国汽车工业协会统计的2013—2018年新能源汽车销售量数据、表1.2所示的锂离子电池平均质量估算2013—2018年期间销售的新能源汽车动力电池社会保有量。2013年销售的新能源汽车的动力电池社会保有量较少，插电式混合动力汽车和纯电动汽车的动力电池重量之和不足2万t；2015年销售的新能源汽车动力电池超过30万t；2018年较2015年翻了4.2倍，约为125万t。

如果按商用车、乘用车来划分，2013—2018年我国新能源商用车、乘用车新增社会销量如图1.6所示。2014年，商用车、乘用车销量增长量基本相当，从2015年起新能源商用车销量增长进入平稳上升期，2018年新能源商用车由于财政补贴大幅退坡、技术指标提升，纯电动市场销量不增反降；与之相比，乘用车一直保持良好的增长势头，2018年乘用车的销量突破100万辆。

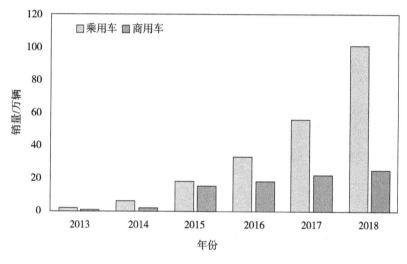

图1.6　2013—2018年我国新能源商用车、乘用车新增社会销量

若乘用车报废周期按5年计算，预测至2019年年底，乘用车动力电池社会销量累计约为99万t；若商用车车电池报废周期按3年计算，预测至2019年年底，商用车动力电池社会销量累计约为91万t。由此预测，至2019年年底我国新能源汽车动力电池社会销量累计约为190万t。

1.2　中国动力电池资源供给现状

动力电池行业的快速发展引起专家对动力电池核心材料开发过程带来的环境影响和资源安全的关注。在环境影响方面，动力电池作为典型电子废弃物之一，含有许多危险物质①，包括重金属（如镍、钴和铜等）和有机化学品（如电解质中的六氟磷酸锂和黏结剂聚偏氟乙烯），如果处理不当会导致生态环境恶化，危害人体健康②。

在资源安全方面，动力电池的原料成本占总成本的50%~70%③。金属和石墨资源的大量消耗给全球供应商带来了巨大压力，特别是动力电池所消耗的锂盐和钴盐在锂、钴的所有应用领域中终端消费量最大。2016年，中国75%（全球为46%）的锂和76.6%（全球为44%）的钴用于锂离子电池生产④⑤。随着动力电池生产能力持续增长，一次资源快速消耗，但二次资源的回收却未达到相应的水平。以钴为例，2014—2016年，一次矿石资源产量增加了4.75倍，而回收量仅增加了0.23⑥。根据专家测算，为了满足目前中国钴资源的供需平衡，其回收率需要达到90%以上⑦。我国钴矿分布较广、储量小、矿石品位低、贫矿和伴生矿多，钴资源对外依赖高。虽然我国锂资源总量丰富，但禀赋不佳，受开发条件及技术限制，国内卤水锂和矿石锂的开发较低，锂资源对外依赖度也高。因此，我们应更加关注动力电池相关资源的供给安全和环境可持续性⑧⑨。（动力电池所涉及的一次资源锂、镍、钴、锰和天然石墨资源的世界分布情况可参见《2017年中国动力电池回收处理产业现状与发展报告》）我们对原材料进行关键评估，确定了动力电池行业中使用的关键原材料，并在动力电池全生命周期中对关键原材料的流量和库存进行动态MFA计算，追踪材料流量和库存随技术升级产生的变化。

---

① LIANG Y, SU J, XI B, et al. Life cycle assessment of lithium-ion batteries for green house gas e-missions [J]. Resources, conservation and recycling, 2017 (117), 285 – 293.

② GRANT K, GOLDIZEN F C, SLY P D, et al. Health consequences of exposure to e-waste: a sys-tematic review [J]. The lancet global health, 2013, 1 (6): 350 – 361.

③ GU F, GUO J, YAO X, et al. An investigation of the current status of recycling spent lithium-ion batteries from consumer electronics in China [J]. Journal of cleaner production, 2017 (161): 765 – 780.

④ USGS, 2018. Mineral Commodity Summaries of Lithium. https://minerals. usgs. gov/minerals/pubs/commodity/lithium/mcs – 2018 – lithi. pdf.

⑤ CHYXX, 2016. The status of Chinese cobalt industry development and industrial demand forecast in 2016. (2016 – 11 – 04) [2017 – 11 – 01]. http://www. chyxx. com/industry/201611/470783. html.

⑥ USGS, 2017. Mineral commodity summaries of lithium. https://minerals. usgs. gov/minerals/pubs/commodity/lithium/mcs – 2017 – lithi. pdf.

⑦ ZENG X, LI J. On the sustainability of cobalt utilization in China [J]. Resources, conservation and recycling, 2015 (104): 12 – 18.

⑧ ALLWOOD J M, ASHBY M F, GUTOWSKI T G, et al. Material efficiency: a white paper [J]. Re-sources, conservation and recyclling, 2011, 55 (3): 362 – 381.

⑨ HELBING C, BRANSHAW A M, WIETSCHEL L, et al. Supply risks associated with lithium-ion battery materials [J]. Journal of cleaner production, 2018 (172): 274 – 286.

基于动力电池的成本和质量构成分析，本书主要关注动力电池中的正极和负极材料，并基于此计算原材料的相对关键性。正极材料主要讨论非层状 $LiFePO_4$（LFP）材料 Li 和 Fe；层状材料 $LiMO_2$，其中 M 可以是以下元素中的一种或多种，包括 Ni、Co 和 Mn 及集流体 Al。对于负极材料，主要讨论石墨 C、集流体 Cu 和新型电极材料中的 Ti[①]。同时确定这 9 种原料的关键性评价指标以评价关键性材料。需要说明的是，本书未考虑电池外壳和包装材料。

1.2.1 关键性评估

为了确定动力电池行业的关键性材料，需要首先确定影响动力电池行业和市场的因素，如产品成分、资源价值、资源可替代性和资源可持续供应风险等。欧洲委员会（European commission，EC）研究组从 2011 年开始建立关键性评价模型，并提出将上述影响因素归为两类指标：经济重要性和供给风险[②]。

经济重要性（Economic importance，EI）是计算某种材料在特定经济体中最终产品产生的价值增量，利用终端产品价值增量的加权和反映经济价值，当乘以该材料在动力电池总成本中所占份额时，得到可用于描述动力电池行业发生供应中断所造成的经济影响参数 $EI_{M,LIB}$，如式（1 – 1）所示：

$$EI_{M,LIB} = y_M \frac{1}{GDP} \sum^s (x_{M,s} A_s SI_{M,s}) \tag{1 – 1}$$

式中，M 为动力电池 s 中的关键性材料，y_M 为整个锂离子电池工业中 M 的成本占比；$x_{M,s}$ 代表对 M 的去向中行业 s 所占比例；A_s 代表对应行业的价值。

由于该计算分析包含了原材料的所有用途，所以 $\sum^s x_{M,s} = 1$。

供应风险（Supply risk，SR）反映了供应链中断造成影响的严重程度。通常会造成供应链风险的因素包括一次资源生产国集中、替代资源匮乏、回收率低、生产国管理不善，将这 4 个要素汇集成一个指标，即：

$$SR_{M,LIB} = SI_M TR_M (1 - \rho_M) HHI_{WGI,M} \tag{1 – 2}$$

式中，SI_M 为关键性材料 M 在动力电池行业中的可替代性；ρ_M 为关键性材料

---

① NITTA N, WU F, LEE J T, et al. Li-ion battery materials: present and future [J]. Mater today, 2015, 18 (5): 252 – 264.

② Study on the review of the list of critical raw materials-criticality assessments [R/OL]. (2017 – 09 – 11) [2019 – 04 – 4] https://publications.europa.eu/en/publication-detail/-/publication/08fdab5f-9766-11e7-b92d-01aa75ed71a1. 2017.

M 总消费量中二次资源占比；$HHI_{WGI,M}$ 为关键性材料 M 在国家层面的生产集中度和管理状况，可以通过式（1-3）进行计算：

$$HHI_{WGI,M} = \sum_c (S_c^2 WGI_c) \qquad (1-3)$$

式中，WGI_c 是国家 c 的世界管理指标；S_c 是国家 c 原材料 M 的产量在世界该原材料产量的占比。这项指标描述了由于主要生产国管理不善造成的供应风险。

TR_M 代表进口依赖性，为了避免进口小于出口的问题，在本书中 TR_M·

$$TR_M = \frac{D_o + I_m - E_x}{D_o} \qquad (1-4)$$

式中，D_o 指关键性材料 M 的国内产量；I_m 指进口量；E_x 指出口量。$D_o + I_m - E_x$ 是 M 的国内需求量，若国内产量能够满足国内需求，则 $TR_M \leqslant 1$，否则 $TR_M > 1$。

原材料关键性定义为：

$$Criticality = Supply\ Risk \cdot Vulnerability \qquad (1-5)$$

使用归一化方法将原材料的 SR 和 EI 标准化为 0~10 的值并投影成具有等高线的均匀矩阵，两项标准化指标的乘积（SR·EI）可对材料关键性进行排序并进行定量比较[1][2]。

利用 2013—2016 年平均数据计算中国动力电池行业 9 种主要原材料的关键性评价因子 SR 和 EI，其详细参数和计算结果见表 1.3 和表 1.4。进行数据归一化和投影后，将原料的评价因子分别作为 x 轴和 y 轴绘制于坐标系中（图 1.7）。关键性评估的计算原理和详细过程如图 1.8 所示。

表 1.3 9 种动力电池原材料的经济重要性及供应风险的计算清单

材料名称	HHI - WGI (scaled)	可替代性 (SI)	二次资源使用率 (ρ)	WGI	产品国内生产比例	IR	SR	$\sum x_n \cdot A_s \cdot SI$	y_M	EI
Al	1.051	0.56	65%	0.206	55%	1.818	3.746	137.985	0.020	1.805
Co	2.726	0.46	68%	0.401	20%	5.000	20.064	111.2595	0.110	9.348
Cu	0.440	0.3	53%	0.062	72%	1.388	0.863	102.259	0.030	1.939
Fe	0.765	0.43	67%	0.108	30%	3.333	3.619	137.492	0.010	1.127
Li	0.834	0.59	10%	0.442	14%	7.142	31.640	152.495	0.180	23.791

① HELBIG C , WIETSCHEL L , THORENZ A , et al. How to evaluate raw material vulnerability: an overview [J]. Resources policy, 2016 (48): 13 - 24.

② GLOSER S, TERCEROL, GANDENBERGERG, et al. Raw material criticality in the context of classical risk assessment [J]. Resources policy, 2015 (44): 35 - 46.

材料名称	HHI − WGI (scaled)	可替代性 (SI)	二次资源使用率 (ρ)	WGI	产品国内生产比例	IR	SR	Σx_s · A_s · SI	y_M	EI
Mn	0.570	0.4	53%	0.107	60%	1.666	1.788	144.387	0.060	8.265
天然石墨	3.059	0.28	2%	0.839	160%	0.625	5.247	134.92	0.060	6.326
Ni	0.521	0.48	48%	0.130	20%	5.000	6.508	157.951	0.050	5.669
Ti	0.430	0.37	3%	0.154	61%	1.639	2.534	101.261	0.005	0.172

表 1.4　4 种关键材料的进出口情况

关键材料	矿石类别	材料平均含量	进口量/kt	出口量/kt	主要出口（进口）国
Li	碳酸锂	18.80%	20.19	1.78	智利69.3%，阿根廷22.7%
Ni	矿石及精矿	0.80%	30 530.70	5.19	菲律宾94.3%
Co	矿石及精矿	0.50%	149.63	0.03	刚果88.3%
石墨（出口）	粉末或薄片	95.00%	9.66	167.13	（日本22.3%，韩国12.4%，印度12.3%，德国10.4%，美国8.1%）

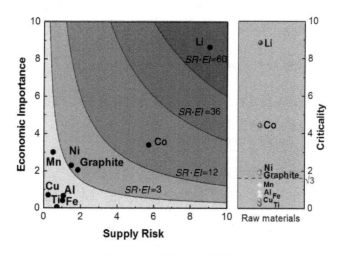

图 1.7　原料因子的评价①

①　SONG J, YAN W, CAO H, et al. Material flow analysis on critical raw materials of lithium-ion batteries in China [J]. Journal of cleaner production, 2019 (215): 570-581.

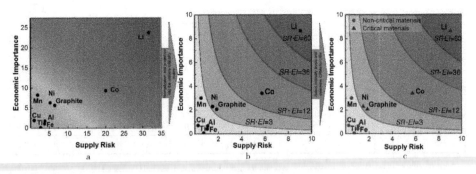

图 1.8 关键性评价模型的计算原理及详细过程①

根据归一化和投影结果，基于元素位置和矩阵划分的综合考虑，选择材料位置之间 $SR \cdot EI = 3$ 和 $SR \cdot EI = 12$ 的两条曲线作阈值。当点距离 x 轴和 y 轴较远（$SR \cdot EI \geqslant 12$）时，关键性被确定为高；类似地，位于 $3 < SR \cdot EI < 12$ 的材料被认为具有中高关键性；而位于 $SR \cdot EI \leqslant 3$ 的点经济重要性和供给风险都较低，即该材料为非关键性材料，其对动力电池行业几乎没有影响。为避免材料关键性的低估/高估，选取的阈值具有 20% 的弹性误差。关键性评估的最终结果如图 1.7，其中 4 种材料被选定为中国动力电池行业的关键性材料，即 Li 和 Co 具有高关键性，Ni 和石墨具有中高关键性，上述材料在关键区域中突出显示。

1.2.2 关键性材料物质流分析

基于关键性评估的结果，下面将详细分析每种关键材料在动力电池全生命周期中的每个过程的物质流。

（1）原料开采和制备

工业原材料流动始于资源开采，这些资源包括矿石、盐水和二次资源 3 类。动力电池生产所需的 4 种关键性原料锂、钴、镍、石墨一次资源主要集中于少数国家，可能会引发由于主要供应国经济或政治不稳定造成的全球供应链突然断裂。图 1.9 为中国 5 种主要动力电池材料的进口依赖性和资源可用性。中国锂和石墨储量均居全球前三，但锂、钴、镍等关键性材料均严重依赖进口。因此，生产动力电池正极材料所需的原材料对外依赖性强是中国动力电池行业资源安全的潜在威胁之一。工业原材料经过开采和处理后，矿

① SONG J, YAN W, CAO H, et al. Material flow analysis on critical raw materials of lithium-ion batteries in China [J]. Journal of cleaner production, 2019 (215)：570 –581.

物转化为可以用于动力电池生产的基础化学品，即金属碳酸盐、金属氢氧化物及金属氯化物等。

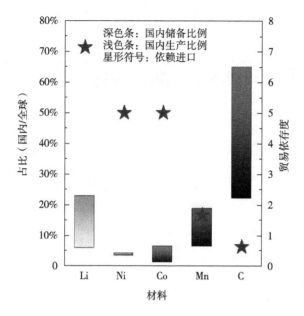

图1.9 中国5种主要动力电池材料的进口依赖性和资源可用性

注：图中条形图表示主要资源的储量、生产情况；散点表示贸易依存度，贸易依存度是衡量供给风险的指标，反映进口的依赖性。

（2）动力电池生产

动力电池实际生产中，负极材料通常为石墨，而正极材料的选择较多，如钴酸锂（$LiCoO_2$，LCO）、锰酸锂（$LiMnO_2$，LMO）、镍钴锰酸锂（$LiNi_x$ $Co_yAl_{1-x-y}O_2$，NCA）。因此，动力电池的价值会受到一系列基础化学品供应的影响。图1.10为LIBs行业材料发展轨迹（动力电池中正极材料、负极材料、电解液和隔膜的技术路线及未来的发展方向）。从早期的LMO、LCO、LFP到现有的NCM/NCA（三元复合材料），甚至负极材料钛酸锂（LTO）电池，动力电池材料不断更新以满足消费者对电池续航和安全性能的需求。动力电池正极材料的变化对物质流造成了影响，结合近几年几种正极材料的生产量（图1.11）及其成分（表1.5）的数据，易于确定2013—2018年的关键性原料消耗量。随着动力电池产量迅速增长，LFP电池和NCM电池的产量增加，而LCO电池和LMO电池的产量增加不明显。为了控制成本，钴酸锂逐渐被三元甚至多元金属材料取代，呈现出"高镍低钴"的发展趋势。NCM333、NCM523、NCM622和NCM811/NCA分别占2018年电池材料的

13%、76%、10%和1%，较钴酸锂电池每年节省了48.4%的钴资源消耗，并有效缓解了钴资源缺乏。未来采用价格低廉的材料是发展的趋势，高价稀缺的钴将逐渐被廉价易得的金属，如镍、锰，甚至其他非金属材料，如空气、硫所取代。

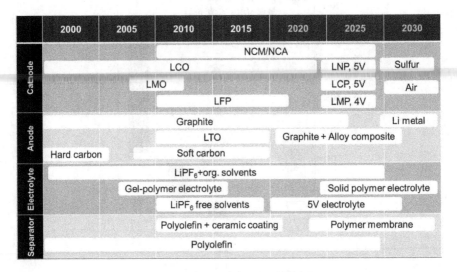

图1.10　LIBs行业材料发展轨迹①

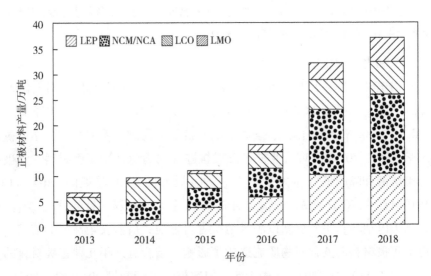

图1.11　2013—2018年中国4种常用正极材料的生产量

数据来源：中国有色金属工业协会锂业分会。

---

① SONG J, YAN W, CAO H, et al. Material flow analysis on critical raw materials of lithium-ion batteries in china [J]. Journal of cleaner production, 2019 (215): 570–581.

表 1.5 常用 LIBs 及组成（18650 形式）

正极材料	含量							
	Al	Co	Cu	Li	Mn	Ni	Fe	石墨
LiCoO$_2$（LCO）	5.22%	17.32%	7.30%	2.04%	0	1.22%	0	23.13%
LiMn$_2$O$_4$（LMO）	1.12%	0	1.12%	1.54%	20.38%	0	0	33.56%
LiFePO$_4$（LFP）	6.52%	0	8.15%	1.21%	0	0	9.71%	13.00%
Li（NiMnCo）O$_2$/ Li（NiCoAl）O$_2$（NCM/NCA）	5.26%	9.67%	7.80%	1.14%	9.03%	9.64%	0	17.20%

其他部位材料	含量						
	钢	碳墨	LiPF$_6$	碳酸乙烯酯（EC）	黏合剂	塑料	其他
LiCoO$_2$（LCO）	16.52%	6.04%	3.72%	0.93%	2.41%	4.78%	9.41%
LiMn$_2$O$_4$（LMO）	16.45%	0	0	0.34%	0	11.19%	14.28%
LiFePO$_4$（LFP）	33.51%	2.34%	1.16%	8.08%	0.92%	4.40%	10.99%
Li（NiMnCo）O$_2$/ Li（NiCoAl）O$_2$（NCM/NCA）	17.32%	6.04%	4.86%	1.21%	2.42%	3.15%	5.26%

（3）产品装配

我们使用物质流衡算锂离子电池种类与终端产品种类之间的物料平衡，锂离子电池包括三大类，即消费类锂离子电池（CEs）、动力类电池（EVs）和储能类锂离子电池（GES）。当锂离子电池组装成产品时，可以看出 Li、Co、Ni 和石墨的分流情况。三元/多元金属正极材料的出现改变了其在消费类锂离子电池和动力类电池的应用分布。如图 1.12 所示，在过去的几年里，LCO 凭借其卓越的能量密度在消费类锂离子电池市场占据了主导地位，推动了电子设备的轻薄化，但随着时间的推移，较高的钴价致使一些制造商选择具有类似性能的 NCM/NCA 产品（三元复合材料）；NCM/NCA 电池逐渐部分取代了动力电池中的 LFP 电池和消费类电池中的 LCO 电池；LMO 由于其性能不稳定，在动力电池总量中所占比例较小；LFP 则被具有更高能量密度的三元复合层状正极活性材料代替，考虑 LFP 电池成本较低，部分退役的 LFP 动力电池会继续在发电系统储能、通信基站储能等领域发挥作用。

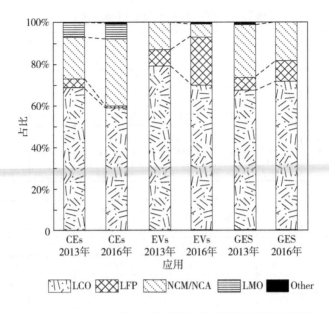

图1.12　2013—2016年中国三大锂离子电池应用的正极材料类型变化①

（4）消费和使用阶段

在经历上述3个步骤之后，产品最终到达了消费者手中。不同电池产品的使用寿命各不相同。特别是出租车或电动自行车使用频率较高，导致电池使用年限显著降低②③。假设低寿命情况下消费类电池、动力电池和储能及通信基站中使用的锂离子电池的平均使用时间分别为3年、5年、7年；高寿命情况下消费类电池、动力电池和储能及通信基站中使用的锂离子电池的平均使用时间分别为5年、7年、10年；基准情况下消费类电池、动力电池和储能及通信基站中使用的锂离子电池的平均使用时间分别为4年、6年、9年。在这3种情况下，锂离子电池的Weibull寿命分布函数如图1.13所示④⑤。图1.14为2013—2016年在低寿命情况和高寿命情况下，正极材料的年度库存

①　SONG J, YAN W, CAO H, et al. Material flow analysis on critical raw materials of lithium-ion batteries in China [J]. Journal of cleaner production, 2019 (215): 570－581.

②　RICHA K, BABBITT C W, GAUSTAD G. Eco-efficiency analysis of a lithium-ion battery waste hierarchy inspired by circular economy [J]. Fournal of industrzal ecolog, 2017, 21 (3), 715－730.

③　DAIGO I, IGARASHI Y, MATSUNO Y, et al. Accounting for steel stock in Japan [J]. ISIJ Int, 2007, 47 (7): 1065－1069.

④　CHEAH L, HEYWOOD J, KIRCHAIN R. Aluminum stock and flows in US passenger vehicles and implications for energy use [J]. J. Ind. Ecol, 2009, 13 (5): 718－734.

⑤　SUN X, HAO H, ZHAO F, et al. Tracing global lithium flow: a trade-linked material flow analysis [J]. Resour. Conserv. Recycl, 2017 (124): 50－61.

增变量和生产量对比；图1.15为2013—2025年基准情况下，正极材料在消费阶段储存量的年度计算和预测。

使用阶段滞留在消费者手中的锂离子电池大幅增长。2013—2016年滞留在市场中的锂离子电池正极材料从300.62 kt增加到366.79 kt（图1.14）。根据基准情况（图1.15），锰酸锂即将达到饱和点，钴酸锂将在2025年左右达到饱和。但中国的锂离子电池市场在2025年仍不会饱和，因为电动汽车是未来中国的推广趋势，并且随着锂离子电池生产成本下降，其在储能和通信基站等领域的应用将更加广泛。

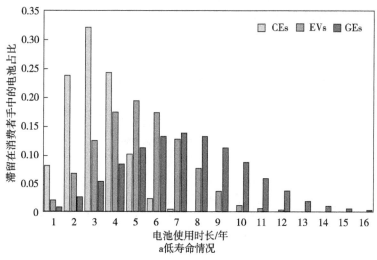

a低寿命情况

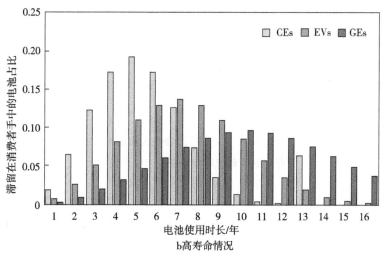

b高寿命情况

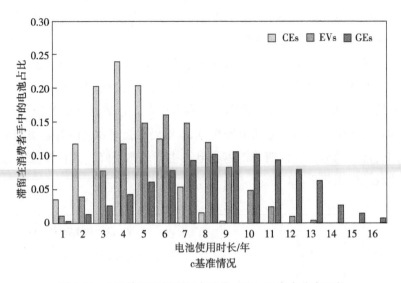

c基准情况

图 1.13　3 种情况下锂离子电池的 Weibull 寿命分布函数

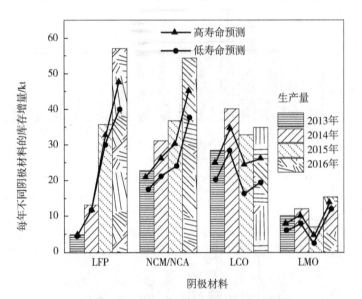

图 1.14　2013—2016 年在低寿命情况和高寿命情况下，
正极材料的年度库存增变量和生产量对比

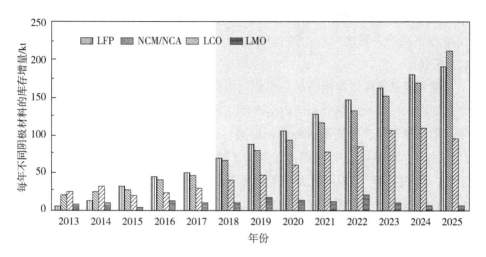

图 1.15　2013—2025 年基准情况下，正极材料在消费阶段储存量的年度计算和预测

（5）废物管理

废旧锂离子电池通常有 3 种流向：产品再利用、材料回收和废弃。据统计，全世界范围内锂离子电池的收集率极低，欧盟的锂离子电池收集率仅为 45%，而中国低于 40%[①]。大部分废旧锂离子电池被丢弃于环境中，无法流入废物管理过程。为满足不断增长的资源需求，重复使用和回收被认为是降低锂离子电池环境和资源风险的重要措施，未来应尽快建立综合电子废弃物管理系统。目前，中国政府已经认证了 109 家正规电子废物企业，每年可拆除包括废旧锂离子电池在内的 1 亿套电子废弃物。还有许多公司进行锂离子电池的回收利用，2013—2016 年在工业基础设施建设上已经取得了很大进展，如格林美、豪鹏、邦普等。目前，物理处理、湿法冶金、火法冶金及其组合是工业中普遍采用的方法。近年来，锂离子电池再生利用工作主要集中在正极材料上，这是由于正极材料在电池的质量分数和价值中都占有很大比重。虽然石墨易于获取，但石墨的生产往往伴随大量废水的排放，因此，石墨回收亦相当重要。合成石墨和钛酸锂材料的出现一方面是由于消费者对电池性能的要求，另一方面是缓解天然石墨的快速消耗的有效材料。

因此，基于以上 5 个过程，我们对我国锂离子电池产业涉及的 4 种关键性原料进行物质流分析，其结果如图 1.16 所示。2013 年锂离子电池生产过程

① KNIGHTS B D H, SALOOJEE F. Lithium Battery Recycling e keeping the future fully charged. Green Economy Research Report ［R/OL］ （2015 – 04 – 03）［2016 – 04 – 08］. https：// www. sagreenfund. org. za/wordpress/wp-content/uploads/2016/04/CM-Solutions-Lithium-Battery-Recycling. pdf.

消耗的关键性原料：锂 0.4 万 t、钴 2.55 万 t、镍 0.77 万 t 和石墨 5.47 万 t。2016 年消耗的关键性原料：锂 0.95 万 t、钴 3.84 万 t、镍 1.67 万 t 和石墨 12.26 万 t。

锂元素是锂离子电池的核心组成。中国和世界范围内的锂资源主要存在于盐湖卤水，但原料进口和国内生产都主要依赖于矿石。我国锂资源总量丰富，但禀赋不佳，锂资源对外依赖度高（86.5% 的锂资源依靠进口）。如图 1.16 所示，2016 年 29.5% 的锂元素用于钴酸锂的生产，8.1% 用于锰酸锂的生产，21.3% 用于 NCM/NCA 三元锂电池的生产，41.1% 用于磷酸铁锂的生产。在关键性评价中锂元素是锂离子电池行业中最重要的元素，由于其在电池中的含量低（通常为 1% ~2%）、回收成本高，其回收率远低于钴和镍，这对资源供应链闭环非常不利。

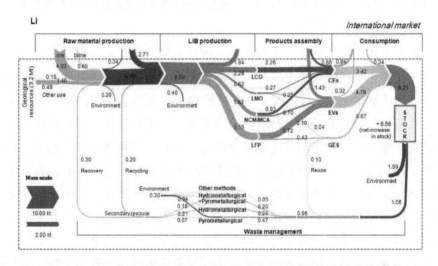

图 1.16　2016 年中国锂离子电池行业中关键材料锂流动的 Sankey 图①

注：废物产生基于基准情况；在产品组装的过程中，32.8% 的材料作为替代电池直接流入消费而不经过生产过程，流量仅代表最终应用领域。

钴元素是目前锂离子电池中最有价值的部分。然而中国的钴资源非常稀缺，89.0% 来自进口（图 1.17）。钴主要用于生产钴酸锂和 NCM/NCA 三元电池。为了降低成本、提高能量密度，锂离子电池逐渐呈现"高镍化"的趋势，正极材料中的钴逐渐被镍，锰和铝等价格较低的元素取代。钴在钴酸锂电池中的使用量已从 2013 年的 71.1% 降至 2016 年的 59.8%。

---

① SONG J, YAN W, CAO H, et al. Material flow analysis on critical raw materials of lithium-ion batteries in China [J]. Journal of cleaner production, 2019 (215): 570 –581.

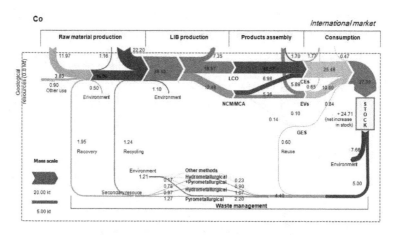

图 1.17　2016 年中国锂离子电池行业中关键材料钴流动的 Sankey 图①

注：废物产生基于基准情况；在产品组装的过程中，32.8% 的材料作为替代电池直接流入消费而不经过生产过程，流量仅代表最终应用领域。

在锂离子电池领域，镍酸锂电池已逐步退出市场，镍主要用于 NCM/NCA 三元电池（98.1%）。虽然 62.2% 的镍资源依赖进口，锂离子电池仅占镍用量的一小部分（图 1.18）。目前亟须解决电池级基础化学品产业化生产的技术难点，减少高附加值材料的进口。

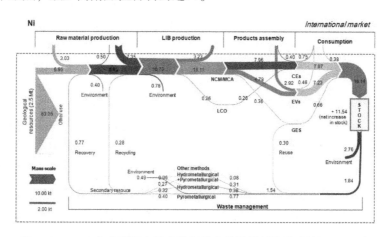

图 1.18　2016 年中国锂离子电池行业中关键材料镍流动的 Sankey 图

注：废物产生基于基准情况；在产品组装的过程中，32.8% 的材料作为替代电池直接流入消费而不经过生产过程，流量仅代表最终应用领域。

---

① SONG J, YAN W, CAO H, et al. Material flow analysis on critical raw materials of lithium-ion batteries in China [J]. Journal of cleaner production, 2019 (215)：570 - 581.

石墨作为负极材料的代表，其材料流动随时间而变化。随着负极材料的发展，钛酸锂和高性能人造石墨逐渐取代不可再生的天然石墨资源。如图 1.19 所示，负极材料的使用情况从 2013 年的 50% 天然石墨和 48% 人造石墨转变为 2016 年的 36% 天然石墨、53% 人造石墨和 11% 中间相炭微球。我国是世界上最大的石墨生产国和出口国，但我国出口的石墨以初级产品为主，还需从国外进口一部分加工石墨。此外，由于我国石墨回收尚未得到重视，导致其回收率极低。

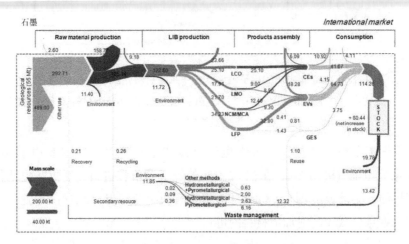

图 1.19　2016 年中国锂离子电池行业中关键材料石墨流动的 Sankey 图[①]

注：废物产生基于基准情况；在产品组装的过程中，32.8% 的材料作为替代电池直接流入消费而不经过生产过程，流量仅代表最终应用领域。

由于国内消费类电子产品出口量在 3 年内增长了两倍，锂离子电池及其相关资源需求量也骤然增加。一方面，中国需要进口大量资源来满足锂离子电池国内消费及出口需求，2016 年 19.3% 的锂离子电池产量用于出口，其中消费类电池（CEs）出口比例为 19.7%，动力电池（EVs）出口比例为 6.3%。另一方面，由于废电池回收渠道不完善，公众对电池回收观念薄弱，大量的锂离子电池滞留于消费者手中。2016 年，滞留在市场环节的材料净增长分别为锂 0.66 万 t、钴 2.47 万 t、镍 1.15 万 t 和石墨 8.04 万 t。相比 2013 年，2016 年废锂离子电池回收率有所提高，但还不足以应对即将到来的预测的报废量激增（图 1.20）。

　　① SONG J, YAN W, CAO H, et al. Material flow analysis on critical raw materials of lithium-ion batteries in China [J]. Journal of cleaner production, 2019 (215): 570 – 581.

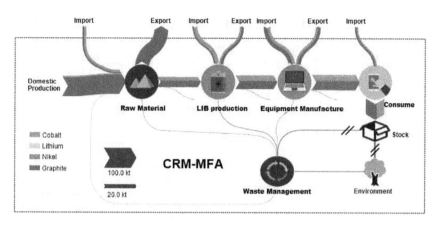

a 2013 年

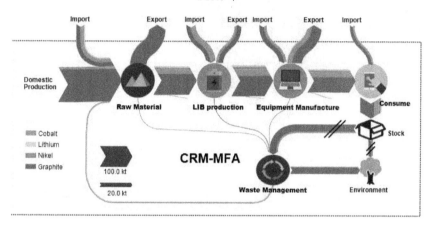

b 2016 年

图 1. 20　中国 LIBs 关键物质流的 Sankey 图[①]

注：箭头的宽度对应于每一类材料的相对质量，所有数据均为 100% 的材料含量。

1.2.3　动力电池相关金属行业市场分析

（1）锂

受新能源汽车市场的带动，动力电池的出货量快速增长，由此导致正极材料及电解液出货量迅速增加，进而促进了锂资源需求的增长。因此，各大锂资源公司都规划了中长期的锂资源扩产计划，但由于大部分项目仍在建设中，2018 年产能逐步释放，锂的供求格局得到部分改善，碳酸锂价格回归，

---

① SONG J, YAN W, CAO H, et al. Material flow analysis on critical raw materials of lithium-ion batteries in China [J]. Journal of cleaner production, 2019 (215)：570－581.

有效降低动力电池的整体成本。预计到 2020 年左右诸多锂资源公司新建碳酸锂产能将进入产能集中释放期，锂盐加工产能将超过 80 万 t。据统计，2018 年全球碳酸锂新增产能近 6.7 万 t，主要是盐湖卤水和锂辉石，其中盐湖卤水占 40%。2018 年我国碳酸锂年产量约 11.6 万 t，较 2017 年增长 39.7%，其中盐湖卤水来源占比约 30%。锂的消费主要在电池领域，主要依赖于新能源汽车和储能领域，其他领域消费增长缓慢（图 1.21）。

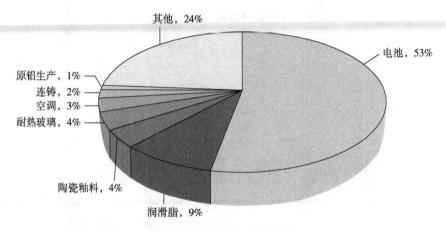

图 1.21 我国锂资源消费结构

2018 年锂盐价格大幅下降，电池级碳酸锂从 16.6 万/t 降至 7.8 万/t，工业级碳酸锂从 15 万/t 降至 6.8 万/t，碳酸锂价格大幅跳水，其主要原因是供需关系的转变。2017 年新能源汽车市场爆发式增长拉动动力电池产销量增长，导致电池级碳酸锂出现供应紧缺。受供需失衡影响，碳酸锂价格从 4 万元/t 飙升至 2017 年年底 18 万元/t，进入 2018 年，前期大批新建的碳酸锂项目产能开始集中释放，加上国外大型贸易商扩大产能，国内碳酸锂市场供需关系出现逆转，从供应不足转为阶段性过剩，导致价格从高位大幅滑落。与此同时，2018 年下半年磷酸铁锂电池厂家需求疲软，对上游锂盐的需求减少。部分中小型碳酸锂供应商为抢占市场、回笼资金，降价抛售产品，对碳酸锂的成交价也造成了一定影响。此外，国家补贴政策向高能量密度动力电池倾斜，倒闭电池企业和主机厂积极提升电池能量密度和整车续航里程，使三元动力电池需求占比快速提升，影响了部分碳酸锂的市场需求。

2019 年碳酸锂市场走势仍不乐观。从需求看，随着新能源汽车的发展，2019 年碳酸锂需求仍有望增加。但全球范围内的产能增长速度快于需求增长速度，将对碳酸锂价格形成抑制。因此碳酸锂价格预计仍有一定下跌空间，有望维持在 6 万 ~7 万元/t，但短期再跌回到行情启动时的 4 万元/t 可能性不大。

（2）钴

从 2016 年开始，新能源汽车产销量的增加带动了动力电池原料钴需求的增长，而钴的供给却没有增加，形成了钴供不应求的局面。从而导致钴价格从 2016 年底的 21 万元/t 暴涨至 68 万元/t。钴价格的暴涨刺激了部分钴矿在 2018 年复产、扩产及新钴矿项目的开发投产，致使国内钴供应情况出现快速转变，整体呈现供过于求状态，导致钴价在 2018 年从 68 万元/t 跌至 38 万元/t，跌幅已将近 50%，与 2017 年的钴价暴涨形成鲜明对比。

2018 年全球钴供给增量主要来自于刚果铜钴伴生矿，其他镍钴伴生矿区产出较为稳定。钴原料主要来自于刚果，最大的钴生产商嘉能可 2018 年钴产量为 4.2 万 t，同比增长 54%，预计 2019 年钴产量继续增加至 5.7 万 t（上下浮动 5000 t）；同时，国内华友钴业、寒锐钴业、盛屯矿业及金川国际等矿企也在持续加码钴矿开采，洛阳钼业预计 2018 年实现钴金属产量 1.87 万 t，同比增长 14% 等；以 Sherrit、Vale 为代表的镍钴伴生矿巨头产出较为稳定，甚至因为原料品位问题导致出现一定程度的下滑[1]。如表 1.6 所示，整体来看，2018 年钴产量增速大于需求增速，导致全球钴原料供过于求，供应量增加约 1 万 t 左右。

表 1.6　全球钴金属供需平衡关系

供需平衡预测		2015	2016	2017	2018	2019E	2020E
供应	供应量/t	96 084	95 851	104 804	113 283	126 362	148 666
	增量比例		0%	9%	8%	12%	18%
需求	需求量/t	94 529	101 195	105 943	107 485	123 483	141 007
	增量比例		7%	5%	1%	15%	14%
供需缺口（+过剩/−不足）	差额/t	1555	−5344	−1139	5798	2879	7659
	供需缺口所占比例	2	−5	−1	−5	2	5

数据来源：中国产业信息网 2019。

需求方面，电池材料是钴应用最多的领域，全球 49% 的钴应用于电池材料，包括 3C 电池、储能电池及新能源汽车所用的动力电池（图 1.22）。中国是近两年内电动汽车产销量最大的国家，在中国，78% 的钴应用于电池材料（图 1.23）。

---

[1]　中泰证券，《有色行业 2019 策略报告》。

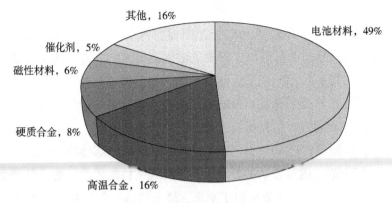

图 1.22 全球钴资源消费结构

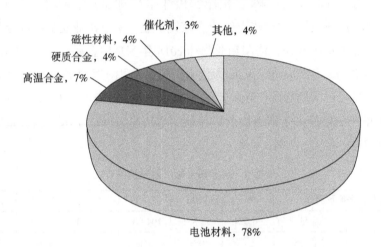

图 1.23 中国钴资源消费结构

3C 数码市场增长放缓，钴市需求疲软。虽然新能源汽车市场及三元材料产销量增长带动钴需求增加，但当前钴价持续下滑，下游采购意愿不强烈，难以支撑钴价上涨。由于 2019 年初新补贴政策尚未出台，下游动力电池企业的整体开工率并不高，除少数企业订单饱满之外，大部分电池企业持观望态度，因此一季度对钴的采购需求不明显。一旦新政落地确定补贴门槛，具有能量密度优势的三元电池的市场需求及装机量将大幅增长，从而对钴形成强烈需求，预计下半年钴的采购需求将明显上升，从而支撑钴价上涨。

预计 2019 年国外钴原料供应将继续增加且库存维持高位，钴市供过于求的现状仍将持续，钴价仍有下降空间。预计钴价 2019 年表现仍然偏弱，钴材料企业 2019 年的营收净利也将会受到一定影响。

（3）镍

由于受印尼的镍矿出口禁令的影响，全球镍矿产量在 2013—2016 年持续减少，从 2016 年以后开始逐渐恢复，预计 2018 年镍矿产量将达到 232 万 t，同比增长 5.9%，2019 年将达到 245 万 t，同比增长 5.6%。2018 年印尼和菲律宾生产的红土镍矿（含镍生铁原料）93.5 万 t，2019 年预计将增至 103 万 t，增量少于新增含镍生铁项目所需，但由于 2018 年国内含镍生铁项目投产滞后，累积了大量的红土镍矿库存，最新红土镍矿港口库存 1492 万 t，较年初增 531 万 t，较去年同期增 487 万 t，按照 1% 左右的低品位折算，港口堆积的镍矿金属量在 15 万 t 以上，短期看，红土镍矿不会成为含镍生铁增产的瓶颈，需要长期关注印尼配额进度情况及菲律宾政策变化（图 1.24）。

国内镍矿主要来自进口，2018 年印尼和菲律宾两地进口总量占国内镍矿总量的 95% 以上，与往年的比例变化不大。具体镍矿比例上，菲律宾镍矿进口比例有所减少，一方面是由于菲律宾对国内矿山环保要求趋严使菲律宾镍矿供应减少；另一方面是印尼放开镍矿出口后对国内高品位镍矿有了很好的补充，对菲律宾的中低品位镍矿供应产生冲击。

在消费端，2018 年不锈钢占全球镍消费 67%，占中国镍消费 84%。国内电池行业用镍增长 30% 以上，预计达 6.5 万 t，其中原生镍高达 77%。2017—2021 年，全球原生镍消费增速为 5.6%，其中不锈钢用镍增速为 3.3%，电池行业用镍增速为 29%，预计到 2021 年不锈钢用镍占 70%，电池行业用镍占 8%。不锈钢仍主导镍消费，但电池消费增速最快（图 1.25）。

动力电池三元正极材料正向高镍化发展，虽然少数生产厂商已经实现量产，但是受到加工费较高及电池安全性的影响，短期内 811# 正极材料在动力电池领域的比重不会迅速增长，2019 年动力电池用三元材料仍将以 523# 正极材料和 622# 正极材料为主。这也意味着动力电池正极高镍化发展较慢，电池安全性及使用寿命等问题也会影响镍需求。

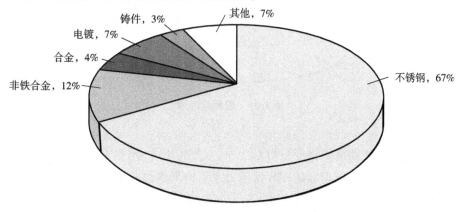

图 1.24　全球镍资源消费结构

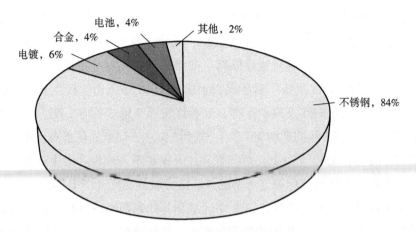

图 1. 25　我国镍资源消费结构

2019 年随着镍铁新产能释放，需求端相对增长放缓，引发缺口的收窄。产业转移调整变化延续，国内外镍铁产能释放，电解镍产能产量收缩，并向硫酸镍转移，这个过程仍在继续，电解镍缺乏新增空间。2018 年电解镍去库存进展加快，2019 年因供需缺口仍有主动去库存倾向，但是节奏是放缓的。据不完全统计，2018 年硫酸镍的产能超过 70 万 t（折 16 万 t 金属镍）。2020 年将超过 100 万 t（折 22 万 t 金属镍）。从硫酸镍的生产情况来看，2018 年中国硫酸镍产量同比增长 25%，全球达到 64 万 t，同比增长 21.2%，我国产量占 65%，也是新增产量的主要来源（图 1. 26）。

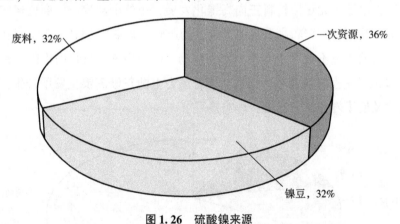

图 1. 26　硫酸镍来源

（4）锰

2018 年，中国锰矿供应量继续上升，预计 2018 年国内锰矿供应较 2017 年增长 15%。虽然国产锰矿在环保压力之下产量继续收缩，但进口锰矿却在国内冶炼厂强烈需求的刺激下不断涌入，仅 2018 年 1—10 月的进口量就已经达到2208万t，远远超过了2017年的2126万t。因此，2018年中国锰矿供应量整体有明显上涨。

预计2019—2021年锰矿进口量将保持小幅增长态势。一方面，由于下游冶炼行业经历了2014年以来"去产能"期间的倒闭潮后重新焕发生机，需求易增难降，因此中国的锰矿进口量仍可维持在当前的高水平；另一方面，中国对进口锰矿的强劲需求和较弱的议价能力会吸引更多主流锰矿生产国以外的其他国家的锰矿打入中国市场。

2018年中国高纯硫酸锰产量为9.3万t，较2017年增长25.7%，这主要是由于国内镍钴锰三元正极材料行业的蓬勃发展，来自下游三元前驱体的订单增多，刺激了高纯硫酸锰生产企业增加开工负荷及投产新的产线。一些下游厂家也建立了自给自足的加工回收产线，对高纯硫酸锰的供应也起到了一定的补充。

1.3　动力电池回收处理行业问题分析

（1）退役动力电池综合利用的技术装备亟须绿色化、智能化升级

目前退役动力电池综合利用过程，特别是再生利用过程仍存在物料分选效率低、二次污染重、装备自动化水平差等问题；资源循环过程流程长、仍普遍依赖传统的选矿与冶金原理，亟须从动力电池废料特征入手，推进建立新型共性理论，全面提升其综合利用绿色化与智能化水平。

（2）动力电池回收利用体系与回收市场有待完善

由于当前动力蓄电池退役量仍然较少，缺乏规模效益，回收总体成本较高。尤其是针对退役量居多的磷酸铁锂离子电池尚缺乏经济可行、污染全过程控制的再生利用技术。另外，我国对动力蓄电池回收利用企业尚没有严格的准入条件，不利于规范市场行为。在退役动力蓄电池梯次利用方面，动力蓄电池性能衰减机制、健康状态评价及一致性检测等技术水平有待进一步提高，梯次利用产品向低速动力、UPS电源及充电宝等方向扩散，产品性能、安全等缺乏保障，增加了管理难度。再生利用方面，退役动力蓄电池包拆解仍大多采取人工手动作业，效率偏低，需智能化升级；再生利用侧重于三元材料中钴、镍的回收，锂回收率偏低。

（3）行业亟须完善环境污染防治相关标准体系

动力蓄电池生产企业、新能源汽车生产企业与退役动力电池综合利用企业等仍需进一步完善相关标准体系，从全产业链角度推动管理、技术、环保、

市场等综合水平。尤其是污染防治方面，虽然我国对相关行业的排污许可已经陆续出台相关要求，但在退役动力电池回收方面尚缺乏完整的标准体系或技术规范体系，如图 1.27 为废旧动力电池回收处理产业流程。

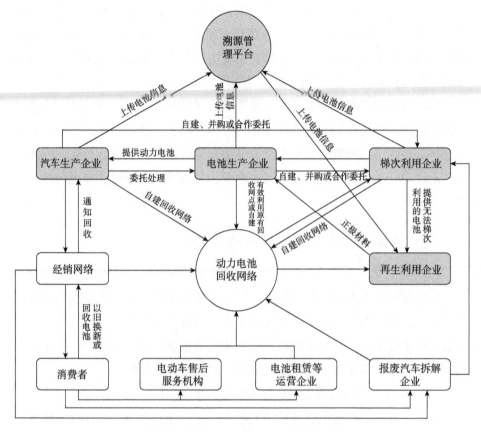

图 1.27　废旧动力电池回收处理产业流程

第二章　废旧动力电池回收技术进展

退役动力电池的回收利用是新能源汽车产业链中的重要环节之一，也是环境风险最高、技术进步需求最迫切的环节。从 2019 年开始，我国将会有大量的动力电池进入退役期，退役电池的余能检测、拆解、梯次利用、材料的精细化分选、资源精深利用等将形成具有一定独立性、有别于传统工业体系的回收利用产业链条。在梯次利用方面，如何实现异构退役动力电池的兼容重组、如何进行余能的快速检测、如何实现复合状态电池的智能筛选、如何进行安全/自动化拆解等仍然需要技术进步和产业配套；在再生利用方面，如何实现快速放电或处理过程安全、如何提高黑粉/铜/铝/有机物等分选效率、如何提高材料的精细化分选程度、如何提升过程污染控制水平、如何实现目标金属的选择性回收、如何实现短程化材料再生等也需要技术与装备水平的大幅提升。

本章将对目前退役动力电池回收利用的技术现状进行分析，旨在对比不同技术的特点与差异、与产业的结合程度与应用情况，解析其优势及存在问题，梳理技术的发展趋势；进一步分析回收处理过程的污染特征与防治技术，绘制退役动力电池回收领域的技术发展路线（图 2.1）。

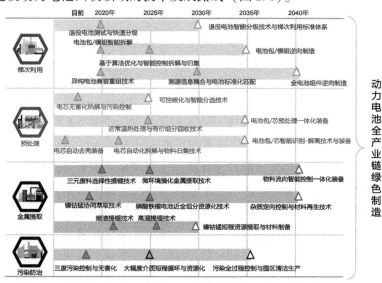

图 2.1　退役动力电池回收领域的技术发展路线

2.1 废动力电池资源化利用全产业链技术体系

废动力电池资源化利用全产业链涵盖动力电池减量化设计与制造、动力电池拆卸、动力电池收集与储运、动力电池拆解、梯次利用与再生利用、环境保护、绿色评价等几大环节。废动力电池资源化利用产业链涉及的企业可大致分为生产企业、回收企业、梯次利用企业、再生企业，目前尚无企业涵盖从回收到梯次利用、资源再生整个产业链。废动力电池回收处理产业链技术体系如图2.2所示。全产业链按照内容主要分为5个环节：动力电池废弃物源头减量化技术体系、废动力电池梯次利用技术体系、废动力电池再生利用技术体系、废动力电池产品再制造体系、废动力电池资源化全产业链绿色评价技术体系。

图2.2　废动力电池资源化综合利用全产业链技术体系

动力电池废弃物源头减量化技术体系覆盖动力电池（包）全生命周期的设计优化、动力电池（包）配件及材料优选、电池包拆卸及拆解管理、电池梯次利用及再生利用可靠性评估技术；废动力电池梯次利用技术体系是指废动力电池通过拆卸、拆解、检测、再组装加工成可以用于通信基站、储能及电动车的电池的技术；废动力电池再生利用技术体系是指废动力电池通过拆解、破碎、筛分、湿法冶金、火法冶金等工艺制备得到动力电池正极材料的前驱体和金属盐的技术；废动力电池产品再制造体系包括废旧电池可再制造性评估、再制造技术工艺、再制造电池修复效果检测、再制造电池性能检测、再制造电池品质质量评价和再制造电池综合评价；资源化全产业绿色评价技术体系包括动力电池产品绿色制造评价体系、动力电池产品绿色度评价体系、动力电池全生命周期可循环评价体系和生产过程污染物排放情况。

按照动力电池全生命周期管理，废动力电池资源化综合利用全产业链技术体系包含 5 个方面的内容，而目前我国只关注了废动力电池梯次利用技术体系、废动力电池再生利用技术体系和废动力电池产品再制造体系 3 个方面的内容，而动力电池废弃物源头减量化技术体系和资源化全产业链绿色评价技术体系还有待突破。

实际上，废动力电池源头减量化技术是在动力电池全生命期的各主要环节实施减量化技术措施，减少不必要的废动力电池废弃物的产生，降低后续处理对环境的影响。废动力电池源头减量化技术体系是集源头预防、过程控制与末端控制为一体的技术。基于材料减量化的电池（包）结构优化设计，在设计初期有效减少动力电池废弃物及环境污染的产生；在废动力电池拆卸和拆解过程中，部分配件通过检测可以重复使用。

废动力电池资源化全产业链绿色评价技术体系，主要是指废动力电池在运输贮存、拆卸拆解、梯次利用、再生利用、使用、处置全生命期内体现节能、减排、安全、便利和可循环绿色度的评价体系，通过层次分析法、关键指标、指标权重等设定，提出具体评价方法，建立定量化绿色评价体系。特别是应当建立再生产品绿色度评价，为废动力电池再生产品推广应用提供可靠技术依据。

目前，我国亟须开发基于废动力电池处理技术和再生产品的覆盖动力电池全生命周期的废动力电池源头减量化技术体系和绿色评价技术体系，以完善废动力电池资源化综合利用全产业链技术体系。

2.2　梯次利用

动力电池报废后，需要对其安全性、残余寿命等相关参数进行科学合理的评估，才能进行梯次利用。梯次利用主要潜在市场有 12 V/24 V 汽车起动电池、UPS 不间断电源、ESS 储能系统、Power Bank 移动电源、36 V/48 V 电动摩托/自行车电池等。目前虽然已有商业储能、低速电动车、电网储能等方面的示范工程，但由于废动力电池容量分布不均，外观壳体材质、电池尺寸规格、电池内部结构、材料类型、成组方式等均存在多样化的特点，导致后续再利用技术难度大、成本高。随着新电池性能提升和成本下降，梯次利用市场受到很大影响，梯次利用与新电池成本之差是决定其能否经济可行的关键，合理的回收价格是关键条件。

按商用车3年电池寿命和乘用车5年电池寿命估算，仅2018年我国达到需要进入梯次利用阶段（容量降至80%以下）的动力锂离子电池退役量将达到14.03 GW·h（约20万t），至2023年，将进一步快速增加至101.50 GW·h（115.78万t），如图2.3所示。退役电池仍具有相当的容量（通常容量保持率为70%~80%）和较为宽泛的使用空间，将退役动力电池应用于通信基站、数据中心、UPS/ESS储能、移动电源、低速车、电动摩托/自行车等对能量密度或功率特性要求不高的领域，不管是从经济性还是环保性而言，都具有一定的优势。尤其是2014年之后，随着国内电池制造技术的快速发展，废旧动力电池不再出现容量"跳水"的现象，而是近似线性衰减，若将其直接用于资源化回收，将造成极大的资源和能量浪费。随着社会对环境污染、碳排放等问题越来越重视，对于退役动力电池进行梯次利用，已经成了必然趋势。

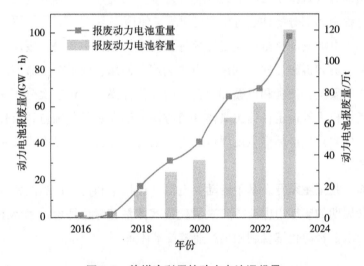

图2.3　待梯次利用的动力电池退役量

2.2.1　废旧动力电池梯次利用商业模式及技术难点

动力电池的梯次利用需要建立多方面联动的合作机制。首先，按照国务院发文的《生产者责任延伸制度推行方案》，锂离子电池实行"谁出售，谁回收"方针，以电池制造商、整车制造和销售商（4S店）为主体，通过推行回收责任制建立退役动力电池回收网络，规范回收退役动力电池；其次，动力电池无论是体积还是重量都很大，若直接将电池返厂回收处理，需要支出大量的人力、物力，目前依然较难实现，因此目前退役动力电池梯次利用多采用"就地消耗"的策略。电池制造商、整车制造和销售商通过与专业锂电回收厂商合作或直接开设子公司，将动力电池回收业务外包给此类厂家，指定品牌旗下特约4S店将从车主那里回收的动力电池统一运送至当地电池回收商，回收商通过对废旧电池进行拆解、检测和二次组装，将产品输送至储能、低速车（与整车制造商合作）等终端客户，实现退役动力电池的梯次利用，待梯次利用结束（电池容量下降至初始容量的40%），电池回收商通过资源化回收技术提取电池中的有价组分，将提取所得原料输送至电池制造厂家，以实现资源循环利用，其商业模式如图2.4所示。

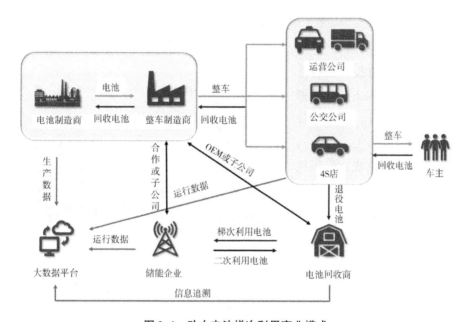

图2.4　动力电池梯次利用商业模式

基于废动力电池梯次利用流程，如图2.5所示，在进行废旧动力电池梯次利用时，需考虑电池包拆解、余能检测、电池集成、电池管理系统、电池成本及效益分析等几个方面。

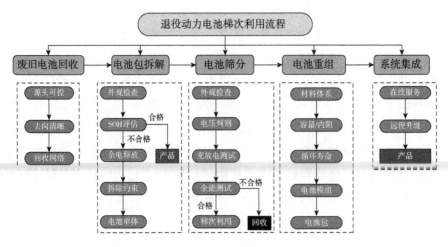

图 2.5 废旧动力电池梯次利用流程

（1）电池包拆解工艺

动力电池退役时，通常是将电池包（Pack）整体拆卸下来。在梯次利用过程中，通常需要将 Pack 拆开，基于模组的检测或重组等技术实现退役动力电池的再利用。由于不同的车型具有不同的 Pack 设计，其内外部结构设计、模组连接方式、

图 2.6 Pack 手工拆解过程

工艺技术各不相同，意味着不可能用一套拆解工艺和规范适合所有 Pack 和模组（图 2.6）。在 Pack 拆解方面，就需要进行柔性化的配置，将拆解流水线进行分段细化，针对不同 Pack，要尽可能利用现有流水线的工段和工序，以提高作业效率，降低重复投资。然而，目前国内 Pack 拆解尚不能完全实现自动化，存在大量人工作业，以 Tesla Model S 85 所搭载的电池组为例，该电池组由超过 7000 只 18650 单体电池组成（共分 16 组，每组 444 节电池），净重900 kg，电池组表面不仅有塑料膜保护，在塑料膜下还有防火材料护板，护板通过螺栓与电池组框架连接，并且连接处充满密封黏合剂，仅依靠人力拆卸电池板顶盖需耗时 2 h 以上，不仅效率低下，而且若操作不当，会发生短路、漏液等各种安全问题，进而可能造成起火或爆炸，导致人员伤亡和财产损失。所以，如何保证作业安全，降低事故隐患，也是大规模 Pack 拆解所必

须解决的问题。目前，动力电池包拆解主要依靠人工进行，部分企业动力电池模组的拆解已经引入了半自动化拆解。

（2）电池模组余能检测

动力电池经过拆解后需要对其健康状态（SOH）进行评估，根据电池的健康状态及剩余寿命对其进行二次利用。若可以获取动力电池在使用期间的完整相关运行数据（图2.7），结合电池包和单体电池的出厂数据，通过建立电池模组的简单寿命模型，能够大致估算出特定运行条件下电池模组的剩余寿命，这种情况可显著节约检测时间和费用，但电池运行数据主要取决于车企是否同意公开；若无具体使用情况记录，仅有出厂时的原始数据（如标称容量、电压、额定循环寿命等），则需对每个模组进行测试、均衡、计算，根据相关数据和出厂时的原始数据，建立对应关系，大致估算其剩余寿命。每一个模组的测试时间、测试费用，都会影响梯次利用的成本。测试设备、测试场地、测试费用、测试时间、分析建模等，都会增加不少的成本，导致梯次利用的经济价值降低。如何快速、准确的估算电池模组的剩余寿命，是动力电池梯次利用的关键所在①。

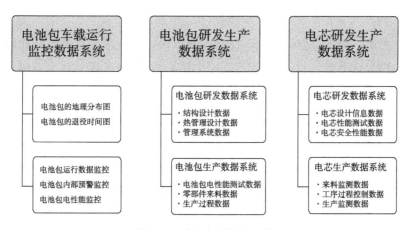

图2.7　动力电池数据系统

王凯丰等②开发了一种用于确定梯次利用动力电池容量衰退原因的方法，通过对多个梯次利用动力电池单体和新动力电池单体进行性能测试、拆解分析，获取每个梯次利用动力电池和新动力电池性能数据及正极材料、负极材

① 白恺，李娜，范茂松，等．大容量梯次利用电池储能系统工程技术路线研究［J］．华北电力技术，2017（3）：39-45.
② 王凯丰，范茂松，杨凯．一种用于确定梯次利用动力电池容量衰减原因的方法及系统：109100653A［P］．2018.

料和隔膜的表征数据（电池晶体结构参数、隔膜表面形貌、沉淀物数据和隔膜成分）；基于梯次利用动力电池与新动力电池的分析数据和对应的容量衰退数据进行大数据分析，确定影响梯次利用动力电池容量衰退的原因。

吕荣等[①]开发了一种退役电池能否梯次利用快速判断方法，通过将梯次利用电池在常温下以1C倍率、0.5C倍率和0.2C倍率循环充放电，并分别记录其放电容量，比较3次放电容量的大小，进而判断电池是否适用于梯次利用（若容量1 < 容量2 < 容量3，则单体电池适于梯次利用，否则不适于梯次利用，图2.8）。杨凯等[②]开发了一种对可梯次利用的退役动力电池的分选方法及系统，将待分选电池放置在预设的环境条件下；测量待分选电池的开路电压；以预设的充放电倍率 n 对待分选电池充

图2.8　回收电池模组检测装置

电至满电态，测量待分选电池在预设频率下的定频内阻；以预设的充放电倍率 n 对待分选电池进行 m 次充放电，所述待分选电池完成 m 次充放电后处于满电态；将满电态的待分选电池放置预设时间 t 后，再次对所述待分选电池以充放电倍率 n 进行 m 次充放电，计算待分选电池的容量保持率及容量恢复率；根据获得的待分选电池的开路电压、定频内阻、容量保持率及容量恢复率是否符合预设标准，确认待分选电池是否可进行梯次利用。

目前，电池模组的余能检测、评估及分选尚处于实验室研究阶段，工业化应用还不成熟。

（3）系统集成技术

在拆解和余能检测基础上，需要根据运行数据和测试数据对不同的电池模组建立数据库，根据材料体系、容量、内阻、剩余循环寿命等参数对模组重新分组。模组分组参数的合理性，直接影响到后面重新组合的系统性能，具体如何确定相关参数，需要做大量的研究工作，兼顾成本和性能。基于电

---

①　吕荣，刘璋勇，肖资．一种退役电池能否梯次利用快速判断方法：108598611A［P］. 2018.
②　杨凯，范茂松，刘超群．一种对可梯次利用的退役动力电池的分选方法及系统：108636834［P］. 2018.

池模组的分组等级和类型，以及产品开发具体目标，建立一个系统级模型，确定各电池模组的衰减特性参数，如健康状态（SOH）、内阻、电压变化率、自放电率和低温放电容量等，推算出相关的匹配系数，根据产品应用场合确定产品的总体方案。此外，在进行系统集成设计时，还需同步考虑结构柔性化设计和 BMS 的鲁棒性。系统结构设计应该兼容不同的模组，固定方式既要考虑紧固性和可靠性，又要考虑弹性和便于快速装卸，模组的线束连接多柔性化考虑做到可快插和快换；BMS 需做到模块化、标准化和智能化，能够自适应各种类型的模组，并能够自我学习，在运行过程中为模组和单体电池建立模型，做到智能化的监控、预测、诊断、报警和各类在线服务。软件的升级可在线进行，并可远程升级。

孟祥辉等[①]开发了一种锂离子电池梯次利用的分组方法，将拆解后的每一套锂离子电池系统的电池单独分级，先根据拆解时的电压和内阻分级，电压和内阻根据电池数量和梯次利用要求确定；然后将同一套系统的电池汇总分容，分容后根据电池容量大小进行分级；根据拆解时电池系统的铭牌，判定初始电池的容量，从而判定分容后电池的剩余比例；再将不同套系统的电池容量汇总；分容最后一步充电，将电池充至上限电压将电池充满电或其他固定电压，测试电池电压，作为第二次电压分级；将上述 4 次分级的数据汇总记录，根据分级数据，将电池配组，重新组装后投入使用。本发明配组方法简单实用，操作简单，使得新能源锂离子电池的梯次利用获得更大的经济和社会价值。

煦达新能源通过组串分布式架构来解决回收电池的一致性问题。首先拆除同类型号车上的退役动力电池作为一个基本的储能单元电池组，之后将其与 PCS、监控单元串联构成一个基本的储能单元，再相互并联构成功率不等的中大型储能系统，大幅减少检测成本。他们通过浅充、浅放的运行策略避免电池容量到后期断崖式衰减，保障电池安全和可靠的长时间使用寿命。目前已完成多个项目试点。

范茂松等[②]开发了一种用于预测梯次利用动力电池的复合离散度的方法（图 2.9），分别测试每个梯次利用动力电池在不同荷电状态 SOC 状态下的直流内阻，并确定其阻抗特性（在预设频率阈值下的定频内阻和开路电压、在

① 孟祥辉，李洪文，张益明. 锂离子电池梯次利用的分组方法：108767340A［P］. 2018.
② 范茂松，王凯丰，杨凯. 一种用于预测梯次利用动力电池的离散度的方法及系统：CN109100652A［P］. 2018.

预设倍率放电结束时的终止电压）；根据每个梯次利用动力电池的阻抗特性利用离散度计算公式计算内阻离散度；根据梯次利用动力电池在不同使用条件下的循环性能计算多个梯次利用动力电池的衰退速度，建立梯次利用动力电池的衰退速度与使用条件的对应关系（使用条件包括使用环境温度、使用倍率和工作 SOC 区间）；计算梯次利用动力电池的自放电率，建立梯次利用动力电池的自放电率与使用工况的对应关系；根据梯次利用动力电池的衰退速度与使用条件的对应关系和梯次利用动力电池的自放电率与使用工况的对应关系，确定不同工况下梯次利用动力电池的电池容量离散度；利用复合离散度预测梯次利用动力电池在退役后不同时间段的电池容量离散度，并根据预测的不同时间段的电池容量离散度和内阻离散度的权重预测梯次利用动力电池的复合离散度。目前，电池的系统集成技术尚处于实验室研究阶段，工业化应用还不成熟。

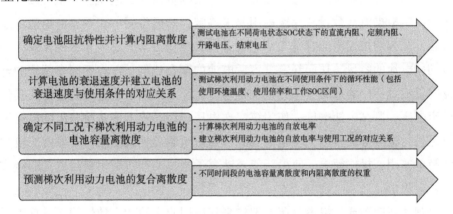

图 2.9 预测梯次利用动力电池的复合离散度的方法

（4）电池管理系统

拆解后的电池模组，仅通过目视检查，无法检测到轻微胀气、漏液、内短路、外壳破损、绝缘失效、极柱腐蚀等安全缺陷，且废旧动力电池中的大多数电池已经进入生命周期的中后期，相对于新电池而言，其老化速度的离散化进一步加剧，导致系统在可用容量和充放电功率方面越来越弱，严重时会使得产品的性能和寿命远低于预期，增加产品的使用风险和售后风险。因此，采取简单、快速而有效的检查措施为拆解后的电池模组进行安全"体检"，将在很大程度上保证电池模组在梯级使用过程中的安全性。另外，在新产品运行过程中，需利用 BMS 时刻对其安全状态进行监控，排查隐患，及时采取措施。所以，针对梯次利用的产品，BMS 的安全性和可靠性检测功能要予以强化，通过电子手段有效监控和保障产品的安全性和可靠性。如果直接移植新能源汽车的电池管理系统，会出现通信受限制、电器不匹配等问题，因此，需要针对不同的使用环境和梯次利用电池的特点，对原有电池管理系统进行改进。

（5）成本及效益分析

梯次利用的最大价值在于可以以较低的成本，获得较高的性能，从而在某些应用市场获得良好的经济效益。因此，梯次利用的技术研究必须以低成本为核心，脱离这个着眼点，将很容易陷入为追求技术指标而忽略商业价值的困境，从而使得梯次利用的商业运作步履维艰。

成本控制需贯穿于废旧动力电池梯次利用的每一个环节。在 Pack 拆解环节，针对不同 Pack 复用流水线和工艺、简化电池模组和电池的测试、快速建模等，都会影响后续产品的成本；在产品开发环节，系统集成是关键，电池模组混用、系统柔性化设计、BMS 鲁棒性设计等，都能有效降低产品物料成本；在产品的运维环节，确定合理的质保年限，做到智能化管理、远程诊断和维护等，都将影响产品的生命周期成本[1]。

刘平等[2]开发了一种磷酸铁锂动力电池梯次利用的全生命周期成本估算方法，依据磷酸铁锂动力电池的 SOH 对动力电池进行梯次利用分级；构建各梯次利用阶段电池使用总容量模型；构建各梯次利用阶段成本模型；根据上述数据估算磷酸铁锂动力电池全生命周期成本变化趋势，并输出结果。该方法可以合理地估算电动汽车动力电池的全生命周期成本，对动力电池全生命周期的各阶段的价值和成本进行划分，对评估动力电池在电动汽车阶段及储能及其他应用阶段内的利用价值具有重要意义。

电动汽车电池实际应承担的成本 Pe 为：

$$Pe = \left[\frac{3}{7p} Q_v + \frac{4}{7p} Q_v \cdot (1 - \gamma) \right] \cdot M / Q_v = \left(1 - \frac{4}{7p} \gamma \right) \cdot M \quad (2-1)$$

储能电池实际应承担的成本 Ps 为：

$$Ps = \left[1 - \left(1 - \frac{4}{7p} \gamma \right) \right] \cdot M = \frac{4}{7p} \gamma \quad (2-2)$$

根据上式，电动汽车实际承担成本占整个电池成本的比例 ηe 为：

$$\eta e = \left(1 - \frac{4}{7p} \gamma \right) \cdot \frac{M}{M} \times 100\% = \left(1 - \frac{4}{7p} \gamma \right) \times 100\% \quad (2-3)$$

---

① 刘念，唐霄，段帅，等. 考虑动力电池梯次利用的光伏换电站容量优化配置方法 [J]. 中国电机工程学报，2013, 33（4）：34-44.

② 刘平，张文华，代小敏. 磷酸铁锂动力电池梯次利用的全寿命周期成本估算方法：CN108845270A [P]. 2018.

储能电池实际承担成本占整个电池成本的比例 ηs 为：

$$\eta s = \left[1 - \left(1 - \frac{4}{7p}\gamma \right) \right] \cdot \frac{M}{M} \times 100\% = \frac{4}{7p}\gamma \times 100\% \qquad (2-4)$$

其中，γ 为梯次利用的成组率，M 为电池的单价，Q_v 为电动汽车和储能电池使用的具有使用价值的电池容量，p 为应用于电动汽车的单位容量成本与应用于储能电池的单位容量成本之比（$p>1$）。

基于上述公式绘制 $\eta(P_s)$，$\eta(P_e)$ 与 γ/p 的曲线图，可以估算出电动汽车动力电池全生命周期的成本，划分动力电池各阶段的价值利用和成本分摊。

2.2.2 废旧动力电池梯次利用现状

目前，尽管世界各国对于动力电池的梯次利用的重要性已有明确的认识，很多研究机构和企业也开展了动力电池梯次利用的相关研究工作，但是对于动力电池梯次利用的商业化探索都处在早期阶段，还没有形成非常成熟的运作方式，回收体系、产品应用、市场推广、商业模式、资源整合等都有待进一步研究和积累。诸多因素，也限制了梯次利用的大规模开展和商业推广。

表 2.1 列出了目前国外动力电池梯次利用的典型案例。可以看出，从国际上来看，动力电池梯次利用主要瞄准家庭储能、新能源分布式发电储能、防灾据点及通信基站等（图 2.10）。这些领域应用对能量密度的要求不高，但是对循环寿命和价格要求相对较为苛刻。考虑电池回收、转换及运输等多重成本，车用废旧电池实际的回收价值将不到新电池成本的 10%，在价格上可以满足储能的要求。不少国外企业已针对动力电池的梯次利用进行了初步尝试，为未来梯次利用的发展努力积攒经验。

表 2.1　国外主要梯次利用案例汇总

国家	应用领域	案例描述	参与主体
日本	家庭及商业储能	日本汽车和住友集团 2010 年合资成立的 4R Energy 公司对日产聆风汽车的废弃电池实施梯次利用，开发了标称功率为 12 k ~ 96 kW 的系列家用和商用储能产品	4R Energy 公司
德国	电网储能	2015 年博世集团、宝马和瓦腾福公司就动力电池再利用展开合作，利用宝马 Active E 和 i3 纯电动汽车退役的电池建造 2 MW/2 MW·h 的大型光伏电站储能系统	BOSCH 集团、BMW、瓦腾福公司

国家	应用领域	案例描述	参与主体
德国	电网储能	2017 年奔驰公司与回收公司合作实施目前全球计划投运的全球最大的梯次利用项目——Lünen 项目，该项目将 1000 辆 Smart 的退役电池进行梯次利用，预计形成 13 MW·h 的电网服务储能设施，退役电池有效梯次利用率达 90% 以上	奔驰公司
美国	分布式发电/微网	美国可再生能源国家重点实验室对淘汰的插电式混合动力汽车及纯电动汽车用锂离子电池提出用于风力发电、光伏电池、边远地区独立电源等	美国可再生能源国家重点实验室
美国/瑞士	智能电网	通用汽车从 2011 年开始与 ABB 公司合作试验利用雪佛兰 Volt 沃蓝达的电池组采集电能，回馈电网并最终实现家用和商用供电，并于 2012 年 11 月在美国旧金山地区进行公开展示	通用公司、ABB 集团
美国	家庭及商业储能	美国 Tesla Energy 开发了面向家庭和商业储能的 Powerwall 和 Powerpack，并已于 2017 年 12 月向南澳大利亚州正式交付了世界上最大的电池储能系统 100 MW/129 MW·h，该系统由 640 个独立的 Powerpacks（每个 200 kW·h）组成，使用 Neoen Hornsdale 风电场生产的可再生能源进行充电，并在高峰时段供电，帮助南澳的电力基础设施保持稳定运行*	Tesla Energy

＊然而，Tesla 储能系统采用电池全部为新电池。目前虽然已经进行多次论证，其并未真正开展退役电池的梯次利用实践。

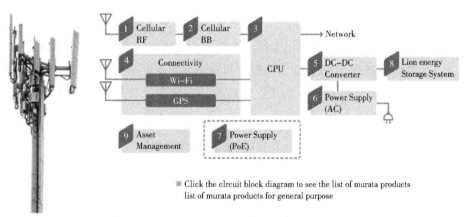

※ Click the circuit block diagram to see the list of murata products list of murata products for general purpose

图 2.10　通信基站移动电源系统①

---

① https：//www.murata.com.

与欧美、日本等发达国家相比，我国在动力电池梯次利用方面进展相对滞后。这一方面是因为动力电池的大规模退役潮还未真正到来，受前几年电动汽车市场规模的限制，加之在相关标准规范和政策法规方面的缺失，导致现阶段动力电池回收处理责任主体/利益关系不清，车主、整车企业、电池企业、梯次利用企业、回收利用企业尚未形成一条完整的回收利用产业链；另一方面是因为现阶段我国从事回收利用的企业或单位大多都不具备相关资质和环保条件，回收过程受利益驱使，退役电池大多直接报废，通过拆解和资源化回收获取其中的有价组分，由此导致动力电池梯次利用研究远远不能满足实际应用需求。

从政策制定者的角度来说，政府已经充分意识到了建立动力电池回收利用体系的重要性和紧迫性，相继发布《电动汽车动力蓄电池回收利用技术政策（2015 年版）》、《新能源汽车废旧动力蓄电池综合利用行业规范条件》、《新能源汽车废旧动力蓄电池综合利用行业规范公告管理暂行办法》、《废电池污染防治技术政策（征求意见稿）》、《生产者责任延伸制度推行方案》、《新能源汽车动力蓄电池回收利用试点工作实施方案》、《新能源汽车动力蓄电池回收利用管理暂行办法》、GB/T 33598—2017《车用动力电池回收利用 拆解规范》、GB/T 34015—2017《车用动力电池回收利用 余能检测》、GB/T 34013—2017《电动汽车用动力蓄电池产品规格尺寸》、GB/T 34014—2017《汽车用动力电池编码》等系列标准和规范，引导相关的责任企业建立完善的回收利用产业链。

2019 年，工信部与国家开发银行发布《关于加快推进工业节能与绿色发展的通知》，指出以长江经济带、京津冀及周边地区、长三角地区、汾渭平原等地区为重点，支持开展退役新能源汽车动力电池梯次利用和再利用。

诸多电池制造/回收从业者及研究机构近几年也开始开展梯次利用的相关理论研究和示范工程建设，尤其是 2017 年下半年以来，规模化应用及产业联盟开始逐步呈现，具体见表 2.2。

表 2.2　国内动力电池梯次利用案例

应用领域	案例描述	参与主体
商业储能	系统由 7 个 180 kW/1.1 MW·h 集装箱式储能系统组成，总装机量为 1.26 MW/7.7 MW·h，运行时 SOC 设定为 90%，系统有效容量为 7 MW·h，是国内规模最大的基于退役动力电池梯次利用的工商业储能系统	煦达新能源

应用领域	案例描述	参与主体
商业储能	150 kW·h 的锂离子电池全部采用未经拆解电动汽车退役电池，配合长城电源首创的退役电池管理系统和 ES50 储能变流器，支持 2 路电池独立输入，每路支持 50～750 V 宽电压，可独立接入不同类型的电池	长城电源
通信基站储能	2018 年 1 月 4 日中国铁塔股份有限公司与比亚迪、国轩高科等 17 家企业签订动力电池梯级再生利用战略协议，主要电池企业将成为中国铁塔股份有限公司的战略合作伙伴，为其供应梯级电池	中国铁塔股份有限公司、比亚迪、国轩高科等 17 家企业
通信基站储能	四家单位将重点围绕"探索退役新能源车动力蓄电池循环梯次利用及后续无害化处理"问题，建立可追溯管理系统和普适性强、经济性好的回收利用模式，开展梯次利用和再利用技术研究、产品开发及示范应用，并推动形成相关技术规范标准	中国铁塔股份有限公司广东省分公司与广东省经济和信息化委、广东省循环经济和资源综合利用协会、广东省光华科技股份有限公司
通信基站储能	采用纯电动大巴退役动力电池代替铅酸电池用于通信基站备能，建设了 57 个试验站点，经济效益和环境效益优势明显	中国铁塔
商业储能	耗时两年共同完成 100 kW·h 梯次利用电池储能系统的工程示范	中国电科院、国网北京市电力公司与北京交通大学中恒电气徐达新能源
低速电动车/电网储能	利用退役的动力电池，在电动场地车、电动叉车和电力变电站直流系统上进行改装示范，用作低速电动车动力源和电网储能	国网北京市电力公司、北京工业大学、北京莱普德新能源电池科技有限公司
电网储能	利用 2008 北京奥运会退役的电动汽车锂离子电池，完成了 360 kW·h 梯次利用智能电网储能系统	北京海博思创科技有限公司、国网北京市电力公司
低速电动车	将电动汽车退役的动力电池进行重组，用于 48 V 电动自行车的动力电源	国网浙江省电力公司
电网储能	在郑州市建立了基本退役的动力电池的混合微电网系统，联调成功，在 1 年时间内累计发电超过 45 MW·h	国网河南省电力公司

应用领域	案例描述	参与主体
分布式光储换电站"擎天柱计划"	这项计划旨在通过换电和电池再利用技术，将新能源汽车、动力电池、换电站、光伏发电进行融合，实现新能源汽车全生命周期能源资源利用	北汽新能源、奥动新能源、上海电巴
储能项目	格林美提供 16 套 2P6S 蔚来汽车（NIO）测试车辆退役电池和能际新能源自主研发地实时监测并有效控制每个电池单体智能电池管理系统 BMS 组成，有效的管理并使用退役动力电池组	格林美能际
微电网储能	实现 50 mm 内非计划性并网转孤网无缝切换、四种并网/孤网运行方式智能切换、退役动力电池梯级利用、孤网运行一周的能力。不仅利用了屋顶光伏系统、锂离子电池储能系统等绿色清洁能源，还能实现重要负荷 100% 清洁能源供电	广州供电局

南方电网科学研究院有限责任公司牵头组织的项目团队于 2018 年 6 月获批国家重点研发计划智能电网技术与装备重点专项"梯次利用动力电池规模化工程应用关键技术"项目。该项目将从动力电池的无损诊断、余能检测方法、分级装备，高离散退役电池异构兼容并网装备，基于机器人的退役方形动力电池多维识选与智能转载输送技术，智能拆解与物料智能归集成套装备几大方向展开，研究动力电池全生命周期价值链生态耦合模式，研究成果将推动新能源汽车、动力电池及其他相关低碳绿色行业的发展，减轻动力电池直接大规模退役所带来的生态环境压力，具有深远的理论效益、经济效益、生态效益和社会效益。

在工商业用户侧储能、微电网储能，以及光储冲一体化等几大应用领域中，退役动力电池应用于工商业用户侧储能的项目最多。一方面这与 2018 年储能市场的需求升温有关；另一方面由于锂离子电池成本大幅下降，配套储能系统可以为工厂削峰填谷创造效益。应用退役动力电池投运的储能项目并不多，并且实际运营的项目产能都不大，储能系统容量均保持在 10 MW（含）以下。原因在于，投运的储能系统主要起到备用电源的作用，对退役动力电池的性能要求并不高。

中国铁塔股份有限公司自 2015 年 10 月起在广东、福建、浙江、四川、河南、山东、黑龙江、上海、天津 9 省市建立 57 个梯次利用试验站点，利用纯电动大巴退役动力电池代替铅酸电池用于通信基站备能，在动力电池梯次利用方面构建了国内最大的实时监控网，项目测试多种应用工况，对动力电池梯次利用的经济、环境效益进行充分论证。同时，中国铁塔股份有限公司与中国一汽、上汽集团等 11 家汽车生产企业合作规划构建回收渠道，并在上海、湖北、广东等区域率先实施；与再生利用企业合作优化退役动力蓄电池电池回收利用流程，确保报废梯次利用电池的集中回收和无害化处置。此外，中国铁塔股份有限公司与中国邮政、商业银行、国网电动车等企业合作研究将梯次利用电池应用在机房备用电源、电网削峰填谷、新能源发电及电力动态扩容等方面，并正在甘肃省河西区建设 "15 MW·h 光伏发电梯次利用项目" "10 MW·h 风力发电梯次利用项目" 等试验项目，提升梯次利用综合效率。2018 年中国铁塔股份有限公司与比亚迪、国轩高科长安汽车等 16 家企业签订动力电池梯级再生利用战略协议，由电池企业为其供应梯级电池，2018 年中国铁塔股份有限公司共计使用梯次利用电池约 1.5 GW·h；2018 年 2 月初，中国铁塔股份有限公司广东省分公司与广东省经济和信息化委、广东省循环经济和资源综合利用协会、广东省光华科技股份有限公司签订新能源汽车动力蓄电池回收利用合作协议，根据协议 4 家单位将整合政府、协会及企业 3 个方面的强大资源，通过物联网、大数据等信息化手段，重点围绕 "探索退役新能源车动力蓄电池循环梯次利用及后续无害化处理" 问题，建立可追溯管理系统和普适性强、经济性好的回收利用模式，开展梯次利用和再利用技术研究、产品开发及示范应用，并推动形成相关技术规范标准。此外，参与单位还将通过创新回收机制，探索建立生产者责任延伸制度，提升资源化利用技术水平，进而打造完善的新能源车动力蓄电池资源化综合利用产业链，并在全国范围内实现示范作用。

国家电网有限公司也在积极探索退役动力电池的储能梯次利用。例如，深圳供电局就在计划开展国家重点研发计划 "50 MW·h 退役动力电池梯级利用项目"，与国内动力电池厂商合作，探索电动汽车退役电池在电网侧的回收利用和相应的商业运作模式。

除此之外，诸多电池/电动车厂商及下游厂商也开始通过产业联盟形式构建 "电池制造—使用—回收" 闭环产业链，制定相关标准。如 2018 年 1 月，宁德时代与北汽集团、北大先行将开展动力电池研发、制造、回收、梯次利用等各项业务的战略合作；2018 年 1 月 18 日，格林美在湖北荆门举办第一届创新大会表示拟投入 5000 万元创新经费，围绕在全球范围建立 "动力电池回收—动力材料再生—电池梯次利用—新能源汽车后服务" 新能源全生命周期价值链，重点开展动力电池包绿色拆解与梯次利用的智能化装备及产业化示范等，格林美与车企开展"固定车型电池定价"梯次利用新型合作模式，对不同的动力电池产品设计阶梯式定价，与车企形成良性互动。中天鸿锂积极在外卖快递用电动车、城市物流车、观光车辆、环卫车辆等领域开展"以租代售"梯次利用新型商业模式，通过出租而非出售的方式，向客户收取部分押金，定期收取租金，改善梯次利用后电池的回收。

2.2.3 废旧动力电池梯次利用问题及展望

自 2010 年我国电动汽车行业出现、发展、井喷至今，由于缺乏政府监管/引导/资金支持，责任方/利益关系尚未完全明确，回收/收集过程及梯次利用商业模式尚不成熟，迄今尚未形成行之有效的"电池生产—动力应用—梯次利用—资源化回收"完整产业链。虽然我国基于"生产者责任延伸制度（EPR）"的废旧动力电池循环与管理体系正在推进，也在深圳市实施 EPR 管理模式试点，但是目前来看其试点结束后，仍有待进一步市场化验证和优化。不同地域梯次利用的技术与市场状况也存在较大差异，梯次利用的对象也会受到当地产业结构与市场需求影响。例如，部分退役电池会流向充电宝、电瓶车等小、散行业，造成管控风险。除此之外，梯次利用过程还受制于国家法规标准不完善、商业模式单一、电池质量和成本控制等，具体如图 2.11所示。

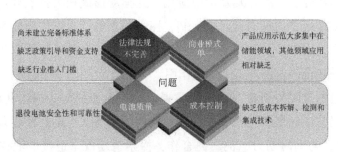

图 2.11 梯次利用主要问题

尽管国家相继出台相关政策法规倡导对动力电池进行梯次利用，2018 年初出台的"新能源汽车动力蓄电池回收利用试点实施方案"也明确支持中国铁塔股份有限公司等企业结合各地区试点工作，开展动力蓄电池梯次利用示范工程建设，然而在目前的市场和技术背景下，相关规定或标准等基本为非强制，针对梯次利用的技术与经济可行性、优势和存在问题等尚未达成统一意见，仍有待市场检验。如何将退役动力电池的梯次利用和直接报废以获取其中的有价组分相结合，促进电池回收和再利用行业的健康有序发展，需要技术、市场、政策、公众等多方面结合和推进；在已有的几个商业化较为成功的项目上，梯次利用主要用于商业/家庭储能、通信基站备能等储能领域，相对于铅蓄电池而言，废旧动力电池在该领域的应用目前尚不具备明显的经济优势，过于单一的商业化模式限制了动力电池梯次利用的市场推广，亟须拓展低速车、电动自行车等其他领域的梯次利用，以进一步扩大潜在市场。此外，电池质量不理想也是当前梯次利用未得到广泛认可的重要因素，退役的锂离子电池大多处于生命的中后期，电池的安全性和可靠性相对于新出厂电池而言并没有保障，尽管近些年电池的制造工艺取得了长足发展，单体电池一致性明显提升，然而安全可靠的电池质量依然是梯次利用的前提和基础。最后，如前文所述，梯次利用的核心优势在于成本低，然而 Pack 的拆解、电池模组的检测、筛选、重组和系统集成都会增加梯次利用的成本，即使退役电池相对于新电池而言具有一定成本优势，其安全性和可靠性，以及后续产品的运营和维护等都远不如新电池，综合来看，梯次利用的总成本优势并不明显，甚至于不如新电池，尤其是随着电池制造工艺的演进和制造成本的逐步降低，梯次利用将进一步面临与新动力电池的直接竞争。鉴于此，电池制造及回收业内相对较为一致的观点是，如果需要从大量退役动力电池中去筛选、检测，再拿来梯次利用，如此耗费的人力、物力、财力太大，不会有好的经济效益。未来如果电池包模块化，不需要拆解可以直接梯次利用，其经济效益更高。

由此可见，"免拆解＋编码制度"才是未来梯次利用的方向。随着国家推进电池模块化设计，推广车用蓄电池编码制度，动力电池制造技术快速发展，退役电池质量得到充分保障，现阶段动力电池梯次利用遇到的难题将会得到有效解决。此外，随着梯次利用商业模式的进一步丰富，不同类型的退役动力电池可根据下游细分市场需求，在不拆解的情况下实现统一编组集成，无论是应用灵活性还是应用成本，相对于新电池而言，均会具有明显优势，届时动力电池的梯次利用将会具有更广阔的市场。

2.3 预处理

动力电池通常由外壳、正极、负极、电解液、隔膜和集流体等组成，其中金属组分主要分布在外壳、集流体和正极材料中。外壳和集流体中的金属主要铝、铁、铜等金属单质，回收较为简单。而正极材料中包括锂、镍、钴、锰等金属氧化物，具有较高的回收价值，是废旧动力电池金属材料回收的核心。然而正极材料中的金属均以化合物的形式存在，分离回收较为困难。如果不经过预处理步骤，锂、镍、钴等有价金属组分将难以回收。为了高效的回收动力电池中的有价金属，对动力电池进行预处理是十分必要的。图2.12为目前国内典型的动力电池预处理过程，其工艺流程一般为盐水放电、热处理、磁选除铁、粒度分选、密度分选等。由于电池的形状规格各不相同，以及后续的回收工艺对原料的要求不同，废旧锂离子电池的拆解分选流程也会有所不同。

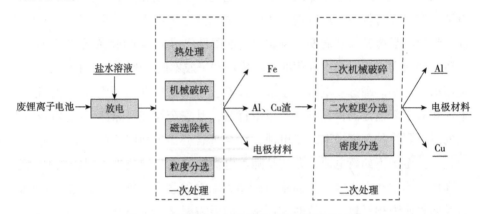

图2.12　目前国内典型的动力电池预处理过程

2.3.1　放电或失活过程

通常，废旧动力电池中会残余部分电量，在后续的拆解、破碎工序之前需要对其进行预放电或失活，以避免火灾或爆炸等事故。废锂离子电池的放电或失活过程通常采用盐水浸泡、导体或半导体放电及低温冷冻的方法。盐水浸泡的方法通常采用氯化钠溶液浸泡，将废锂离子电池短路使电池中剩余电量释放出来，另外，盐溶液还可以吸收电池短路释放的能量（图2.13）。导体或半导体放电的方法是采用金属粉末或者石墨粉短路的方法来进行放电，但采用金属粉末短路放电容易造成短时间内单体电池温度快速升高，可能导致单体电池的爆炸。张治安等[①]开发了一种将废锂离子电池与含导电粉体的介质搅拌混合后静置放电的方法，其中固体导电粉体导电性能好、电子传输效率高，石墨具有优异的导热性能，可以快速将电池放电过程中产生的热量释放，二者均可重复使用，放电后的电池完整性好，易于后续拆解，该方法

---

① 张治安，赖延清．一种废旧锂离子电池高效安全放电的方法：106816663［P］．2017.

有助于实现废锂离子电池快速、高效、安全放电。另外，低温冷冻的方法常采用液氮将废旧电池冷冻至极低温度使电池失活，然后再进行安全破碎。这几种方法中盐水放电的方法处理成本低、放电彻底、适合小型废旧动力电池的放电处理，适合于工业规模化生产。目前，国内多家回收企业均采用盐水浸泡的方法对废锂离子电池进行放电。该方法虽然简单可行，但放电时阳极会析出氢气，溶液中氯离子一方面会腐蚀电极污染电解液体系，同时对操作人员的工作环境也有影响；另一方面也会腐蚀电池外壳，造成部分正极材料中的金属溶解/泄露至放电溶液中，并由此带来溶解产物回收问题。为了减少放电所需的时间，并对由于电池内部故障而影响后续破碎分选步骤设定限制，Hanisch 等①研究发现电池放电至 30% 的 SOC 后可以安全破碎，电池的化学成分和容量规格大小也会影响电池剩余电量。目前，工业上的放电技术还是以盐水浸泡为主。

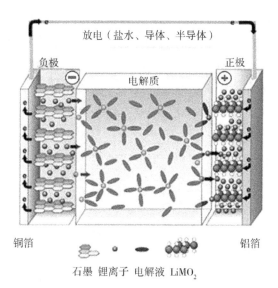

图 2.13 废动力电池放电原理

2.3.2 热处理法

热处理法是利用高温热解去除电池中的黏结剂，实现正极活性物质与铝箔之间的分离。动力电池中使用的 PVDF 黏结剂一般在 350 ℃ 以上开始分解，

① HANISCH C , DIEKMANN J , STIEGER A , et al. Recycling of lithium-ion batteries ［M］// Handbook of clean energy systems. volume 5 energy storage, 2015.

其他组分（乙炔黑、导电碳等）一般在 600 ℃ 以上开始分解[①②]。另外，当温度达到 500～600 ℃ 时，碳可与空气中的氧气发生燃烧反应。因此，通过控制热处理的温度，实现黏结剂的分解，使正极材料从铝箔集流体表面脱落。当采用真空热解的方法处理正极片时，在热解过程中，正极片中的电解液和黏结剂等有机物挥发或分解为低分子量的产物，使正极材料和铝箔基体的黏结力降低，正极材料与铝箔基体的分离。因此，真空热解的温度对正极材料与铝箔基体的分离有着十分重要的影响。当热解温度低于 450 ℃ 时，有机黏结剂分解不彻底，依旧存在一定的黏结力，活性物质和集流体基本不分离；当热解温度为 500～600 ℃，有机黏结剂基本全部分解，活性物质与铝箔基体的分离效率随着温度的升高而增加；当热解温度大于 600 ℃ 时，温度接近铝的熔点，铝箔开始变脆、熔化，导致铝箔包覆活性物质，使得活性物质和集流体难以有效分离[③④]。但在 PVDF 热解过程释放的 HF 会与正极材料反应形成 LiF[⑤⑥]。空气中的高温煅烧对锂过渡金属氧化物的结构影响很小，但废磷酸铁锂材料煅烧过程中 Fe^{2+} 会转化为 Fe^{3+}。相对而言，真空或减少热处理气氛可以减少阳极中过渡金属离子的价态转化，有利于后续浸出过程。Sun 等[⑦]研究了真空热解法处理废锂离子电池的效果。粉料经过处理后的主要成分为钴酸锂和氧化钴（CoO），CoO 比 Co_3O_4 更易溶于酸中，从而减少后续浸出过程中的还原剂用量。

热处理法的优点是操作简单，同时可有效去除石墨及黏结剂，易于大规模生产。但缺点是热处理过程黏结剂和添加剂反应会生成有害气体，需要添

① ZHANG X，XUE Q，LI L，et al. Sustainable recycling and regeneration of cathode scraps from industrial production of lithium-ion batteries [J]. ACS sustainable chemistry & engineering, 2016, 4, (12)：7041 – 7049.

② NIE H，XU L，SONG D，et al. LiCoO₂: recycling from spent batteries and regeneration with solid state synthesis [J]. Green chemistry, 2015, 17 (2)：1276 – 1280.

③ ZHANG X，XUE Q，LI L，et al. Sustainable recycling and regeneration of cathode scraps from industrial production of lithium-ion batteries [J]. ACS sustainable chemistry & engineering, 2016, 4 (12)：7041 – 7049.

④ YUE Y，HUANG G，XU S，et al. Thermal treatment process for the recovery of valuable metals from spent lithium-ion batteries [J]. Hydrometallurgy, 2016 (165)：390 – 396.

⑤ SONG D，WANG X，NIE H，et al. Heat treatment of LiCoO₂ recovered from cathode scraps with solvent method [J]. Journal of power sources, 2014 (249)：137 – 141.

⑥ SONG D，WANG X，ZHOU E，et al. Recovery and heat treatment of the Li (Ni₁/₃Co₁/₃Mn₁/₃) O₂ cathode scrap material for lithium ion battery [J]. Journal of power sources, 2013 (232)：348 – 352.

⑦ SUN L，QIU K. Vacuum pyrolysis and hydrometallurgical process for the recovery of valuable metals from spent lithium-ion batteries [J]. Journal of hazardous materials, 2011 (194)：378 – 384.

加废气处理装置，处理过程能耗较大。

对于未经焙烧、直接进行破碎的电池，电池的阳极和阴极碎片之间会产生"微短路"导致焦耳热效应，使得接触点的温度升高，致使电解液蒸发。电解液在 60 ℃左右与湿空气接触分解形成氟化氢（HF）及其他气态和液态产物。图 2.14 为破碎过程中六氟磷酸锂分解的气相产物。在该过程中不仅电解液蒸发，添加剂环己基苯和氟化氢也被释放。尽管 HF 的浓度似乎很小，但它比 30 mg/m³的 IDLH（立即威胁生命和健康浓度）高 17 倍左右[①]。

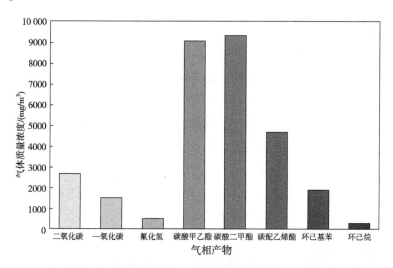

图 2.14　破碎过程中六氟磷酸锂分解的气相产物

Stehmann 等对模拟电解液进行了热值和最低爆炸极限的临界含量的计算（表 2.3），若不对物料进行焙烧/热处理，物料易黏结在设备内壁上，同时会有爆炸风险，因此，需要保证操作条件在爆炸极限外[②]。

目前，工业上有部分企业采用回转窑焙烧处理废动力电池物料，也有部分企业不进行焙烧处理直接将动力电池机械破碎。

---

① DIEKMANN J, HANISCH C, FROBOSE L, et al. Ecological recycling of lithium-ion batteries from electric vehicles with focus on mechanical processes [J]. J. Electrochem. Soc, 2016, 164（1）：A6184 – A6191.

② MÄMPEL C. Recycling von lithium-ionen-batterien aus elektromobilen. Bachelor thesis, technische universität bergakademie freiberg, 2073.

表 2.3   模型电解质热值及最低爆炸极限临界含量

组分	分子式	组成（g_i/g_{total}）	沸点/℃	热值/（kJ/mol）	最低爆炸极限的临界含量（体积含量）
DMC	$C_3H_6O_3$	0.398	90	1373	3.13%
EMC	$C_4H_8O_3$	0.250	107	1985	2.17%
EC	$C_3H_4O_3$	0.341	248	1169	3.68%
CHB	$C_{12}H_{16}$	0.011	240	5920	0.73%

2.3.3   机械分离法

机械分离法是目前工业上普遍使用的方法，该方法易于实现废旧锂离子电池批量化处理，机械分离法通常包括破碎和后续分选。锂离子电池通常有金属外壳、铝箔、铜箔、隔膜、正极活性物质、负极石墨及有机物组成。其中金属外壳、铝箔、铜箔具有一定金属延展性，因此，废锂离子电池具有较好的选择性破碎性质。锂离子电池经过机械破碎后一般会产生 3 种易于分离的组分：Al 富集组分（＋2 mm）、Cu 和 Al 富集组分［（－2.00＋0.25）mm］及 Co 和石墨富集组分（－0.25 mm），通过选择合适的粒径分离手段就可以实现组分的分离，如图 2.15 所示[①]。

+2.0 mm　　(−2.0+1.0)mm　　(−1.0+0.5)mm　　(−0.50+0.25)mm

(−0.25+0.10)mm　　(−0.100+0.075)mm　　(−0.075+0.045)mm　　−0.045 mm

图 2.15   废锂离子电池机械分离后的颗粒形貌

---

① ZHANG T，HE Y，WANG F，et al. Chemical and process mineralogical characterizations of spent lithium-ion batteries：an approach by multi-analytical techniques［J］. Waste management, 2014, 34（6）：1051－1058.

Mämpel 等[1]评估了 5 种包括径向旋转剪切机（RRS）和轴向旋转剪切机（ARS）不同的旋转剪切机。轴向旋转剪切机用叉指式破碎工具破碎物料，通常这些旋转剪切机至少有两个转子，其中一个可以固定并配卸料筛网。径向旋转剪切机采用齿轮转子和定子压碎，通常只有一个转子且配有卸料筛网，进料通过液压或气动方式运输。图 2.16 为不同破碎方式对破碎产物粒度分布的影响。其中，物料经过径向旋转剪切机 RRS Lindner 和 RRS Erdwich 破碎后，小尺寸的颗粒较多，可以更好地分离废电池中不同的组分，并有效限制破碎后颗粒尺寸上限。轴向旋转剪切 ARS UZ 也是一种旋转剪切机，转子的每个齿轮之间有一个轴和一个定子，破碎后大尺寸的颗粒最多。轴向旋转剪切式 Erdwich 具有 3 个轴和一个直径为 40 mm 的卸料筛网，也能很好地隔离碎片，但对大尺寸碎片的上限限制不敏感，轴向旋转剪切机破碎后的产品包含条状的集流体和隔膜，这些条状物无法通过传统的机械分离技术很好地分离。

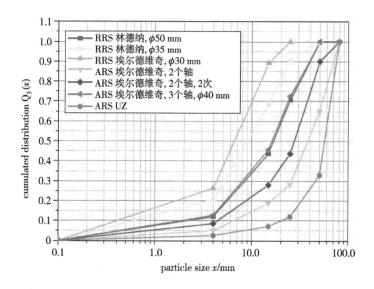

图 2.16　不同破碎方法对破碎产物粒度分布的影响

注：其中，RRS 为径向旋转剪切；ARS 为轴向旋转剪切；M 为网格尺寸。

机械分离法不仅改变颗粒的大小和分布，也会改变正负极粉料的性质[2]。

① MÄMPEL C. Recycling von lithium-ionen-batterien aus elektromobilen［M］// Bachelor thesis, technische universität bergakademie freiberg, 2013.

② SHIN S M, KIM N H, SOHN J S, et al. Development of a metal recovery process from Li-ion battery wastes［J］. Hydrometallurgy, 2005, 79 (3 - 4): 172 - 181.

Zhang 等[1][2]采用 X 射线光电子能谱（XPS）分析了废钴酸锂电池破碎分选后的富钴粉末，钴酸锂和石墨的颗粒外层均包覆着一层电解质分解产物。主要为有机化合物（75%），还有少量的金属氟化物（6%）、金属氧化物（5%）和磷酸盐（2%）。该有机涂层会影响后续的分离过程。为保证后续浮选的分离效果，需要提前除去颗粒外层有机层，研究发现[3]，芬顿试剂可以恢复 $LiCoO_2$ 的原有润湿性，从而大幅提高 $LiCoO_2$ 和石墨的分离效率（图 2.17）。使用芬顿试剂处理后的样品 C_{1s} 光谱在 284.3 eV 处的峰消失，而高氧化态碳的峰强增加，表明有机层与芬顿试剂反应被氧化分解，但芬顿试剂处理过的样品浮选效率不高（图 2.18）。这是由于样品外层的有机层被分解后，其表面又形成了一层氢氧化铁，采用盐酸处理样品除去其表面的无机层再浮选可以使钴酸锂品位提高至 75%。此外，还可以使用磁选或静电分选等其他分离方法，在磁选中，铁、钴等磁性材料在磁场力的作用下可以与非磁性的颗粒，如塑料和隔膜分离开来。

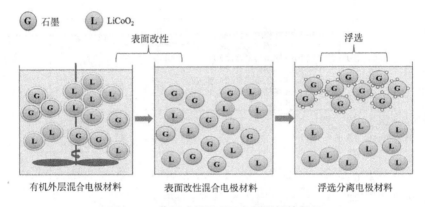

图 2.17　芬顿试剂处理正负极粉料的原理

① ZHANG T，HE Y，WANG F，et al. Chemical and process mineralogical characterizations of spent lithium-ion batteries：an approach by multi-analytical techniques [J]. Waste management, 2014, 34 (6)：1051 – 1058.

② ZHANG T，HE Y，WANG F，et al. Surface analysis of cobalt-enriched crushed products of spent lithium-ion batteries by X-ray photoelectron spectroscopy [J]. Separation and purification technology, 2014 (138)：21 – 27.

③ WANG F，ZHANG T，HE Y，et al. Recovery of valuable materials from spent lithium-ion batteries by mechanical separation and thermal treatment [J]. Journal of cleaner production, 2018, 185 (1)：646 – 652.

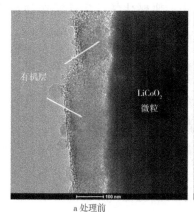

有机层

LiCoO₂
微粒

有机层渣料

LiCoO₂
微粒

a 处理前

b 处理后

图 2.18　芬顿试剂处理 LiCoO₂颗粒

机械分离法是目前工业上普遍使用的方法，该方法易于实现废旧锂离子电池批量化处理。法国的 Recupyl 工艺将电池在 CO_2 惰性气体保护条件下进行破碎，破碎后的组分通过物理分选的方法分别分离塑料、不锈钢和铜。国内的动力电池回收企业一般也选择机械分离的方法，预处理的过程是将电池放电、热处理除去有机物后，将电池直接破碎、分选、二次破碎、分选后实现电池材料的富集。

此外，也可以采用湿式破碎处理废电池，其具有更高的安全性能，由于水流的冲刷作用更容易得到粒度更细的颗粒，但在液体介质中破碎会引入更多杂质。

机械分离过程处理的方法效率高、处理量大，能够有效地分离电池组分，实现电池材料的富集，但分离不够彻底。另外，在机械破碎过程中可能会产生大量的粉尘、噪声等污染，未经焙烧的电池在破碎过程中电解液中的大氟磷酸锂（$LiPF_6$）、有机物碳酸丙烯酯（PC）和碳酸二乙酯（DEC）的分解也会对环境造成一定的危害。因此，在机械分离过程中污染物的防治需要重点关注。机械分离法广泛应用于电池再生利用企业中。

2.3.4　机械化学处理

机械化学处理是通过挤压、剪切、摩擦等手段，对物质施加机械能，从而诱发其物理、化学性质改变，使物质与周围环境中的固体、液体、气体发生化学变化的过程。机械化学处理中应用最为广泛的是高能研磨，随着机械行业的发展，各种高能研磨设备不断涌现，包括球磨、行星磨、振动磨、搅拌磨、针磨和轧磨。其中，行星球磨能量密度高、操作简单且易清洁，特别适合机械化学反应[①]。在回收废电池中，机械化学反应通常作为预处理步骤来提高有价金属的回收率，一方面，破坏正极材料的晶体结构[②]，有利于后续浸出过程；另一方面是与其他材料反应形成可溶化合物。

Zhang 等证实了机械化学反应上述两种作用。首先，他们研究了机械化学处理对废 $LiCo_{0.2}Ni_{0.8}O_{2.0}$ 室温下酸浸的影响。将废 $LiCo_{0.2}Ni_{0.8}O_{2.0}$ 正极材料和氧化铝粉末混合研磨，研磨 1 h 后晶体结构被破坏，研磨 4 h 后呈现无定形态，将研磨 4 h 的粉末置于硝酸中浸出，90% 以上的锂、镍和钴可直接萃取。他们[③]在后续研究中采用聚氯乙烯（PVC）作为行星球磨钴酸锂正极材料的助磨剂，研磨 30 min 后得到无定形态的氯化锂（LiCl）及结晶态的氯化钴（$CoCl_2$）。室温下将 LiCl 和 $CoCl_2$ 置于水中萃取，钴的萃取率达 90% 以上，锂的萃取率近 100%。PVC 中氯含量高，PVC 是一种很好的氯原子供体，此外，在机械化学反应过程中 PVC 中的碳可以将钴酸锂中的 Co^{3+} 还原为水溶性 Co^{2+}。

Wang 等[④]用具有螯合能力的乙二胺四乙酸（EDTA）作助磨剂，EDTA 可以与钴酸锂中锂和钴和形成可溶的 Li - EDTA 和 Co - EDTA 稳定复合物。之后采用简单的水浸工艺可使锂、钴的浸出效率分别达 99% 和 98%。

目前，机械化学处理法仅用于实验室小试研发，尚无工业化应用。

---

① BALAŽ P, ACHIMOVICOVÁ M, BALAŽ M, et al. Hallmarks of mechanochemistry: from nanoparticles to technology [J]. Chemical Society Reviews, 2013, 42 (18): 7571.

② OU Z, LI J, WANG Z. Application of mechanochemistry to metal recovery from second-hand resources: a technical overview [J]. Environmental science: processes & impacts, 2015 (17): 1522 - 1530.

③ SAEKI S, LEE J, ZHANG Q, et al. Co-grinding LiCoO₂ with PVC and water leaching of metal chlorides formed in ground product [J]. international journal of mineral processing, 2004 (74): S373 - S378.

④ WANG M M, ZHANG C C, ZHANG F S. Recycling of spent lithium-ion battery with polyvinyl chloride by mechanochemical process [J]. Waste management, 2017 (67): 232 - 239.

2.3.5 溶剂溶解法

溶剂溶解法是根据相似相容原理采用有机溶剂溶解正极片中的有机黏结剂，从而实现正极材料从集流体铝箔上脱落，排除正极材料回收过程中铝箔集流体的干扰。因此，选择合适的有机溶剂是溶解过程的关键，对于聚偏二氟乙烯（PVDF）黏结剂，采用的有机溶剂主要有 N - 甲基吡咯烷酮（NMP）、N，N - 二甲基甲酰胺（DMF）、二甲基乙酰胺（DMAC）和二甲基亚砜（DMSO）等，其中 NMP 的分离效果最佳。

当黏结剂为非极性聚合物（如聚四氟乙烯、PTFE），NMP 和 DMF 均不能实现正极材料的分离。对于 PTFE 黏结剂溶解，有研究采用了三氟乙酸（TFA）分离正极废料中的正极活性物质，当 TFA 的体积分数为 15%，固液比为 125 g/L，在温度为 40 ℃条件下震荡 180 min，正极废料中的正极活性物质能够从铝箔上彻底分离。

采用溶剂溶解法可以有效分离正极活性物质和集流体，实现正极材料的富集，但此方法也存在明显的不足。例如，采用 NMP 等有机溶剂溶解黏结剂后分离得到的正极材料颗粒非常细小，给过滤分离带来了一定的难度。同时，分离过程所采用的溶剂成本较高，具有一定的毒性，易对环境和人体健康造成威胁。目前，由于溶剂对黏结剂的溶解度有限，使用时会产生大量的有机废液、电池废料中会残留有机物，因此，溶剂溶液法仅用于实验室小试研发，尚无工业化应用。

2.3.6 碱液溶解法

铝是一种两性金属，既可以溶于酸也可以溶于碱，而 $LiCoO_2$、$LiFePO_4$、$LiNi_xCo_yMn_{1-x-y}O_2$ 等正极材料不与碱发生反应。因此，可以通过采用 NaOH 碱溶液将正极片上的铝箔溶解，从而实现正极材料的富集。当 NaOH 溶解锂离子电池正极片中的铝箔集流体时，一般有两种物质溶解，即包覆在集流体表面的 Al_2O_3 保护层的溶解以及单质铝的溶解[1]：

$$Al_2O_3 + 2NaOH + 3H_2O \rightarrow 2Na\left[Al(OH)_4\right],$$
$$2Al + 2NaOH + 2H_2O \rightarrow 2NaAlO_2 + 3H_2\uparrow。$$

[1] FERREIRA D A，PRADOS L M Z，MAJUSTE D，et al. Hydrometallurgical separation of aluminium, cobalt, copper and lithium from spent Li-ion batteries [J]. Journal of power sources, 2009, 187（1）: 238 – 246.

碱溶法操作简单，效果较好，能够规模化生产。但铝以离子形式进入溶液中不利于铝的回收，且处理过程中会释放大量的氢气，容易造成爆炸。另外，强碱溶液（NaOH 溶液）会对环境造成一定的危害，因此，该法仅用于实验室研究，尚未被再生企业使用。

2.3.7 手工及其他拆解方法

由于动力电池种类、规格差异，导致难以使用电池包自动化拆解设备，主要采用手工拆解或手工 + 半自动化拆解。手工拆解的方法具有材料识别度高，分离彻底的优势，但动力电池拆解过程中产生的废气、废液、粉尘等对环境和人体具有严重的危害。另外，手工拆解的处理量小、效率低，不适合工业化规模生产。目前，国内对于动力电池自动化拆解技术仍处于研发阶段，距离工业化应用还有一段距离。据报道，2017 年，中航锂电（洛阳）有限公司建成了一条动力电池自动化拆解回收示范线，该示范线可对动力电池中的有价材料进行最大化的回收，其中铜铝金属回收率达到98%，正极材料回收率超过90%。自动化拆解技术比人工拆解方法效率高、处理量大，可连续化生产。另外，其配套的尾气、废液及粉尘处理设备能够很好地解决拆解过程中潜在的环境污染问题。但自动拆解技术的主要缺点是原料适应性差和前期设备投资大。2018 年，中国科学院过程工程研究所着眼于现有回收方法大多具有能耗高、易产生二次污染、分离回收不彻底等缺陷，开发了一套绿色化、智能化、高效化回收废动力电池的，通过多学科交叉形成合力实现单体电池进料，正极集流体、负极集流体、隔膜、外壳出料的精细化回收。目前部分再生利用企业正在积极推进自动化拆解。表 2.4 为几种预处理方法的优缺点对比。

表 2.4 几种预处理方法的优缺点对比

预处理方法	优点	缺点
热处理法	操作简单，处理量大	能耗高，设备投资大，排放废气
机械分离法	操作简单，易于工业化生产	噪声、粉尘污染，有毒气体排放，组分分离不彻底
物理溶解法	组分分离效率高	固液分离困难，溶剂成本高，具有毒性，环境污染严重
碱液溶解法	操作简单，分离效率高	铝回收困难；产生氢气，易爆炸；耗碱量大，碱性废水排放

预处理方法	优点	缺点
人工拆解	材料识别度高，组分分离彻底	效率低，污染严重，对人体危害大
机械拆解	处理效率高，连续化作业，易于实现组分分离	设备投资大，原料适应性差，设备投资大

2.4　金属再生

目前，国内外相关报道中最多的是资源再生技术，废动力电池金属再生同样是湿法、火法冶金技术并存，也有的采用二者相结合使用方法。废动力电池中钴、镍、锰附加值高，其高效绿色再生技术是相关领域研究的热点之一，相关研究报道较多，锂含量低，市场价格相对较低，开展锂再生技术研究较前述 3 种金属少。资源再生技术报道较多，且每种技术都有其优点。例如，在电极金属浸提方面，用 NMP（ N - 甲基吡咯烷酮）浸泡正极，使正极集流体与表面材料剥离，直接回收铝；正负极材料中温热解去除电解液和炭，热解残渣湿法再生回收金属；在溶液中金属离子分离方面，采用酸碱中和沉淀、P_2O_4 除杂、P_5O_7 萃取等方法均有报道。由于存在电解液等处理问题，目前骨干企业倾向于火法与湿法相结合的工艺。仅从金属再生角度考虑，现有的冶金技术可以有效地解决金属再生，关键是要解决好由电池包中拆解后的单体电池的预处理工序。该环节涉及电解液、杂质金属、低值金属等多方面的问题。从技术角度来说，金属再生工艺会根据物料及技术的实际情况有所变化，目前包括产业化的技术主要是基于火法或湿法冶金。

2.4.1　火法冶金技术

火法冶金技术是利用高温从矿石或二次资源中提取金属或金属化合物的冶金过程。其具有操作简单、处理量大等优点，已经被广泛应用于从废锌锰干电池、镍镉电池，以及废弃电路板等二次资源中回收 Zn、Ni、Cd、Cu 等有价金属。典型的火法工艺是采用高温还原熔炼的方法将废锂离子电池中的 Ni 和 Co 以合金的形式回收。以优美科工艺为例，该工艺将废旧电池直接投入熔炼炉中在 1200 ~ 1450 ℃进行还原熔炼（图 2.19）。电池中的塑料、溶剂、有机物及石墨等材料在高温条件下燃烧并提供热量，Co、Ni 和 Cu 被还原熔炼并以合金的形式回收①②。这种工艺不需要将废锂离子电池进行预处理，能够有效回收 Co、Ni 和 Cu 合金，但是容易造成 Li 和 Al 等金属的损失。在典型的火法冶金回收工艺过程中，金属 Li 通常进入炉渣或炉尘中，需要进一步的处理，通常采用硫酸浸出的方法回收炉渣或炉尘中的金属锂。

近年来，为解决火法回收过程中锂的回收难点，碳热还原的方法回收废锂离子电池中的有价金属受到了一定的关注。碳热还原的方法是采用负极石墨或外加碳源将正极材料还原为金属氧化物、单质金属或碳酸锂。一种方法是将焙烧产物直接通过水浸出回收碳酸锂，然后采用磁选的方式分离单质金属和石墨。但由于碳酸锂的溶解度较小，通常得到的含锂溶液浓度较低。另一种方法是通过碳化水浸的方法将溶解度较低的碳酸锂转化为溶解度高的碳酸氢锂，然后通过高温水解碳酸氢锂的方式回收碳酸锂，其他金属以氧化物的形式进入浸出渣中。

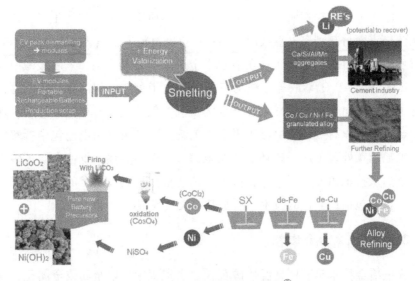

图 2.19　优美科回收技术路线③

　　① FOUAD O, FARGHALY M, BAHGAT M. A novel approach for synthesis of nanocrystalline γ – LiAlO$_2$ from spent lithium-ion batteries, Journal of analytical and applied pyrolysis, 2007, 78 (1): 65 – 69.

　　② BAHGAT M, FARGHALY F, ABDEL BASIRr S, et al. Synthesis, characterization and magnetic properties of microcrystalline lithium cobalt ferrite from spent lithium-ion batteries, 2007, 183 (1): 117 – 121.

　　③ https: //www.umicore.cn/.

Xu 等[①]开发了一种新型、环保的焙烧工艺原位回收 Co 和 Li_2CO_3。在氮气气氛下，将 $LiCoO_2$ 和石墨粉的混合物在 1000 ℃下煅烧 30 min，发生如下反应，产物为 Co、Li_2CO_3 和石墨的混合物。

$$4LiCoO_2 + 2C = 4Co + 2Li_2CO_3 + O_2 \uparrow,$$

$$2LiCoO_2 + 2C = 2Co + Li_2CO_3 + CO \uparrow,$$

$$4LiCoO_2 + 3C = 4Co + 2Li_2CO_3 + CO_2 \uparrow。$$

在随后的研究中，他们证实了原位回收废锰酸锂电池的可行性并提出了真空条件下锰酸锂与石墨粉混合转化的机制[②]。机械分离后的 $LiMnO_2$ 与石墨混合电极材料在无氧条件下焙烧 45 min 转化为 MnO 和 Li_2CO_3，将残渣水浸、焙烧后，锂回收率为 91.3%，得到的 Mn_3O_4 的纯度为 95.11%。立方尖晶石锰酸锂的三步坍塌机制如图 2.20 所示。

①300 ℃时，尖晶石结构没有明显变化，随着温度继续上升，部分立方尖晶石锰酸锂开始坍塌释放锂元素，并在 400 ℃转化为扭曲的四方尖晶石 Mn_3O_4，由于 O 骨架在无氧条件下倾向于以 O_2 形式逸出，在此阶段，从坍塌的锰酸锂的 O – 四面体释放的锂元素转移到其他方尖晶石锰酸锂的空 O – 四面体中，形成了扭曲的 $Li_2Mn_2O_4$。

②当温度升至 700 ℃时，O 骨架被 C/CO 捕获，变形的四方尖晶石 Mn_3O_4 和 $LiMnO_2$ 进一步坍塌。

③变形的 Mn_3O_4 和 $LiMnO_2$ 完全塌陷，转化为 NaCl 结构的 MnO。锂元素完全释放，与二氧化碳反应生成 Li_2CO_3。

随着温度继续升高，高度分散的 Li_2CO_3 颗粒倾向于熔融聚集。当温度超过 900 ℃后，热分解过程中明显观察到一些 Li_2CO_3 白色晶体。上述原位循环方法同样适用于钴酸锂和 NCM 三元等其他混合材料。焙烧工艺简单易操作，具有广阔的工业化应用前景。火法冶金工艺的优点在于流程短、操作简单，然而，火法冶金技术目前依旧面临着能耗和环境污染方面的挑战。火法冶金方面，优美科已经拥有成熟的工艺，国内部分企业也开始尝试布局，碳热还原等方法仅限于实验室研究，尚无工业化应用。

---

①　LI J, WANG G, XU Z. Environmentally-friendly oxygen-free roasting/wet magnetic separation technology for in situ recycling cobalt, lithium carbonate and graphite from spent $LiCoO_2$/graphite lithium batteries [J]. Journal of hazardous materials, 2016 (302): 97 – 104.

②　XIAO J, LI J, Xu Z. Novel approach for in-situ recovery of lithium carbonate from spent lithium ion batteries using vacuum metallurgy [J]. Environmental science & technology, 2017 (51): 11960 – 11966

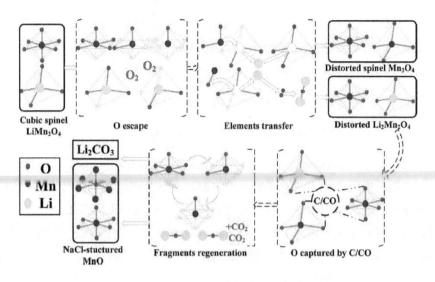

图2.20　立方尖晶石锰酸锂的三步坍塌机制[①]

2.4.2　湿法冶金技术

与火法冶金过程相比，湿法冶金技术具有金属回收率高、能耗低、建设投资少、产品附加值高等优点，因此，在废旧动力电池工业化应用方面有着巨大的潜力。然而，原材料的适应性是一个湿法回收过程需要面临的一个实际问题。湿法冶金过程中常用的方法主要有浸出、萃取、沉淀等方法。

（1）浸出

浸出是湿法冶金技术的核心过程，通过浸出可以将正极材料中的金属组分转移到溶液中，然后再通过溶剂萃取、化学沉淀、电化学等方法将溶液中金属回收。浸出方法可以分为化学浸出和生物浸出，其中化学浸出主要采用无机酸或有机酸作浸出剂，在还原剂存在的条件下，溶解正极材料中的有价金属组分。生物浸出是利用具有特殊选择性的微生物的代谢过程来实现对有价金属组分的浸出。

1）化学浸出

废锂离子电池中金属组分的浸出多采用盐酸（HCl）、硫酸（H_2SO_4）和硝酸（HNO_3）等无机酸。虽然采用无机酸作为浸出剂浸出废锂离子电池中的金属组分时能够实现金属组分的高效浸出，但也出现了二次污染物的排放

---

① XIAO J，LI J，Xu Z．Novel approach for in-situ recovery of lithium carbonate from spent lithium ion batteries using vacuum metallurgy［J］．Environmental science & technology，2017（51）：11960 – 11966.

（Cl_2、SO_3 和 NO_x）及分离纯化步骤复杂等缺点。以 $LiCoO_2$ 为例，采用 HCl、H_2SO_4 和 HNO_3 作浸出剂，浸出过程主要发生如下反应：

$$2LiCoO_2 + 8HCl \Longrightarrow 2LiCl + 2CoCl_2 + 4H_2O + Cl_2\uparrow,$$

$$4LiCoO_2 + 12HNO_3 \Longrightarrow 4LiNO_3 + 4Co(NO_3)_2 + 6H_2O + O_2\uparrow,$$

$$4LiCoO_2 + 6H_2SO_4 \Longrightarrow 2Li_2SO_4 + 4CoSO_4 + 6H_2O + O_2\uparrow.$$

在这 3 种无机酸中，HCl 的浸出效果大于 H_2SO_4 和 HNO_3，这是由于 HCl 具有一定的还原性。因此，在浸出过程中引入还原剂会促进有价金属的浸出。当浸出过程中引入 H_2O_2、Na_2SO_3 或 $NaHSO_3$ 等作为还原剂时，Co^{3+} 被还原为更加易溶解的 Co^{2+}，使浸出反应的动力学和浸出率得到明显提高。当溶液中还原剂的浓度增加，Co 和 Li 的浸出率会随着浓度的增加先逐渐的增大，然后达到一定值后 Co 和 Li 的浸出将不再增加。以 $LiCoO_2$ 为例，当采用 H_2O_2 作为还原剂时，其浸出反应如下：

$$2LiCoO_2 + 3H_2SO_4 + 2H_2O_2 \Longrightarrow Li_2SO_4 + 2CoSO_4 + 5H_2O + 1.5O_2.$$

为解决 HCl、H_2SO_4 和 HNO_3 等无机酸在浸出过程中存在的环境问题，许多有机酸，如柠檬酸、天冬氨酸、苹果酸、草酸、抗坏血酸、乙酸和甘氨酸等被用作浸出剂提取废锂离子电池中的金属组分。采用柠檬酸浸出反应的机制如下：

$$18LiNi_{1/3}Co_{1/3}Mn_{1/3}O_2 + 18H_3Cit + C_6H_{12}O_6 \rightarrow 6Li_3Cit + 2Co_3(Cit)_2 + 2Ni_3(Cit)_2 + 2Mn_3(Cit)_2 + 33H_2O + 6CO_2$$

相关研究表明，当采用柠檬酸作为浸出剂时，Co 的浸出率比采用盐酸和硫酸作为浸出剂时高，而 Li 的浸出率则基本相同。很多有机酸的浸出反应过程与柠檬酸具有相似的反应过程，但因有机酸的性质不同可能导致其在浸出过程中的作用会有所不同。例如，抗坏血酸既可以作为浸出剂也可以作为还原剂。当采用抗坏血酸作为浸出剂时，一方面 $LiCoO_2$ 中的 Li 溶解于抗坏血酸形成 $C_6H_6O_6Li_2$，另一方面 Co^{3+} 被抗坏血酸（$C_6H_8O_6$）还原为 Co^{2+}。Co 和 Li 的浸出率能达到 94.8% 和 98.55%。浸出过程的反应如下：

$$2LiCoO_2 + 4C_6H_8O_6 \Longrightarrow C_6H_6O_6 + C_6H_6O_6Li_2 + 2C_6H_6O_6Co + 4H_2O$$

当采用草酸作为浸出剂时，草酸既在浸出过程中既是浸出剂又是还原剂，同时由于 $CoC_2O_4 \cdot 2H_2O$ 的溶解度低，浸出过程产生的 Co^{2+} 会与 $C_2O_4^{2-}$ 生成沉淀。因此，在浸出过程中，通过控制草酸用量 Co 和 Li 的浸出率可以达到 97% 和 98%，且浸出的 Co 又生成 $CoC_2O_4 \cdot 2H_2O$ 沉淀从而实现 Co 和 Li 的分离。当草酸作为浸出剂其反应过程如下：

$$2LiCoO_2 + 4H_2C_2O_4 \rightarrow LiH C_2O_4 + 2CoC_2O_4 + 4H_2O + 2CO_2。$$

图 2.21 比较了酸浓度、温度、时间、固液比、还原剂含量等浸出参数对正极材料中金属的浸出效率的影响，废旧锂离子电池化学浸出的工艺条件及参数如表 2.5 所示。从图中可以明显地看出，有机酸虽然能够在一定程度上有效的浸出正极材料中的有价金属元素，但其处理能力比无机强酸硫酸、盐酸小。从工业生产的处理能力来看，采用硫酸浸出符合生产需求，特别是，加入过氧化氢可以显著提高硫酸体系中金属的浸出率，因此，工业上多采用硫酸作为浸出剂来处理废锂离子电池正极材料。一般而言，由于在正极材料层状结构中锂以自由态存在和 Co^{3+} 的不溶性，使锂的浸出比其他几种过渡金属容易，然而由于锂在正极材料中含量只有 $1\% \sim 2\%$，导致工业应用中锂浸出率高但后续回收困难。

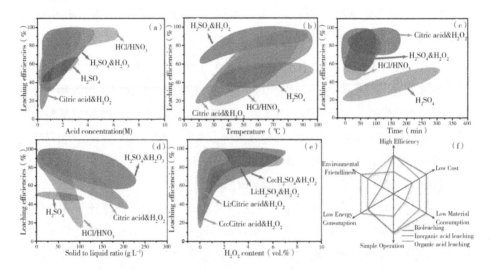

图 2.21　浸出参数与正极材料中金属的浸出效率的关系①

除了采用酸性体系浸出废锂离子电池中的有价金属，碱性体系（氨水 - 铵盐体系）也被用于选择性浸出废锂离子电池中的有价金属元素②③④。当采

①　Z XIAO XIAO, LI L , ERSHA F , et al. Toward sustainable and systematic recycling of spent rechargeable batteries [J]. Chemical society reviews, 2018 (47), 7239 - 7302.

②　ZHENG X, GAO W, ZHANG X, et al. Spent lithium-ion battery recycling-reductive ammonia leaching of metals from cathode scrap by sodium sulphite [J]. Waste management, 2016 (60)：680 - 688.

③　KU H , JUNG Y , JO M , et al. Recycling of spent lithium-ion battery cathode materials by ammonical leaching [J]. Journal of hazardous materials, 2016 (313)：138 - 146.

④　CHEN Y , LIU N , HU F , et al. Thermal treatment and ammoniacal leaching for the recovery of valuable metals from spent lithium-ion batteries [J]. Waste management, 2018 (75), 469 - 476.

用 NH_3 – $(NH_4)_2SO_4$ 体系浸出正极材料时，Li、Ni 和 Co 进入溶液中，而 Al、Fe 和 Mn 等金属则残留在渣中。这是由于 Ni 和 Co 能够在氨水 – 铵盐体系中形成稳定的络合物，而 Al、Fe 和 Mn 在氨水 – 铵盐体系中不能形成稳定的络合物，最终从溶液中沉淀出来，从而实现金属的选择性提取。但是由于正极材料中 Co 和 Ni 通常处于高价态，采用氨水 – 铵盐体系很难将其溶解，因此，浸出过程中碱性体系还原剂，如 $(NH_4)_2SO_3$ 必不可少。

2）生物浸出

生物浸出技术具有回收率高、成本低、设备投资小等优点，使其在废旧动力电池回收领域受到了广泛的关注。生物浸出过程利用微生物代谢过程中产生的有机酸或无机酸溶解废动力电池中的有价金属组分。氧化亚铁硫杆菌对金属硫化矿具有较好的氧化能力，被广泛应用于金属硫化矿的浸出过程。当采用氧化亚铁硫杆菌浸出 $LiCoO_2$ 时，浸出过程中 Co 的浸出速率比 Li 的浸出速率快。其中 Fe^{2+} 的浓度越高，金属的溶解速率越慢。这是由于反应过程中形成的 Fe^{3+} 很容易从溶液中沉淀出来。为了提高氧化亚铁硫杆菌作为菌种时的浸出率，引入了 Cu^{2+} 作为催化剂，在 Cu^{2+} 质量浓度为 0.75 g/L 的条件下浸出 6 天，Co 的浸出率可达 99%，而没有 Cu^{2+} 参与浸出时，浸出 10 天 Co 的浸出率仅为 43.1%。通过研究发现氧化亚铁硫杆菌和氧化硫杆菌浸出废锂离子电池中的 Co 和 Li 时，Li 在硫作为能源时浸出率最高达到 80%，这是由于细菌代谢过程中将硫转化为硫酸，产生的硫酸可以溶解钴酸锂。与 Li 不同，Co 的浸出是由于酸溶解是由 FeS_2 与 Fe^{3+} 反应生成的 Fe^{2+} 的还原共同作用，即难溶 Co^{3+} 首先被氧化还原产生的 Fe^{2+} 还原为易溶的 Co^{2+} 之后再被酸溶解进入溶液中。所以，Co^{2+} 在 FeS_2 和 S 作为能源时及较高的 pH 条件下浸出率最高，可达到 90%。

生物浸出处理废锂离子电池成本低、条件温和、操作简单，但是存在菌种处理周期长、菌种培养困难等缺点。目前，生物浸出处理废锂离子电池还处于实验室研究阶段。

表 2.5　废旧锂离子电池及其废料中金属的浸出参数

正极材料	酸浓度	固液比/(g/L)	还原剂浓度	T/℃	时间/min	浸出率
$LiCoO_2$	4 mol/L HCl	10		80	60	$\eta(Li)$ 99%, $\tau(Co)$ 99%
$LiCoO_2$	4 mol/L HCl	50		80	120	$\eta(Li)$ 97%, $\eta(Co)$ 99%
NCA	4 mol/L HCl	50		90	1080	$\eta(Li)$ 100%, $\eta(Co/Ni/Al)$ 100%
混合电池粉末	6 mol/L HCl	125	$n(H_{2O}):n(Me)=2:1$, 其中 Me 为过渡金属	60	120	$\eta(Co/Ni/Mn)$ 95%
混合电池粉末	4 mol/L HCl	20		80	60	$\eta(Li)$ 99%, $\tau(Co/Ni/Mn)$ 99%
$LiCoO_2$	1 mol/L HNO_3	20	$\varphi(H_2O_2)$ 1.7%	75	60	$\eta(Li)$ 95%, $\eta(Co)$ 95%
$LiCoO_2$	3 mol/L H_2SO_4	200		70	360	$\eta(Li)$ 98%, $\tau(Co)$ 98%
混合电池粉末	1 mol/L H_2SO_4	50		95	240	$\eta(Li)$ 93%, $\tau(Co)$ 66%, $\eta(Ni)$ 96%, $\eta(Mn)$ 50%
LFP	2.5 mol/L H_2SO_4	100	$\varphi(H_2O_2)$ 15%	60	240	$\eta(Li)$ 97%, η_{Fe} 98%
$LiCoO_2$	2 mol/L H_2SO_4	50	$\varphi(H_2O_2)$ 3%	75	10	$\eta(Li)$ 99%, $\eta(Co)$ 99%
$LiCoO_2$/NiMH	3 mol/L H_2SO_4	66.7	$\omega(H_2O_2)$ 3%	70	300	$\eta(Co/Ni)$ 90%～
$LiCoO_2$	$\varphi(H_2SO_4)$ 6%	33.3	$\varphi(H_2O_2)$ 1%	65	60	$\eta(Li)$ 95%, $\eta(Co)$ 80%
$LiCoO_2$	2 mol/L H_2SO_4	100	$\varphi(H_2O_2)$ 5%	75	30	$\eta(Li)$ 94%, $\eta(Co)$ 93%
$LiCoO_2$	$\varphi(H_2SO_4)$ 4%	33.3	$\varphi(H_2O_2)$ 1%	40	60	$\eta(Li)$ 100%, $\eta(Co)$ 97%
$LiCoO_2$	2 mol/L H_2SO_4	100	$\varphi(H_2O_2)$ 6%	60	60	$\eta(Co)$ 99%
$LiCoO_2$	4 mol/L H_2SO_4	100	$\varphi(H_2O_2)$ 10%	85	120	$\eta(Li)$ 96%, $\eta(Co)$ 95%
$LiCoO_2$	2 mol/L H_2SO_4	50	$\varphi(H_2O_2)$ 5%	80	60	$\eta(Li)$ 99%, $\eta(Co)$ 99%
$LiCoO_2$	2 mol/L H_2SO_4	33	$\varphi(H_2O_2)$ 2%	60	120	$\eta(Li)$ 88%, $\eta(Co)$ 96%
$LiCoO_2$	2 mol/L H_2SO_4	100	$\varphi(H_2O_2)$ 5%	75	60	$\eta(Li)$ 99%, $\eta(Co)$ 70%
NCM	2 mol/L H_2SO_4	100	$\varphi(H_2O_2)$ 5%	60	120	$\eta(Li)$ 99%, $\eta(Li/Co/Ni/Mn)$ 99%

续表

正极材料	酸浓度	固液比/(g/L)	还原剂浓度	T/℃	时间/min	浸出率
NCM	1 mol/L H₂SO₄	40	φ(H₂O₂) 1%	40	60	η(Li/Co/Ni/Mn) 100%
NCM	1.75 mol/L HCl	20%		50	120	η(Co/Mn) 99%
LiCoO₂	2 mol/L HCl	180		60~80	90	η(Co/Li) 100%
混合电池粉末	1 mol/L H₂SO₄			25	30	η(Co) 70%，η(Ni) 70%，η(Mn) 30%，η(Zn) 100%
LiCoO₂	2 g 纯固态 H₂SO₄	100	50%的过量的葡萄糖	90	240	η(Li) 97%，η(Co) 98%
LiCoO₂	2 mol/L H₂SO₄	35	50 g/L 葡萄糖	80	120	η(Li) 92%，η(Co) 88%
LiCoO₂	3 mol/L H₂SO₄	25	0.4 g/g 葡萄糖	95	120	η(Li) 96%，η(Co) 98%
LiCoO₂	3 mol/L H₂SO₄	66.7	0.25 mol/L Na₂S₂O₃	90	180	η(Li) 100%，η(Co) 100%
混合电池粉末	1.34 mol/L H₂SO₄	10.9	0.45 g/g Na₂S₂O₃	20	45	η(Co) 96%，η(Ni) 68%，η(Mn) 94%，η(Zn) 99%，η(Cd) 81%
LFP	0.3 mol/L H₂SO₄		η(H₂O₂/Li)=2.07，η(H₂SO₄/Li)=0.57	60	120	η(Li) 97%，η(Fe) 0.027%
混合电池粉末	1 mol/L H₂SO₄	20	0.075 mol/L NaHSO₃	95	240	η(Li) 97%，η(Co) 92%，η(Ni) 96%，η(Mn) 88%
LiCoO₂	亚临界水	16	m(PVC):m(LiCoO₂)=3:1	350	30	η(Li) 98%，η(Co) 95%
LiCoO₂	φ(H₃PO₄)2%	8	φ(H₂O₂) 2%	90	30	η(Li/Co) 95%
LiCoO₂	1.5 mol/L H₃PO₄	20	0.02 mol/L 葡萄糖	80	120	η(Li) 100%，η(Co) 98%
LiCoO₂	1.25 mol/L 柠檬酸	20	φ(H₂O₂) 1%	90	30	η(Li) 100%，η(Co) 90%
LiCoO₂	1.5 mol/L DL-苹果酸	20	φ(H₂O₂) 2%	90	40	η(Li) 100%，η(Co) 90%
LiCoO₂	1.25 mol/L 抗坏血酸粉酸	25		70	20	η(Li) 99%，η(Co) 95%
LiCoO₂	1 mol/L 草酸	50		80	120	η(Li) 98%，η(Co) 98%

续表

正极材料	酸浓度	固液比/(g/L)	还原剂浓度	T/℃	时间/min	浸出率
NCM	2 mol/L 柠檬酸	33.3	$\varphi(H_2O_2)$ 2%	80	90	η(Li) 99%, η(Co) 95%, η(Ni) 97%, η(Mn) 94%
LiCoO₂	0.1 mol/L 柠檬酸	10	0.02 mol/L 抗坏血酸	80	480	η(Li) 100%, η(Co) 80%
LiCoO₂	1 mol/L 草酸	15		95	150	η(Li) 98%, η(Co) 97%
NCM	3 mol/L 三氟乙酸	50	$\varphi(H_2O_2)$ 4%	60	30	η(Li) 100%, η(Co) 92%, η(Ni) 93%, η(Mn) 90%
LiCoO₂	2 mol/L 柠檬酸	30	0.6 g/g H₂O₂	70	80	η(Li) 99%, η(Co) 98%
	1.5 mol/L 柠檬酸	30	0.4 g/g 茶渣	90	120	η(Li) 98%, η(Co) 96%
	1.5 mol/L 柠檬酸	40	0.4 g/g 美洲商陆	80	120	η(Li) 96%, η(Co) 83%
混合电池粉末	2 mol/L 酒石酸	17	$\varphi(H_2O_2)$ 4%	70	30	η(Li) 99%, η(Co/Ni/Mn) 99%
LiCoO₂	1.5 mol/L 琥珀酸	15	$\varphi(H_2O_2)$ 4%	70	40	η(Li) >96%, η(Co) 100%
LiCoO₂	0.1 mol/L 亚氨基二乙酸	2	0.02 mol/L 抗坏血酸	80	360	η(Li) 99%, η(Co) 91%
LiCoO₂	0.1 mol/L 马来酸	2	0.02 mol/L 抗坏血酸	80	360	η(Li) 100%, η(Co) 97%
LiCoO₂	0.5 mol/L 甘氨酸	2	0.02 mol/L 抗坏血酸	80	360	η(Co) >95%
LiCoO₂	0.4 mol/L 酒石酸	2	0.02 mol/L 抗坏血酸	80	300	η(Li) 100%, η(Co) 97%
NCM	2 mol/L 甲酸	50	$\varphi(H_2O_2)$ 6%	60	120	η(Li) 100%, η(Co/Ni/Mn) 85%
LiCoO₂	2 mol/L 柠檬酸	30	$\varphi(H_2O_2)$ 1.25%	60	120	η(Li) 92%, η(Co) 81%
NCM	3.5 mol/L 马来酸	40	$\varphi(H_2O_2)$ 4%	60	60	η(Li) 100%, η(Co) 94%, η(Ni) 93%, η(Mn) 96%
LCMO	3 mol/L 马来酸	20	$\varphi(H_2O_2)$ 7.5%	70	40	η(Li) 100%, η(Co) 99%, η(Mn) 100%
NCM	2 mol/L 马来酸	20	2 mL H₂O₂	70	60	η(Li/Ni/Co/Mn) 98%
LiCoO₂	1.5 mol/L 马来酸	20	0.6 g/g 葡萄籽	80	180	η(Li) 99%, η(Co) 92%

（2）溶剂萃取法

酸浸后的溶液中通常会含有多种金属离子，通常含有 Li^+、Ni^{2+}、Co^{2+}、Mn^{2+}、Al^{3+} 等金属离子。为了实现浸出液中金属组分的分离与回收，溶剂萃取法是一种常用的处理方法。萃取过程通常可在室温下短时间内完成（30 min 以内）。溶剂萃取法通常采用特定的有机溶剂与溶液中金属离子 Ni^{2+}、Co^{2+}、Mn^{2+} 或 Cu^{2+} 等形成配合物，对溶液中的 Li^+、Ni^{2+} 和 Co^{2+} 等进行分离和回收，也可以用来除去溶液中少了的杂质金属离子。常用的萃取剂有 D2EHPA、PC－88A、Cyanex272 及 TOA 等[1][2][3][4]。其中，Cyanex 272 对 Co 分离选择性高，PC－88A 也用于萃取 Co，D2EHPA 通常用于萃取锰，而 Li 难以从混合金属浸出液萃取得到。

研究发现，在萃取过程中，PH 对不同萃取剂的萃取影响十分显著，如图 2.22 所示。例如，D2EHPA 对 Cu^{2+} 和 Mn^{2+} 具有优良的萃取性能，但是当平衡 pH 2.2 ~ 3.0 时，它对 Co 的萃取选择性降低。当溶液的 pH 升高时，D2EHPA 对 Co^{2+} 的萃取效率也随着显著。从图中可以看出不同萃取剂分离 Co^{2+} 和 Ni^{2+} 的最佳 pH 范围是 3 ~ 5，因此萃取过程对反应器的耐腐蚀能力要求较高。Cynaex 272 和 P507 在分离 Co 和 Ni 方面具有优异的选择性。

在传统的萃取工艺中，每次萃取一种金属更容易获得高纯度的产品，但由于过渡族金属离子化学性质相似，通常需要多步萃取。最近，Yang 等[5]开发了一种无须分离金属离子的共萃取和共沉淀工艺，采用重水磷酸钠/煤油体系共萃取将浸出液中镍、钴、锰和锂分离开来，镍、钴、锰的浸出率分别为 85%、99% 和 100%，在调整元素比例后，通过共沉淀和煅烧得到 $Ni_{1/3}Co_{1/3}Mn_{1/3}(OH)_2$ 前驱体和相应的 NCM 正极材料。浸出液中的剩余的锂

①　JOO S H, SHIN S M, SHIN D, et al. Extractive separation studies of manganese from spent lithium battery leachate using mixture of PC88A and versatic 10 acid in kerosene [J]. Hydrometallurgy, 2015 (156): 136 – 141.

②　PAGNANELLI F, MOSCARDINI E, ALTIMARI P, et al. Cobalt products from real waste fractions of end of life lithium ion batteries [J]. Waste management, 2016 (51): 214 – 221.

③　CHEN X, CHEN Y, ZHOU T, et al. Hydrometallurgical recovery of metal values from sulfuric acid leaching liquor of spent lithium-ion batteries [J]. Waste management, 2015 (38): 349 – 356.

④　SUZUKI T, NAKAMURA T, INOUE Y, et al. A hydrometallurgical process for the separation of aluminum, cobalt, copper and lithium in acidic sulfate media [J]. Separation & purification technology, 2012 (98): 396 – 401.

⑤　YANG Y, XU S, HE Y. Lithium recycling and cathode material regeneration from acid leach liquor of spent lithium-ion battery via facile co-extraction and co-precipitation processes [J]. Waste management, 2017, 64 (1): 589 – 598.

沉淀形成 Li_2CO_3。该方法避免了镍、钴、锰的分离，为多种元素的提取提供了新的思路。

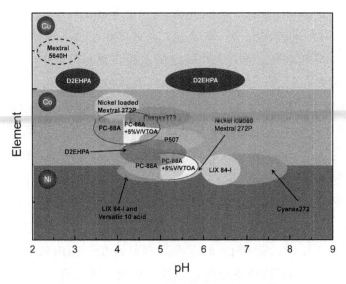

图 2.22 pH 对不同萃取剂的萃取影响[①]

溶剂萃取法在工业上应用广泛，具有操作简单、能耗低、分离效率高、产品纯度高等优点。但是萃取过程中使用的萃取剂价格昂贵，对环境具有一定的危害，所以处理成本相对较高。

（3）化学沉淀法

化学沉淀法一般用于浸出液除杂或者产品制备[②]。化学沉淀法是基于一定酸碱度下金属化合物的溶解度不同从而实现分离的分离方法。废锂离子电池浸出液中通常含有 Li、Ni^{2+}、Co^{2+}、Mn^{2+} 等有价金属离子，同时液含有 Al^{3+}、Fe^{3+}、Cu^{2+} 等杂质金属离子。一般来说，过渡金属氢氧化物和草酸盐的溶解度比相应的锂化合物低得多。同时，杂质金属离子，如 Fe^{3+}、Al^{3+} 和

①　LV W，WANG Z，CAO H，et al. A critical review and analysis on the recycling of spent lithium-Ion batteries. ACS sustainable chem. eng. ，2018，6（2）：1504－1521.

②　LI J，SHI P，WANG Z，et al. A combined recovery process of metals in spent lithium-ion batteries ［J］. Chemosphere，2009，77（8）：1132－1136.

Cu^{2+}，通常在相对较低的 pH 下沉淀①②③。因此，应首先去除杂质离子，以避免后续分离过程中共沉淀，然后沉淀过渡金属离子，最后回收溶液中剩余的锂离子。化学沉淀过程中通常采用的沉淀剂有氢氧化钠、碳酸钠、草酸铵、高锰酸钾等。因此，为实现金属组分的分离与回收，沉淀剂的选择和沉淀条件是化学沉淀的关键。

基于化学沉淀的方法，国内研究者首先采用 $KMnO_4$ 溶液选择性分离和沉淀 Mn^{2+}，约有 99.2% 的 Mn^{2+} 以 MnO_2 和 Mn_2O_3 的形式被去除和沉淀下来。然后再以负载 Ni 的 Mextral©272P 作为新的萃取剂分离回收浸出液中的 Co^{2+}。最后，分别使用 NaOH 和 Na_3PO_3 溶液相继沉淀浸出液中剩余的 Ni^{2+} 和 Li^+，经过滤和干燥后 Ni^{2+} 和 Li^+ 分别以 Ni（OH）$_2$ 和 Li_3PO_4 的形式得以回收。在各自的最优实验条件下，Cu、Mn、Co，Ni 和 Li 的回收效率可分别达到 100%、99.2%、97.8%、99.1% 和 95.8%。

$$3 Mn^{2+} + 2 MnO_4^- + H_2O = 5 MnO_2 + 4 H^+。$$

化学沉淀法的优点在于操作简单、分离效果好、设备要求低，但是其对工艺参数要求较为严格，同时沉淀过程中可能导致金属离子的夹杂与吸附，操作回收产品纯度低，金属损失率高。

2.4.3　直接再生技术

火法冶金技术和湿法冶金技术虽然可有效地从废旧锂离子电池中提取锂、镍、钴、锰等金属元素，但回收过程中存在着回收流程长，试剂消耗量大，产生大量废渣、废液和废气的二次污染。因此，有研究者对失效的锂离子电池正极材直接修复，得到了化学性能优异的正极材料，这些研究对锂离子电池的回收提供了新的思路。正极材料的直接再生技术过程需要将废旧动力电池经过简单的预处理，分离得到正极材料和其他组分，然后将正极材料进行修复与改性处理得到再生的电极材料，其过程如图 2.23 所示。

①　CHEN L , TANG X , ZHANG Y , et al. Process for the recovery of cobalt oxalate from spent lithium-ion batteries ［J］. Hydrometallurgy, 2011, 108（1-2）：80-86.

②　ZOU H , GRATZ E , APELIAN D , et al. A novel method to recycle mixed cathode materials for lithium ion batteries ［J］. Green chemistry, 2013, 15（5）：1183.

③　KANG J , SOHN J , CHANG H , et al. Preparation of cobalt oxide from concentrated cathode material of spent lithium ion batteries by hydrometallurgical method ［J］. Advanced powder technology, 2010, 21（2）：175-179.

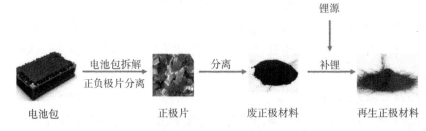

图 2.23   直接再生技术流程

目前，直接再生的研究主要针对钴酸锂和磷酸铁锂材料，三元正极材料的直接再生研究较少[1][2][3]。对于 $LiCoO_2$ 正极材料的直接再生，通常先预处理得到 $LiCoO_2$ 原料，再补加一定量的 Li_2CO_3 作为锂源，通过球磨混匀后在 750~950 ℃条件下用高温固相法再生 $LiCoO_2$，再生后的 $LiCoO_2$ 仍具有较好的电化学性能。除了采用高温固相法修复与再生，还可以通过水热法再生 $LiCoO_2$ 正极材料。Kim 等将破碎的正极废料直接放置于盛有浓 LiOH 溶液的不锈钢高压反应器中，然后在 200 ℃条件下进行水热反应修复并分离 $LiCoO_2$ 正极材料。虽然 $LiCoO_2$ 正极材料并未完全分离，但修复后的 $LiCoO_2$ 正极材料具有良好的性能。由于 $LiFePO_4$ 正极材料中的铁是以亚铁的形式存在的，因此在材料修复过程中需要防止 Fe^{2+} 被氧化为 Fe^{3+}。Zhang 等将预处理分离后的 $LiFePO_4$ 正极材料补加适量的 Li_2CO_3 后在 H_2、Ar（其中 H_2 含量为 5%）气氛下进行煅烧，升温速度为 2 ℃/min，在 650 ℃下煅烧 1 h；将煅烧后的正极材料用去离子水进行洗涤、抽滤，洗掉多余的 Li_2CO_3，干燥后即可得到再生后的磷酸铁锂正极材料。通过直接再生技术修复后的磷酸铁锂正极材料，其首次放电比容量可达 140.4（mA·h)/g，100 次循环后容量保持率高达 95.32%，电化学性能得到明显提升。

Meng 等[4]的采用机械力化学活化和固态烧结相结合的方法直接再生 $LiNi_{1-x-y}Co_xMn_yO_2$ 正极材料，在不引入杂质的情况下恢复正极材料的层状结

① SONG X，HU T，LIANG C，et al. Direct regeneration of cathode materials from spent lithium iron phosphate batteries using a solid phase sintering method [J]. RSC Adv.，2017，7 (8)：4783 – 4790.

② LI X，ZHANG J，SONG D，et al. Direct regeneration of recycled cathode material mixture from scrapped $LiFePO_4$ batteries [J]. Journal of power sources，2017 (345)：78 – 84.

③ CHEN J，LI Q，SONG J，et al. Environmentally friendly recycling and effective repairing of cathode powders from spent $LiFePO_4$ batteries [J]. Green chem，2015 (10)：1039.

④ MENG X，HAO J，CAO H，et al. Recycling of $LiNi_{1/3}Co_{1/3}Mn_{1/3}O_2$ cathode materials from spent lithium-ion batteries using mechanochemical activation and solid-state sintering [J]. Waste management，2019 (84)：54 – 63.

构，从而改善锂离子在正极材料中的扩散，强化电化学性能，考察了锂/金属（Li/M）和烧结温度对再生阴极材料电化学性能的影响，以获得再生阴极材料的最佳条件（图 2.24）。再生后的 NCM 材料在第一个循环 0.2C 时的放电能力可达 165（mA·h）/g，100 次循环后的容量保持率在 80% 以上，可用于梯次利用设备。该研究证明了化学消耗和原子利用效率最低的含镍废阴极材料直接再生的可能性，这比实际的冶金工艺具有更好的经济可行性。

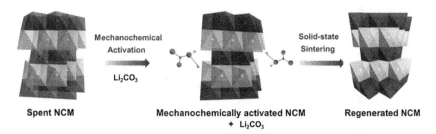

图 2.24　机械力化学活化和固态烧结相结合强化锂传递

由于在多相反应中元素扩散过程中容易形成杂质，焙烧法无法实现 NCM 和 NCA 材料与多种金属元素的再合成。因此，通常采用溶胶 – 凝胶法和共沉淀法对含有多元素的材料进行再合成，其中共沉淀法比溶胶 – 凝胶法更适合大规模应用。这些方法可以使多种金属离子在分子水平上均匀地混合。一般来说，共沉淀是在氢氧化物或碳酸盐体系中在最佳 pH 11 或 8 下进行的。Wang 等[1]通过精确控制共沉淀反应参数，从浸出液重新合成了高性能的 $Ni_{1/3}Mn_{1/3}Co_{1/3}(OH)_2$ 前驱体。当 pH 达到 11 时，溶液中几乎没有金属离子残留，表明镍、钴和锰的氢氧化物完全共沉淀。反应所得的 $Ni_{1/3}Mn_{1/3}Co_{1/3}O_2$ 正极材料呈球形且其大小均一，如图 2.25 所示。该材料在 0.1C 下初始放电容量为 150（mA·h）/g，100 次循环后的容量保持率约为 88%。

a 前驱体1　　　　b 前驱体2　　　　c 正极材料1　　　　d 正极材料2

图 2.25　$Ni_{1/3}Mn_{1/3}Co_{1/3}(OH)_2$ 前驱体和正极材料的形貌

---

① SA Q, GRATZ E, HE M, et al. Synthesis of high performance $LiNi_{1/3}Mn_{1/3}Co_{1/3}O_2$ from lithium ion battery recovery stream [J]. Journal of power sources, 2015 (282): 140 – 145.

溶胶－凝胶法是合成正极材料的另一种通用方法，在溶胶－凝胶法中螯合剂是必不可少的，柠檬酸是常用的螯合剂。不同于共沉淀，溶液中的锂离子可以作为锂源重复使用，无须分离，采用该法合成的材料粒径通常比共沉淀的粒径小（通常为 100～300 nm）。Yao 等[1]使用柠檬酸作为废 NCM 锂离子电池正极材料回收的浸出剂和螯合剂（图 2.26），采用废电池再合成的 NCM 正极材料与新合成的 NCM 正极材料形貌相似，性能良好，初始放电容量为 147.2（mA·h）/g。

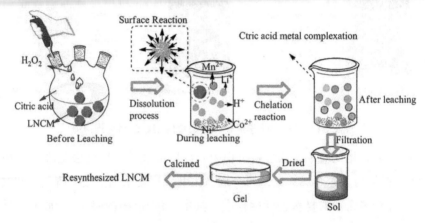

图 2.26　溶胶－凝胶法合成正极材料路线[2]

通常我们认为锂离子电池正极材料中的杂质浓度应小于 100 μg/g，但微量的铝、铜、镁可以改善电化学性能。Sa 等[3]指出少量的铜（2.5%）对 NCM 材料的容量保持有利。这种可能是由于铜占据了锰的位置，在锂嵌入/脱出过程中铜轻微改变了晶格参数。Li 等[4]指出铝掺杂对 NCM 电化学性能有积极影响。他们采用柠檬酸和 H_2O_2 对废正极材料混料（LCO、NCM 和 LMO）进行浸出，溶胶－凝胶法进行再合成。再合成的正极材料中含有微量的铝，这使得其具有比直接由化学试剂合成的正极材料更好的循环性能。这是由于 Al—O 结合能较大，在锂嵌入/脱出过程中可以维持层状结构。

① YAO L, FENG Y, XI G. A new method for the synthesis of $LiNi_{1/3}Co_{1/3}Mn_{1/3}O_2$ from waste lithium ion batteries [J]. Rsc advances, 2015, 5 (55)：44107 – 44114.

② DIEKMANN J, Ecological recycling of lithium-Ion batteries from electric vehicles with focus on mechanical processes [J]. J. Electrochem. Soc. , 2017, 164 , A6184 – A6191

③ QINA S , HEELAN J A , YUAN L , et al. Copper impurity effects on $LiNi_{1/3}Mn_{1/3}Co_{1/3}O_2$ cathode material [J]. Acs applied materials & interfaces, 2015, 7 (37)：20585 – 20590.

④ LI L , BIAN Y , ZHANG X , et al. Process for recycling mixed-cathode materials from spent lithium-ion batteries and kinetics of leaching [J]. Waste management, 2017 (71)：362 – 371.

直接再生技术一般要求原料纯度较高、杂质含量少。因此，电池生产过程中的生产废料是比较理想的原料。通过直接再生过程可以缩短正极材料的回收路径，减少回收成本。而对于废旧锂离子电池，由于其原料成分多样以及材料的失效程度不一等复杂情况，成为限制正极材料直接再生技术产业化的重要因素。

2.5 环境风险和污染防治

2.5.1 环境风险

废旧动力电池回收处理过程贯穿着一系列环境风险，具体包括：①回收贮存过程安全风险构成潜在环境风险；②拆解及再组装过程安全风险构成潜在环境风险；③梯级利用过程安全风险构成潜在环境风险；④预处理及金属再生过程的污染物排放风险。前3个潜在环境风险是相似的，废旧动力电池回收、贮存、拆解、再组装及梯级利用过程存在安全风险，一旦该环节发生电解液泄露、爆炸或者是火灾，都可能产生污染物，存在安全风险转化为环境风险隐患。废旧动力电池的预处理及其资源再生过程会产生相应的粉尘、废气、废液、废渣、噪声，与其他废物资源化过程相似，在废旧动力电池回收处理过程的再生资源或制品环节同样会产生污染物，这既包括电解液等动力电池本身所含有的有机物向环境排放，也有大量的预处理或金属再生过程产生的污染物，即二次污染。废旧动力电池回收处理过程环境风险管理必须从其自身组成物质的环境风险和二次污染环境风险两个方面来考虑。

（1）自身组成物质的环境风险

动力电池电解液由电解质，溶剂和添加剂组成。电解质通常为锂盐，主要是六氟磷酸锂（$LiPF_6$）、高氯酸锂（$LiClO_4$）、四氟硼酸锂（$LiBF_4$）、六氟砷酸锂（$LiAsF_6$）。溶剂通常为碳酸二甲酯（DMC）、碳酸二乙酯（DEC）、碳酸甲乙酯（EMC）、碳酸甲丙酯（MPC）、碳酸乙烯酯（EC）和碳酸丙烯酯（PC）等。添加剂主要为成膜添加剂、导电添加剂、阻燃添加剂、过充保护添加剂等。在探讨回收过程中电解液所产生的污染时，我们主要考虑电解质和溶剂及其分解产物，其主要性质及潜在环境风险如表2.6和表2.7所示。

表 2.6　动力电池电解液中主要的电解质类型及其潜在环境风险

电解质名称	理化性质	潜在环境风险
$LiPF_6$	白色结晶或粉末；潮解性强，易溶于水，还溶于低浓度甲醇、乙醇、丙醇、碳酸酯等有机溶剂；暴露空气中或加热时分解	在空气中由于水蒸气的作用而迅速分解，放出 PF_5 而产生白色烟雾；对眼睛、皮肤，特别是对肺部有侵蚀作用
$LiClO_4$	白色粉末或正交结晶；有潮解性；在 450 ℃时迅速分解为氯化锂和氧气；易溶于水、醇、丙酮、乙醚、乙酸乙酯	高度易燃，与易燃物接触容易引发火灾；对眼睛、皮肤，特别是对呼吸系统有刺激性；吸入或吞食有毒
$LiBF_4$	白色粉末；易潮解，易与玻璃、酸和强碱反应，与酸反应释放 HF 有毒气体	高度易燃，与酸接触释放有毒气体；对眼睛、皮肤，特别是对呼吸系统有刺激性；吸入、吞食和皮肤接触有毒
$LiAsF_6$	白色粉末；潮解性强，易溶于水，与酸反应可产生有毒气体 HF、砷化物等	对眼睛、皮肤，特别是对肺部有侵蚀作用；对水生生物毒性极大，可对水体造成长期污染

　　表 2.6 列出动力电池电解液中主要电解质的类型及其潜在环境风险。其中所述 4 种电解质的潜在环境风险因其种类不同而异，$LiPF_6$ 很容易与水反应、分解产生 PF_5 等腐蚀性气体，而 $LiClO_4$、$LiBF_4$ 则是高度易燃，同时对眼睛、皮肤、呼吸系统有刺激性，$LiAsF_6$ 还会对水生生物产生很大的毒性。表 2.7 列举动力电池电解液中主要有机溶剂种类及其潜在环境风险。这 6 种有机溶剂一旦被皮肤接触、吸入或吞食，则会对眼睛、呼吸系统和皮肤等产生刺激性。碳酸甲乙酯（EMC）被吸入后，还会引起头痛、头昏、虚弱、恶心、呼吸困难等症状。由上述内容可知，废旧动力电池中的电解液（电解质＋溶剂）对人体健康构成潜在威胁，因此，废旧动力电池环境风险管理的重点之一就是要解决好电解液问题，既要收集、处理，又要考虑从业人员的健康风险。

表 2.7　动力电池电解液中主要的有机溶剂及其环境风险

有机溶剂名称	理化性质	潜在环境风险
碳酸二甲酯（DMC）	无色透明液体，有刺激性气味；不溶于水，溶于醇、醚等有机溶剂；易燃，与空气混合，能形成爆炸性混合物	吸入、摄入或经皮肤吸收后对身体可能有害；对皮肤有刺激性，其蒸气或烟雾对眼睛、黏膜和上呼吸道有刺激性

有机溶剂名称	理化性质	潜在环境风险
碳酸二乙酯（DEC）	无色透明液体，微有刺激性气味；不溶于水，溶于醇、醚等有机溶剂；与酸、碱、强氧化剂、还原剂发生反应；通风干燥保存	吸入、皮肤接触及吞食有毒；对眼睛、呼吸系统和皮肤有刺激性
碳酸甲乙酯（EMC）	无色透明液体，略有芳香气味；不溶于水，溶于醇、醚等有机溶剂；化学性质不稳定，易分解成醇和二氧化碳	吸入后引起头痛、头昏、虚弱、恶心、呼吸困难等；对眼有刺激性；口服刺激胃肠道；皮肤长期反复接触有刺激性
碳酸甲丙酯（MPC）	无色透明液体；不溶于水，溶于醇、醚等有机溶剂	吸入、皮肤接触及吞食有毒；对呼吸系统和皮肤有刺激性作用
碳酸乙烯酯（EC）	室温时，为无色针状或片状晶体；易溶于水及有机溶剂；与酸、碱、强氧化剂、还原剂发生反应	对呼吸系统和皮肤有刺激作用；存在严重损害眼睛的风险
碳酸丙烯酯（PC）	无色、无臭或淡黄色透明液体；易燃；与乙醚、丙酮、苯、氯仿、醋酸乙烯等互溶，溶于水和四氯化碳；对二氧化碳的吸收能力很强	吸入、摄入或经皮肤吸收后对身体有害；对眼睛、皮肤有刺激作用

（2）预处理及金属再生过程

火法和湿法处理工艺中，若不解决好电解液回收处理问题，有可能会给生产带来极大的安全隐患，还会产生严重的环境污染。以电解质锂盐 $LiPF_6$ 分解为例，表 2.6 列出其潜在环境风险。在单体电池破碎过程中，阴极和阳极碎片接触可导致微短路、放热。同时，由于破碎过程中的剧烈摩擦和高速碰撞，可使破碎物料温度快速上升至 300 ℃，电解液溶剂中的几种组分通常在 100～200 ℃ 就会发生分解，因此，在破碎过程中电解液易分解并产生有毒气体。Diekmann 等[1]研究了几种锂离子电池在粉碎过程中产生的气体成分，并分析电解质成分（包括溶剂和盐），以及锂离子电池的健康状况（SOH）对最终产生的气体成分的影响，如图 2.27 所示。碳酸二甲酯（DMC）、碳酸乙酯（EMC）和二氧化碳（CO_2）是破碎过程中主要释放的气体。其中 SOH 为 80% 的锂离子电池破碎过程释放的气体（DMC、EMC 和 CO_2）总量低于未循

① DIEKMANN J. Ecological recycling of lithium-ion batteries from electric vehicles with focus on me-chanical processes [J]. J. Electrochem. Soc., 2017 (164): A6184 – A6191.

环电池。这是由于在电池循环过程中 DMC 和 EMC 形成固体电解质界面 (SEI)，而烷基碳酸锂（$ROCO_2Li$，其中 R 是有机官能团）与微量的水和二氧化碳形成碳酸锂。Li 等发现 DMC 和叔戊基苯是拆卸过程中排放的两种主要有机化合物，每节 18650 圆柱形电池排放量分别为 4.298 mg/h 和0.749 mg/h。拆解产生的气体需经过空气过滤器收集和净化处理后达标排放。

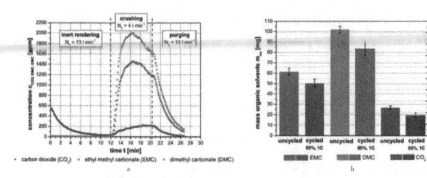

图 2.27　几种锂离子电池粉碎后分析[①]

在不连续破碎过程的不同阶段，释放的气体浓度会发生变化；破碎过程中，从未循环和循环单元释放的 EMC、DMC 和 CO_2 的质量。

火法处理时电解液有机溶剂将挥发或燃烧分解为水蒸气和 CO_2 向外排放，而 $LiPF_6$ 暴露在空气中加热，会迅速分解出 PF_5 气体，最终形成含氟烟气和烟尘向外排放。湿法在使用碱性溶液溶解集流体铝箔或酸性溶液溶解正极活性物质时，都能将电解质锂盐分解于溶液中，达到去除的目的。湿法处理时，HF 和 PF_5 极易在碱溶过程中生成可溶性氟化物，造成水体的氟污染。含氟废气与废水通过环境中的转化和迁移，直接或间接危害人体。利用火法和湿法回收废旧动力电池的过程中，会产生一系列污染物，对环境造成严重的二次污染。表 2.8 详细列出了回收处理过程产生的污染物及其环境风险，包括废旧动力电池拆解过程中产生的粉尘，焙烧过程产生含氟气体，以及浸出过程中产生的废酸液、废碱液、浸出酸雾、废萃取液、重金属废渣等，还包括电池中的其他废料，如废电解液、废有机隔膜、废黏合剂等。以上污染物会对水体及土壤造成严重污染，尤其是含氟电解液及其分解产物对人体和环境危害巨大。

---

① DIEKMANN J. Ecological recycling of lithium-ion batteries from electric vehicles with focus on mechanical processes [J]. J. Electrochem. Soc., 2017 (164): A6184-A6191.

表 2.8　火法和湿法回收金属过程潜在环境风险

污染物	主要代表	环境风险
破碎粉尘	电池破碎过程中所产生的有机颗粒、无机颗粒等	易造成粉尘爆炸
含氟气体	HF、PF_5	电解液挥发造成氟污染
废电解液	$LiPF_6$ 及溶剂	$LiPF_6$ 遇水形成 HF，易挥发，造成氟污染；溶剂挥发造成碳酸二甲酯、碳酸甲乙酯等扩散环境中
废有机隔膜	聚乙烯、聚丙烯等	热解后产生大量有机气体
废黏合剂	PVDF、PTFE 等	热解后产生大量有机气体和含氟气体
废酸液	H_2SO_4、HCl 等	对水体、土壤造成严重污染
废碱液	NaOH 等	对水体、土壤造成严重污染
浸出酸雾	H_2SO_4、HCl 酸雾等	给操作人员带来严重危害，对水体、土壤造成严重污染
废萃取液	浸出后，含有大量有机物的萃取废液	对水体、土壤造成严重污染
重金属废渣	浸出后，含有 Ni、Co、Mn、Cu 等重金属元素的固体残留物	对水体、土壤造成严重污染

利用火法和湿法处理废旧动力电池，可实现对有价金属的再生回收或无害化处理，但同时也产生了诸多污染物，对人体、水体和土壤造成严重危害。长期以来，我国环境保护一直呈重视水气、轻固废的局面，一般来说固废本身对人体健康直接威胁不大，但是固废中的一些污染物会以水、气介质对人体造成伤害，废旧动力电池回收处理过程的废渣需严格按照国家相关要求，选择适宜处理技术处理，不能随意丢弃或排放。因此，未来需针对废旧动力电池，开发出更加绿色、清洁、可持续的回收再生技术，在回收金属元素的同时，能够有效降低二次污染物的产生，实现良好的环境效益和经济效益。

2.5.2　节点控制

（1）回收运输贮存

废旧动力电池报废是以电池包的形式整体报废的，因此回收时首先要检查是否存在破损、废电池包是否有泄露、有异味，根据其破损与否分别收集。未破损无泄露、无异味的可按正常的电池包进行运输、贮存管理，重点针对已破损或发生泄露、有异味的废旧动力电池包，搬运时需轻拿轻放、严禁发生剧烈碰撞。运输已破损或产生泄露的动力电池时，运输车辆应该具备一定的防爆能力，车内要有固定电池包、严防运输过程其互相发生碰撞的措施，最好能按电池包逐块固定。企业贮存废旧动力电池包时要分区贮存，对已发生破损、泄露、有异味的要进行重点管理，库房应具备一定的废气收集处理能力，且应尽快处理。控制了回收、运输过程的安全风险，也就间接控制了该过程潜在的环境风险。

（2）预处理

预处理过程污染防控重点之一就是电解液处理。废旧动力电池破碎后会直接产生有机污染物，需要在该工艺环节收集废气并进行处理。采用物理方法回收废电解液是一种有效的手段，但是回收的电解液如果要再应用于动力电池，则需要进一步提纯净化处理，难点在于不同动力电池生产企业的电解液物质组成、比例存在一定的差异，回收后不仅需要净化、提纯，还需要根据用户需求调整电解质和有机溶剂。当采用热处理等方法进行处理时，其产物则因具体处理技术工艺条件而变化。废电池热处理过程中为了除去 PVDF，通常会在高温下焙烧电池或物料，电池外皮为 PVC，在热处理过程伴随着二噁英的产生，因此，处理过程产生的废气需通过二次燃烧去除一次燃烧产生的二噁英等有害气体（二次燃烧温度 1200~1800 ℃）。

参考前述废旧动力电池典型预处理流程，预处理过程包括盐水放电、高温热处理、磁选除铁、粒度分选、密度分选等环节。盐水放电时，重点针对 $LiPF_6$ 遇水分解产生 PF_5、水溶性有机溶剂进入盐水中、不溶于水的有机溶剂有可能扩散到空气中等问题，加强盐水放电工艺环节的废气、废盐水处理；废气处理应参考其他行业同类废气处理技术；废高盐水处理不仅要考虑阳离子、也要关注阴离子，无论是否有相关阴阳离子排放限制标准及具体指标要求，相关企业都应根据潜在污染物的种类、浓度采取相应的减排控制措施，利用标准不全面的空子进行污染物转移行为必将受到惩罚。

热处理过程产生的渣是下一步提取金属的原料，该环节可能产生的污染物集中在废气。目前仅见少数相关研究报道，尚无法全面认识、了解污染物的种类和排放浓度，根据废旧动力电池材料及其物质组成推测，烟气中可能会含有氟、挥发性有机污染物（VOCs）、重金属，应对其进行污染控制。烟气处理可参考表2.9所列技术，后续经除尘、急冷、碱喷淋、除雾等处理后达标排放。密度分选工艺环节，如果使用表面活性剂等化学品，则需关注排放废水中 COD、盐浓度及悬浮颗粒物，分选工艺最终排放的废水需达标排放。当废单体电池连同外皮塑料一起进入热处理炉时，要考虑到 PVC 等热处理后会形成二噁英的潜在威胁，后续烟气处理应增加二噁英控制措施。

表 2.9　常用 VOCs 治理技术适用条件

序号	处理方法	浓度/（mg/Nm³）	排气量/（Nm³/h）	温度/℃
1	吸附回收技术	$100 \sim 1.5 \times 10^4$	$< 6 \times 10^4$	< 45
2	预热式催化燃烧技术	3000 ~ 1/4 LEL	$< 4 \times 10^4$	< 500
3	蓄热式催化燃烧技术	1000 ~ 1/4 LEL	$< 4 \times 10^4$	< 500
4	预热式热力焚烧技术	3000 ~ 1/4 LEL	$< 4 \times 10^4$	< 700
5	蓄热式热力焚烧技术	1000 ~ 1/4 LEL	$< 4 \times 10^4$	< 700
6	吸附浓缩技术	< 1500	$1.0 \times 10^4 \sim 1.2 \times 10^5$	< 45
7	生物处理技术	< 1000	$< 1.2 \times 10^5$	< 45
8	冷凝回收技术	$10^4 \sim 10^5$	$< 10^4$	< 150
9	等离子体技术	< 500	$< 3 \times 10^4$	< 80

（3）金属再生

有的企业把高温热处理作为预处理，也有的企业把拆解后的单体电池等直接进行焙烧处理，焙烧处理过程潜在污染类似于高温热处理，其预防参照前述内容。即使采用高温预处理或焙烧处理，其获得产物也需采用湿法冶金技术进行金属再生。湿法冶金作为废旧动力电池金属再生的主要技术手段之一，其生产过程主要污染物有酸雾、废液、废渣。浸出槽酸雾可采用集气罩收集，收集酸雾废气可采用喷淋处理。浸提废液中多数含废酸或废碱，同时也会含有重金属，采用萃取分离技术时会产生废萃取剂，这些废液已列入国家危险废物名录。按相关环境管理要求，生产企业可按要求自行处理，如不具备自行处理能力需交给相应有资质企业进行处理。

反应废渣重点控制污染物需根据废渣中污染物组成和含量来定。硫酸浸出工艺浸出渣中有少量金属，同时还有硅、氟等元素，浸出渣按危险废物处置，暂存在企业危废暂存库中，定期交由有资质的危废处置单位处置。硫酸浸出稀土时稀土进入浸出液中，为了去除浸出料液中的稀土杂质，采取硫酸钠盐沉淀的方法，稀土复盐沉淀渣经板框压滤后可暂存在企业危废暂存库，定期交由有资质的危废处置单位处置。为了去除浸出料液中的铁锰等杂质，采取氧化、沉淀的方法，除铁锰渣暂按危险废物处置，暂存在企业危废暂存库中，定期交由有资质的危废处置单位处置。对含油废水先采用隔油措施处理，隔油渣属按废矿物油进行处理和管理。

（4）其他节点

除前述典型工艺环节外，废旧动力电池处理企业也会产生废水、废渣。生产废水主要有预处理工段产生的除铝废水、萃取除杂废水、萃取分离废水、焙烧烟气处理产生的废水、酸雾工艺废气水喷淋处理产生的含酸废水、酸雾工艺废气碱液喷淋处理产生的浓盐水等。这些生产废水通过酸碱中和沉淀处理后，进一步用曝气、氧化、絮凝沉淀等方法进行处理，处理后的废水达到相关排放要求后进入污水处理厂或市政收集管网。自行处理废水且直接排放的企业执行《污水综合排放标准》，处理废水进入城市管网企业执行《污水排入城市下水道水质标准》。目前，上述标准重点针对 COD、氨氮、重金属等常规污染物提出排放限制要求，对于 Na^+、Ca^{2+}、Mg^{2+} 等阳离子、Cl^-、F^- 等阴离子的排放浓度没有提出相关要求，该标准并不完全符合动力电池回收处理产业，相关控制指标未能充分反映行业特色，实际上如果废水中这些离子浓度过高，则存在对地下水潜在污染的风险，需考虑控制其减排。

废旧动力电池拆解过程产生的外壳、塑料包装物，主要成分为不锈钢、铝、塑料等，可按一般工业固废处理，同样可作为原料进行资源再生。

2.5.3 污染防治

目前，生态环境部正在组织编写《废弃资源排污许可指南》，预计今年年底将正式出台相关文件，废旧动力电池被列入管理目录和具体内容中，虽然该产业尚未形成较大规模，但从国家政策管理角度来看已经完全将其纳入日程，行业自身需重视。参考《排污许可证申请与核发技术规范 废弃资源加工工业（征求意见稿）》，我们总结了废旧动力电池处理过程可能产生的废气、废水和废渣，并根据其具体类型提出了相应的污染防治方法。表 2.10 至表 2.12 给出了污染防治推荐技术，仅供企业或相关从业者参考。

表 2.10　废旧动力电池处理过程废气污染防治

关键节点	主要设施	产排污环节	污染物种类	污染控制	排放口	备注
拆解处理	拆解设备	电池包及单体电池解体	溶剂、氟化物	负压集气，旋风除尘或布袋除尘、活性炭吸附等	除尘排气筒	无组织排放，具体视企业情况而定
	破碎设备	正负极材料或热处理后物料的破碎	正负极破碎主要是颗粒物、电解液，热处理后的物料主要是颗粒物	负压集气，旋风除尘或布袋除尘、活性炭吸附等	除尘排气筒	一般排放口
	分选设备	正负极材料或热处理后物料的分选	正负极破碎料主要是颗粒物、电解液，热处理后的物料主要是颗粒物，密度分选除外	负压集气，旋风除尘或布袋除尘、活性炭吸附等	除尘排气筒	一般排放口
	热处理设备	正极或正负极热处理	烟尘、氟化物、有机物、二噁英	负压集气，旋风除尘或布袋除尘、电除尘、碱液喷淋、活性炭吸附等	热处理设备排气筒	一般排放口
酸浸处理	反应釜	正负极或热处理物料的酸浸	硫酸雾、氯化氢	负压集气，碱液喷淋、活性炭吸附等	酸雾净化塔排气筒	一般排放口
	酸储罐		硫酸雾、氯化氢	负压集气，碱液喷淋、活性炭吸附等	酸雾净化塔排气筒	无组织排放，具体视企业情况而定
萃取处理	萃取槽	分离	硫酸雾、氯化氢、非甲烷总烃	碱液喷淋、活性炭吸附等	净化装置排气筒	一般排放口
其他						

表2.11　废旧动力电池处理过程废水污染防治

废水类别	污染物种类	污染治理工艺	排放去向	排放口类型
车间生产废水	pH、钴、锰、镍	中和、絮凝、沉淀、脱盐等	车间污水处理设施	主要排放口
热处理废气处理设施废水	氟化物	沉氟，其他	含氟废水处理设施	—
车间废水处理设施出水	钴、锰、镍	过滤、中和、絮凝、沉淀、生化等	厂内综合废水处理设施	—
沉氟设施出水	氟化物	沉氟	厂内综合废水处理设施	—
生活污水	pH、化学需氧量、氨氮、悬浮颗粒物等	过滤、中和、絮凝、沉淀、生化等	—	一般排放口
厂内综合废水处理设施排水	pH、化学需氧量、氨氮、悬浮颗粒物、钴、锰、镍等	—	园区集中污水处理设施或地表水体	主要排放口

表2.12　废旧动力电池处理过程废渣污染防治

关键环节	固废名称	主要污染物	类别	处理方式及去向
拆解	电池包冷却液	乙二醇等	—	危废鉴别*
	钢壳		一般工业固废	贮存、委托利用处置
破碎分选	金属铁、铝		一般工业固废	贮存、委托利用处置
酸浸	炭黑渣	重金属	—	危废鉴别
除杂废渣	铁铝等		—	危废鉴别
废水处理	污泥	重金属	—	危废鉴别
含尘废气处理	集尘灰		一般工业固废	贮存、委托利用处置

*危废鉴别——根据《国家危险废物名录》或者GB5085.1和HJ/T 298判定固体废物的类别及危险废物代码。

第三章　废旧动力电池回收产业特征分析

中国废旧动力电池回收产业已经初具规模，目前产业链呈现多元化发展趋势。在生产者责任延伸制度的引导下，新能源汽车生产企业、动力电池生产企业、梯次利用企业、再生利用企业、报废汽车企业及原材料生产企业等都在退役电池回收各环节起到了重要作用。车企或电池企业通过投资等方式间接介入（如北汽）或通过开发/优化技术直接介入动力电池回收（如比亚迪、宁德时代）；原材料生产企业一般通过技术开发/优化直接将动力电池回收作为其产线的延伸；其他也有新入行业的企业通过投资等方式介入动力电池回收，这类企业前期多为化学品生产/贸易企业等。随着《新能源汽车动力蓄电池回收利用试点实施方案》的推行，京津冀、长三角、珠三角、中部区域等地区逐步开展构建回收利用体系、探索多样化商业模式、推动技术创新与应用、建立完善政策激励机制等 4 个方面的试点工作。其中 45 家新能源汽车生产企业在全国 31 个省（市）设立了 3204 个回收服务网点对废旧动力电池回收行业起到重要支撑作用。

本章旨在将对目前废旧动力电池回收产业链中各环节中涉及主体、对应职责及其作用进行梳理，同时从产业链上游电池原材料，到中游动力电池制造集成再到下游新能源汽车对产业格局及集中度、分布情况及聚集区进行分析；为动力电池回收全产业链的布局优化及健康发展提供理论依据。

3.1　产业集中度

2018 年废旧动力电池回收行业仍处于产业发展初期，行业增速非常快，在生产者责任延伸制度的引导下，新能源汽车生产企业、动力电池生产企业、梯次利用企业、再生利用企业、报废汽车企业及原材料生产企业等纷纷布局废旧动力电池回收行业。

现有退役电池数量、种类及分布地区相对比较集中。"十城千辆工程"推广期间生产的约 1.7 万辆新能源汽车，预计将产生退役电池约 1.22 GW·h（约 1.26 万 t）。其中，磷酸铁锂电池占比约 95.6%，三元电池占比约 0.3%，其他占比 4.1%。退役电池主要集中在深圳、合肥、北京等新能源汽车推广力度较大的城市，退役量占比分别约为13%、12%、5%。

当前企业回收的动力蓄电池中，以研发生产过程中产生的废旧动力蓄电池为主，新能源汽车退役电池较少。据不完全统计，湖北格林美、湖南邦普、江西豪鹏、广东光华及浙江华友钴业5家废旧动力电池再生利用企业规划处理产能约25万t。这几家企业与汽车、电池生产企业合作，2017年共计回收处理约1.1万t废旧动力蓄电池，其中70%～80%来源于研发试验和生产制造产生的废旧动力蓄电池。2018年，各主要综合利用企业共计回收外理约0.5万t新能源汽车产生的退役电池，处理动力电池生产企业与研究实验单位产生废旧动力电池与废料处理量约0.8万t，回收量较2017年有一定提升。另外，还有部分退役电池通过拍卖、收购等渠道流向其他回收利用企业。

综合利用经济性方面，三元电池和磷酸铁锂电池互有优势。梯次利用方面，磷酸铁锂电池80%容量的循环寿命可达2000～6000次，三元电池仅为800～2000次，磷酸铁锂电池更适于梯次利用，但由于前期配套磷酸铁锂电池存在质量较差等问题，退役后基本无梯次利用价值。再生利用方面，企业再生利用收益易受退役电池数量、原材料市场行情及企业管理水平等因素影响，具有一定的不确定性。现阶段，如图3.1所示，再生利用企业处理的主要为动力电池生产废料和消费类电池（钴酸锂），上述两种类型的电池处理量高达总处理量的75%以上，还有部分企业会处理磷酸铁锂电池，钛酸锂和锰酸锂电池处理量较小。从再生处理电池的经济效益分析，行业再生处理1t报废磷酸铁锂电池成本约为0.85万元，产出碳酸锂、石墨、铜、铝等材料价值约0.81万元，亏损0.04万元/t；再生处理1t报废三元电池（NCM523）平均成本约为3.1万元，产出碳酸锂、三元前驱体、石墨、铜、铝等材料平均价值约4万元/t，具备一定利润空间。

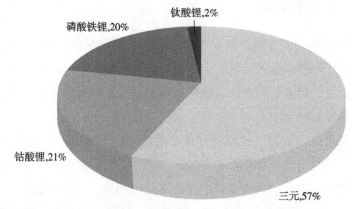

图3.1 2018年再生利用的电池/极片种类分布

用户移交退役电池方面，还没有统一的回收渠道。前期，深圳市退役的大部分动力蓄电池交由电池生产企业回收存储，用于梯次利用研究；北京新能源公交车动力蓄电池退役后，由配套电池生产企业回收处理，采取租赁方式的交由出租方北京电力公司用于梯次利用储能产品研究或回收利用企业处理。此外，还有部分用户的新能源汽车因事故等原因产生退役电池，由保险公司回收并研究分析后，通过委托、拍卖等方式交给回收利用企业。

2018 年从事废旧动力电池再生的企业采用的工艺均为破碎－湿法工艺，其中 50% 以上的产品为镍钴锰三元材料前驱体，还有部分企业的产品为金属盐的水溶液，如硫酸锰、硫酸镍、氯化钴，以及碳酸锂固体。随着产品需求端动力电池企业产品的正极材料由 NCM523、NCM622 向 NCM811 转变，再生利用企业产出的产品也会发生相应的变化。

相比于前几年废旧动力电池回收产业初入大众视野，从 2018 年开始废旧动力电池回收产业进入加速发展期。如图 3.2 所示，2018 年全国共计有 15 个项目通过环境影响评价报告，涉及的处理规模达 67.28 万 t。图 3.3 为 2018 年环境影响评价项目的预计产能分布情况。由于磷酸铁锂电池有价金属含量低、再生过程处理成本高，导致其再生处理经济效益差；再加上梯次利用政策的引导，上述项目中 92% 的产能是对正极材料为三元材料的动力电池进行再生利用，只有 8% 的产能是对磷酸铁锂动力电池的再生利用。此外，现有废旧动力电池企业也纷纷对其原有项目进行扩建。例如，邦普循环和赣州豪鹏分别将其产能扩大至 10 万 t 和 6 万 t。随着国家加大对废旧动力电池处理过程的污染控制，企业也相应开始着手无害化拆解。

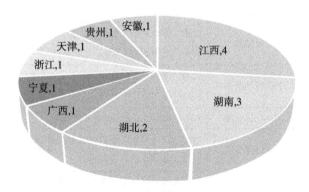

图 3.2 2018 年环境影响评价项目数量各省分布情况

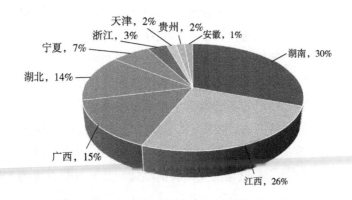

图3.3　2018年环境影响评价项目的预计产能分布情况

我们根据废旧动力电池再生利用企业的处理规模、技术路线、产业链等6项指标建立了相关处理企业的评价体系，综合评价分析得到目前我国废旧动力电池再生利用企业TOP10（表3.1），分别为邦普循环、格林美、赣州豪鹏、华友钴业、光华科技、天齐锂业、赣锋锂业、芳源环保、桑德集团、国轩高科。

表3.1　我国废旧动力电池再生利用企业 TOP 10

排名	企业	领域	企业概况
1	邦普循环	再生资源	三元动力电池处理能力1万t/年
2	格林美	再生资源	报废电池材料处理能力1万t/年
3	赣州豪鹏	专业电池回收	专业废旧动力电池回收处理，废电池处理能力1万t/年
4	华友钴业	电池材料	金属冶炼环节优势突出，构建提取基地和废旧电池拆解中心，三元电池废料处理能力5.6万t/年
5	光华科技	专用化学品	联手中国铁塔股份有限公司，动力电池回收规模0.1万t/年
6	天齐锂业	电池材料	以锂为核心的新能源材料企业，收购部分乾泰技术和金泰阁股份，处理能力1.05万t/年
7	赣锋锂业	电池材料	目前年废料处理能力3.4万t（其中磷酸铁锂2万t，三元1.4万t）
8	芳源环保	环保企业	3.6万t/年的三元前驱体生产基地
9	桑德集团	环保企业	致力于打造年处理废旧电池及生产废料10万t/年，三元前驱体3万t/年的产业基地
10	国轩高科	电池企业	三元电池回收处理能力1万t/年

2018年，邦普循环、格林美和青山实业等5家公司在"一带一路"倡议引导下的携手合作在印度尼西亚中苏拉威西省摩洛哇丽县印度尼西亚经贸合作区青山园区"建设印尼红土镍矿生产新能源材料项目"，该项目拟共同投

资 7 亿美元，建设年产量不低于 5 万 t 镍、4000 t 钴的湿法冶炼基地，产出 5 万 t 氢氧化镍中间品、15 万 t 电池级硫酸镍晶体、2 万 t 电池级硫酸钴晶体、3 万 t 电池级硫酸锰晶体。

格林美围绕新能源全生命周期循环价值链，积极构建"1＋N"废旧电池回收利用网络，先后与 60 多家车企、电池企业签订了车用动力电池回收处理协议，建成武汉、无锡和荆门三大动力电池拆解示范中心。格林美建有 10 万 t/年的电池回收处理生产线，已建成武汉圆柱 PACK 自动生产线，200 组/天的梯次利用动力电池生产线，并与比亚迪公司合资设立的储能电站（湖北）有限公司先后在荆门、武汉、江西等地安装 4 个光伏电站。

赣州豪鹏拥有江西省首个废旧电池回收工程示范中心，包含首条动力电池拆解示范线及废旧电池电子产品回收示范线。具备完善的废旧电池无害化处理设备和先进的环保工艺，对废旧电池进行资源化处理。目前公司具备 1 万 t 的废旧电池年处理能力。此前赣州豪鹏科技与力信能源签订了战略合作协议，正式达成"动力电池回收处理"战略合作。

华友钴业为了拓展原料供应渠道，保障原料供应稳定，降低采购成本、提升产品毛利和盈利能力，通过自建锂离子电池回收企业的方式布局末端锂离子电池资源回收，完善产业链布局，打造材料体系闭环。建设废旧锂离子电池资源回收再生循环利用生产线，其废旧动力电池回收处理项目投产后产能达 6.5 万 t/年以上。华友循环与天际汽车签署战略合作协议，天际汽车在废旧电池的梯次利用、存储、运输和回收领域进行布局，华友循环发挥其在动力电池环保处理及原材料回收方面的优势，双方将在新能源汽车动力电池梯次利用和材料回收领域不断深化合作。

光华科技已建成 0.1 万 t/年废旧动力电池再生利用生产线，并开发了"多级串联协同络合萃取提纯""双极膜电渗析"等技术，采用环境友好的处理工艺实现多种有价金属元素的回收。光华科技公布与奇瑞万达贵州客车股份有限公司签署了《关于废旧动力电池回收处理合作协议》。此外，光华科技还与北汽、金龙、华奥、五洲龙汽车等新能源汽车企业签订战略合作协议，双方将在废旧电池回收处理及循环再造动力电池材料等业务上展开合作。

工信部于 2018 年组织并开发了"新能源汽车国家监测与动力蓄电池回收利用溯源综合管理平台"，对动力电池的生产、销售、使用、报废、回收、利用全生命周期进行信息采集，做好各环节主体履行回收利用责任情况的在线监测，建立健全监管制度。该平台上线运行后，各有关企业按照溯源管理规定陆续完成注册，并开始及时上传溯源信息。如图3.4所示，截至2018年年底，生产环节已有340家电池生产（含进口商）企业完成厂商代码备案，开始使用统一的编码规则进行动力蓄电池编码；393家汽车生产企业完成国家平台注册，正在建立与国家平台衔接的企业动力蓄电池回收利用溯源体系。回收利用环节已有44家报废汽车回收拆解企业、37家梯次利用企业、42家再生利用企业完成国家平台注册，与汽车生产企业实现在国家平台上的动力蓄电池全生命周期信息贯通。

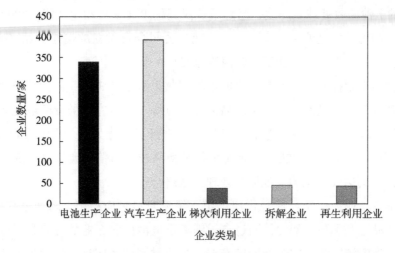

图3.4　截至2018年年底新能源汽车国家监测与动力蓄电池回收利用溯源综合管理平台注册企业数量

此外，以大型车企为代表的部分企业主动打通产业链各环节，加强回收利用网络的构建。2018年12月底公布的回收服务网点信息服务网点信息显示，国内汽车生产企业中，浙江豪情汽车制造有限公司、华晨宝马汽车有限公司、金龙联合汽车工业（苏州）有限公司网点建设进展较快，申报公开网点数量位居国产新能源汽车生产企业网点公开数量TOP 3（表3.2）。新能源汽车进口商中，宝马（中国）汽车贸易有限公司与沃尔沃汽车销售（上海）有限公司回收服务网点建设成果显著，其中宝马（中国）汽车贸易有限公司申请与华晨宝马汽车有限公司共用333个网点（表3.3）。

表3.2　国产新能源汽车生产企业网点公开数量TOP 3

排名	国产新能源车生产企业名称	网点数量/个
1	浙江豪情汽车制造有限公司	465
2	华晨宝马汽车有限公司	333
3	金龙联合汽车工业（苏州）有限公司	260

表 3.3　新能源汽车进口商网点公开数量

排名	新能源汽车进口商名称	网点数量/个
1	宝马（中国）汽车贸易有限公司	333
2	沃尔沃汽车销售（上海）有限公司	234

　　如图 3.5 所示，目前回收服务网点建设主要有两种方式：一种是汽车生产企业依托现有售后服务机构进行升级改造，另一种是汽车生产企业与电池生产企业、综合利用企业、其他企业开展合作共建等模式，其中前者为行业主流模式，该方式又可分为集中式回收和分散式回收。例如，比亚迪在 9 个省布局 14 个网点开展集中式回收，而广汽丰田开展分散式回收，仅在广东省布局的网点就达 41 个，占广汽丰田回收网点总数的 25%。虽然当前汽车生产企业与综合利用企业合作共建回收服务网点的比例较低，如合众与华友循环在浙江嘉兴合作建设了网点，该类网点仅占全国网点数的 0.48%，但已初步实现了产业链的协同合作，从提升废旧动力电池回收效率，推动新型商业模式形成的角度看，该方式更具优势。表 3.4 为汽车生产企业与综合利用企业共建回收服务网点分布情况。

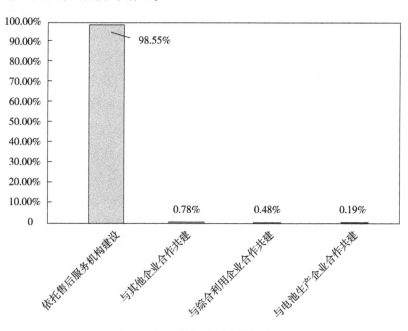

图 3.5　回收服务网点建设方式情况

表 3.4   汽车生产企业与综合利用企业共建回收服务网点分布情况

序号	汽车生产企业名称	合作的综合利用企业名称	回收服务网点所属地区
1	上汽通用汽车有限公司	格林美（天津）城市矿产循环产业发展有限公司	京津冀
		格林美（无锡）能源材料有限公司	长三角
		河南沐桐环保产业有限公司	中部地区
		江西格林美报废汽车循环利用有限公司	中部地区
		荆门市格林美新材料有限公司	中部地区
2	上汽通用五菱汽车股份有限公司	天津赛德美新能源科技有限公司	京津冀
3	浙江合众新能源汽车有限公司	天津赛德美新能源科技有限公司	京津冀
		浙江华友循环科技有限公司	长三角
		衢州华友钴新材料有限公司	长三角
4	江西博能上饶客车有限公司	衢州华友钴新材料有限公司	长三角
		赣州市豪鹏科技有限公司	中部地区

动力电池生产企业掌握丰富的锂离子电池和整车客户资源，在布局电池拆解及梯次利用方面、再生利用方面，具备锂离子电池资源回收再生利用的先天优势。在上游材料涨价和下游整车企业压价等压力之下，动力电池生产企业通过自建或者与第三方机构合作的方式布局退役动力电池梯次利用和锂离子电池原料回收，增加原料来源，降低成本压力。例如，国轩高科与中国铁塔股份有限公司签订了关于新能源汽车动力蓄电池回收利用合作伙伴协议，与安徽巡鹰新能源科技有限公司达成战略合作，各自发挥在动力电池领域的资源优势，共同深耕动力电池回收梯次利用。再如，比克电池开展"废旧新能源汽车拆解及回收再利用"项目，获得国家发改委专项投资补助 1000 万元，项目总投资 2 亿元建成年综合处理 2 万辆报废汽车及 3 万吨动力电池的样板线，此外，比克电池在废旧动力电池梯次利用领域也开展了相关研究。

国内废旧电池资源化项目可处理废电池及电池废料 160 万 t/年。2018 年全国有 0.5 万 t 动力电池退役，到 2020 年将累计达到 25 GW·h（约 20 万 t）24.3 万 t 退役，至 2025 年累计退役量约为 116 GW·h（约 78 万 t）。结合报废量预测和企业规划的处理产能来看，动力电池回收领域已经出现过热苗头。废旧电池处理需要投入巨额资金，未来如果没有足够的电池量，产能利用不足，回收企业将面临因没有原料而停产的困境。从实际情况来看，包括大型动力电池企业和专业第三方回收机构在废旧锂离子电池回收再利用方面，大多数都处于项目示范或者微盈利经营状态。表 3.5 总结了国内主要废旧动力电池回收利用企业布局情况。

表 3.5　国内主要废旧动力电池回收利用企业布局情况

编号	企业名称	布局情况	备注
1	中国铁塔股份有限公司	①中国铁塔股份有限公司 2015 起年开始布局动力电池回收、梯次利用工作，组织了 9 省（市）分公司、10 个厂商建设了 57 个试验站点，并在 12 个省（市）11 000 多个站址开展废旧动力电池替换现有铅酸蓄电池的试点 ②2018 年 1 月，中国铁塔股份有限公司在京与重庆长安、比亚迪、银隆新能源、沃特玛、国轩高科、桑顿新能源等 16 家企业，举行了新能源汽车动力蓄电池回收利用战略合作伙伴协议签约仪式，积极加强与汽车制造、电池生产、公交运输、回收利用等行业骨干企业合作。中国铁塔公司对储能电池需求总量约 146 GW·h，存量站更换及新建储电站每年共需要电池约 25 GW·h，仅从数量分析，只要铁塔通信基站储能电池更换及新建站全部采用梯次利用的动力电池，即可吸纳 2020 年 80% 以上的废旧动力电池 ③中国铁塔股份有限公司表示 2018 年梯电电池的回收量约为 1.5 GW·h，达到了满足 15 万个基站的规模 ④2018 年 10 月，中国铁塔股份有限公司与 11 家主流新能源汽车企业签署战略合作协议，推进废旧动力电池梯次利用。根据协议，双方将按计划、有步骤、分批次地组织开展全国范围内的退役动力电池回收合作，网点及人员对接	储能企业
2	邦普循环（宁德时代控股）	①2016 年 10 月，邦普循环成为宁德时代的间接控股子公司 ②邦普循环目前拥有废旧三元动力电池 2 万 t/年的处理能力，并利用再生材料生产三元前驱体（产能 1.5 万 t/年）。预计 2019 年邦普股份有限将总计形成动力电池回收处理 12 万 t/年，三元前驱体 5 万 t/年的生产能力 ③邦普循环积极与新能源汽车进行战略合作，完善废旧电池回收渠道，在全国建立了 100 多个废旧电池回收中心，并与多家国内外车企达成了战略合作，协助他们回收处理新能源汽车及动力电池，并已为宝马回收 200 辆新能源汽车 ④2018 年 1 月，宁德时代与北汽集团、北京普莱德新能源电池科技有限公司（东方精工全资子公司）及北大先行科技产业有限公司签订了《战略合作框架协议》。协议各方旨在新能源汽车动力电池领域建立战略合作伙伴关系，发挥各自优势，形成协同效应，开展动力电池研发、制造、回收、梯级利用等各项业务的战略合作 ⑤2018 年 3 月，上汽集团与宁德时代共同签署了战略合作谅解备忘录，双方拟进行进一步合作，探讨共同推进动力电池回收再利用	动力电池企业＋专业第三方

编号	企业名称	布局情况	备注
3	格林美	①格林美建有 10 万 t/年的电池回收处理生产线，主要回收处理废旧消费锂离子电池、电池企业的生产废料（废极片和粉料）、废弃钴、镍资源及电子废弃物等，可循环再造电池材料 2 万 t/年，硫酸镍 4 万 t/年，电解铜 8000 t/年 ②作为动力电池回收龙头，格林美先后与 60 多家车企、电池企业签订了车用动力电池回收处理协议，建成武汉、无锡和荆门三大动力电池拆解示范中心。建成武汉圆柱 PACK 自动生产线，200 组/天的梯次利用动力电池生产线、与比亚迪公司合资设立的储能电站（湖北）有限公司先后在荆门、武汉、江西等地安装 4 个光伏电站 ③与宁德市人民政府签约，计划建宁德新能源材料产业园和宁德循环经济产业园。格林美与永青科技股份有限公司成立合资公司，初期目标为 5 万 t 动力电池用三元前驱体材料、2 万 t 动力电池用三元正极材料 ④格林美在全国 20 多个城市安装了 2 万多个废旧电池回收箱，使我国废旧消费电池回收利用率达到 10%。格林美与上海大众、长城汽车等 20 多家企业签订了动力电池回收战略合作协议，初步建立了回收合作关系 ⑤5 月 8 日，格林美与北京汽车集团有限公司下属企业北汽鹏龙汽车服务贸易股份有限公司签署了《关于退役动力电池回收利用等领域的战略合作框架协议》，双方将在共建新能源汽车动力电池回收体系、退役动力电池梯次利用、废旧电池资源化处理、报废汽车回收拆解及再生利用等循环经济领域、新能源汽车销售及售后服务等领域展开深度合作。 ⑥能际 - 格林美梯次利用储能项目由格林美提供 16 套 2P6S 蔚来汽车（NIO）测试车辆退役电池和能际新能源自主研发的实时监测并有效控制每个电池单体的智能电池管理系统 BMS 组成	专业第三方
4	赣州豪鹏（厦门钨业控股）	①赣州豪鹏是专业从事废旧二次电池再生资源回收及加工利用的企业，持有江西省危险废物经营许可证。2017 年 8 月，厦门钨业以 7800 万元注资成为第一大股东 ②赣州豪鹏致力于建立回收渠道网络、开发梯级利用技术、完善综合利用。2016 年 9 月，获得北汽新能源 400 万元注资（占股 10%），2017 年 3 月，赣州豪鹏与北汽新能源达成战略合作，拟共同投资 10.6 亿在河北黄骅市建 2 万 t/年的动力电池回收及三元前驱体生产线 ③赣州豪鹏拥有江西省首个废旧电池回收工程示范中心，包含首条动力电池拆解示范线和废旧电池电子产品回收示范线，拥有 30 余项自主开发的专利技术，其中 5 项为发明专利，9 项为动力电池循环利用专利，并参与制定了 4 项国家标准。目前具备 1 万 t 的废旧电池年处理能力，年产硫酸钴 500 t、硫酸镍 2500 t。计划在 2018 年将废旧电池年处理能力提升至 3 万 t/年 ④2018 年 11 月，力信能源与赣州豪鹏科技正式达成"动力电池回收处理"战略合作	电池材料企业

编号	企业名称	布局情况	备注
5	华友钴业	①华友钴业主要从事钴、铜冶炼及钴新材料产品深加工，主要产品包括锂电正极前驱体、钴化学品，以及金属铜、镍。钴产品的产能规模世界第一 ②华友循环是华友钴业的子公司，该公司布局全球资源，目前已收购韩国等多家资源回收公司，并参与欧洲资源回收公司体系建设。在国内主力打造华南、华北、西南3个区域的回收网点，规划建成2万~3万t/年的无害化拆解处理线。已有废旧动力电池回收处理产能6.5万t/年以上 ③2017年4月设立了衢州华友资源再生科技有限公司，成功入选第一批动力电池回收试点单位。该公司采用华友的自有的工艺技术，可处理钴酸锂废旧电池8500 t/年，三元电池废料5.6万t/年，废旧锂离子电池资源回收再生循环利用生产线具备电池包（组）拆解处理、单体破碎分级、湿法提纯等处理工艺 ④华友循环也积极布局境外资源循环业务。出资1.21亿元收购了韩国锂离子电池循环利用公司TMC 70%的股权；2017年8月，出资1800万元收购中国台湾碧伦生科技公司。华友循环以华友浙江衢州废旧动力蓄电池回收再生基地为中心辐射长三角地区，规划在华东、华南、华北、华中、西南区域建立废旧动力蓄电池综合利用回收基地，实现技术开发、标准制订、检测服务、梯次利用、再生制造的完整产业链。循环公司收购中国台湾碧伦和韩国TMC，布局境外循环回收体系的建立 ⑤2018年1月，天际汽车与华友循环签署战略合作协议，双方计划在新能源汽车动力电池梯次利用和材料回收领域展开合作 ⑥2018年7月，工业和信息化部、科技部、生态环境部、交通运输部、商务部、市场监管总局、能源局7个部委联合印发《关于做好新能源汽车动力蓄电池回收利用试点工作的通知》。浙江省被认定为新能源汽车动力蓄电池回收利用试点地区，其中再生利用体系建设由华友钴业牵头 ⑦浙江省新能源汽车动力电池回收利用试点实施方案中要求华友循环形成6.5万t无害化拆解、冶金的资源化利用能力，确保满足全省回收废旧动力蓄电池拆解要求	电池材料企业
6	光华科技	①光华科技与广东省经济和信息化委员会、中国铁塔股份有限公司广东省分公司、广东省循环经济和资源综合利用协会签署新能源汽车动力蓄电池回收利用战略合作协议。公司已在汕头建成处理1000 t报废旧动力电池的再生利用线，并在珠海高栏港经济区建设年处理1万t/年报废旧动力电池的再生利用项目 ②设立全资子公司旨在推进锂离子电池的梯级利用、回收、拆解及再制造等业务，2017年10月在广东汕头建成了一条150 t/月的电池回收示范线 ③2018年1月，广东省经济和信息化委、中国铁塔股份有限公司广东分公司、广东省循环经济和资源综合利用协会、广东股份有限公司战略合作签约仪式。光华科技作为本次战略合作方，目前已掌握锂离子电池组拆解、梯级利用和回收有价金属的专利技术	专业第三方

编号	企业名称	布局情况	备注
6	光华科技	④2018 年 5 月，光华科技以自有资金设立珠海中力新能源科技有限公司，开展锂离子电池的梯级利用、回收、拆解及再制造等业务 ⑤2018 年 7 月，公司进入符合《新能源汽车废旧动力蓄电池综合利用行业规范条件》第一批企业名单 ⑥2018 年 11 月，光华科技与北京汽车集团有限公司下属企业北京北汽鹏龙汽车服务贸易股份有限公司、南京金龙客车制造有限公司、广西华奥汽车制造有限公司分别签署了合作协议，将在退役动力电池梯次利用和废旧电池回收处理体系等业务上开展合作，共同建立废旧动力电池回收网络 ⑦光华科技已建成年处理 1 万吨废旧动力电池的再生利用线，2019 年下半年珠海一期产线建成后增加 4 万 t/年电池回收能力（对应 1 万 t/年的正极材料产能），未来珠海基地共三期总规划处理量为 20 万吨/年，对应三元电池的原料产量将达到 5 万 t/年 ⑧公司具备了梯级利用和回收循环的核心技术能力，并成立了珠海中力新能源有限公司，2018 年规划 30 亿投资建设 20 万 t 年处理能力梯级利用项目，首期 2 万 t 预计春节后可以完成试生产	专业第三方
7	天奇股份	①自 2013 年起，天奇股份就持续布局报废汽车循环产业，以废旧汽车回收拆解、零部件再生利用、破碎分拣资源利用等为核心业务 ②2017 年 12 月，公司与无锡金控启源签订《天奇循环产业并购投资企业合伙协议》，共同出资设立天奇循环。合计出资 7 亿元，公司出资 1 亿元，旨在通过股权投资方式控股废旧锂离子电池回收企业金泰阁公司 ③天奇股份控股深圳乾泰技术。乾泰技术专注于新能源汽车后市场循环综合利用，致力于动力电池废旧回收直至无害化循环再利用的产业化运营。目前在建的乾泰技术（深汕）动力电池生态产业园已被列入 2016 年广东省重点建设项目和"十三五"国家重大建设项目库 ④乾泰技术动力电池生态产业链建设项目主要产品及规划年产量为动力电池及储能产品系统集成 20 000 套、新能源报废汽车拆解 20 000 辆、退役动力电池检测与拆解 30 000 t、报废旧动力电池拆解及资源回收 7200 t，乾泰技术深汕项目在基建中 ⑤龙南金泰阁钴业有限公司于 2009 年 4 月在赣州注册成立，致力于废旧二次电池的综合回收利用。目前具备年处理废锂离子电池 1 万 t 的生产能力，年回收钴 1500 t、镍 100 t、铜 300 t、锂 180 t（均以金属量计）。正在建设的二期工程达产后可年处理废锂离子电池 1.6 万 t。金泰阁建设了废旧动力电池资源化利用扩产和技术改造项目 ⑥2018 年 12 月天奇股份发布公告称，公司全资子公司江苏天奇循环经济产业投资有限公司拟与赣州锂致实业有限公司签订《股权转让协议》。本次交易完成后，天奇循环产投将持有锂致实业 65% 的股权。锂致实业的经营范围为电池级碳酸锂、工业级碳酸锂、氢氧化锂等锂盐产品和硫酸钠的生产、加工、批发和零售	专业第三方

编号	企业名称	布局情况	备注
8	桑德集团	①桑德集团回收体系包括再生资源产业园回收、电子废弃物回收、汽车企业回收、云平台回收、（易再生）、报废汽车回收、梯级利用回收、材料及电池企业回收、电池资源化循环利用基地 ②2017 年 1 月，桑德集团在湖南宁乡县政府投资 10 亿元，建设废电池资源化项目，拟形成处理废旧电池及生产废料 10 万 t/年、产 3 万 t/年三元前驱体的产业基地。2018 年建成投产，预计产值不低于 30 亿元 ③启迪桑德在湖北省孝昌县投资建设产 2 万 t/年废旧锂离子电池综合利用项目，总投资约 1.24 亿元，由间接全资子公司博诚环保实施 ④湖南鸿捷新材料有限公司南方 10 万 t/年处理废旧电池项目配套 3 万 t 左右的锂离子电池基础材料。该项目以 10 万 t/年废旧电池为主要原料，根据生产需要搭配粗制碳酸镍、粗制氢氧化镍、粗制碳酸钴、粗制氢氧化钴及废钴酸锂粉等。另外，10 万 t 废旧电池北方基地正在筹建中	专业第三方
9	南都电源	①南都电源以 19.6 亿元收购铅回收龙头企业华铂科技 49% 股权。本次交易完成后，南都电源持有华铂科技 100% 股权，南都电源加快了在锂离子电池回收领域的布局 ②2018 年 11 月，南都电源控股子公司华铂科技废旧铅蓄电池高效绿色处理暨综合回收再利用项目正式投运，项目达产后，华铂科技的废旧铅蓄电池总处理能力将达 120 万 t/年，将成为全球最大的铅资源再生工厂 ③浙江南都电源动力股份有限公司在安徽阜阳界首高新区田营产业园设立全资子公司安徽南都华铂新材料科技有限公司，开展锂电回收及新材料业务。计划投资 10 亿元建设 15 万 t/年废旧锂离子电池综合回收利用及三元前驱体和正极材料制备项目，项目建成后将形成处理废旧锂离子电池及废料 15 万 t/年，电池级碳酸锂 1 万 t/年、镍钴锰氢氧化物三元前驱体 6 万 t/年、正极材料 3 万 t/年，以及铜、铝、石墨粉等综合回收	专业第三方
10	赣锋锂业	①赣锋锂业于 2016 年初设立了江西赣锋循环科技有限公司，投资建设含锂金属废料的循环利用项目，主要回收利用电池企业及正极材料企业的含锂生产废料，生产氯化锂和三元前驱体 ②设计废料处理能力 3.4 万 t/年（其中磷酸铁锂 2 万 t/年，三元前驱体 1.4 万 t/年），生产氯化锂净化液 1.7 万 t/年，镍、钴、锰混合硫酸盐净化液 3.8 万 t/年。项目二期将于 2018 年开始建设，预计新增 10 万 t/年的废旧电池处理能力	电池材料企业
11	寒锐钴业	①2017 年 8 月，寒锐钴业出资 1 亿元设立全资子公司赣州寒锐新能源技术有限公司，主营业务为金属钴粉及其他钴产品的研发、生产和销售，拥有从矿产开发、冶炼到钴中间产品和钴粉生产的完整产业链 ②建设锂离子电池废料回收和湿法冶炼生产线项目，正式宣布进入锂离子电池回收领域，项目建成后，形成年产 10 000 t 金属钴新材料及 26 000 t 三元前驱体生产能力	电池材料企业

编号	企业名称	布局情况	备注
12	国轩高科 金川集团	①国轩高科主要生产磷酸铁锂电池，可自产电池正极材料 ②国轩高科从 2012 年就开始了动力电池回收工作，并于同年规划建设了 1.3 MW 和 4.4 MW 的梯次利用项目。即将建成日处理 2000 A·h 的电芯资源回收线，动力电池的拆解、金属和粉体的分离、粉体处理等工序都在其中完成 ③2017 年 8 月，国轩高科与兰州金川科技园有限公司达成战略合作，共同推进动力电池再生利用。二者分别出资 5000 万元在安徽、甘肃合资成立 2 家电池再生利用公司。其中，在依托于国轩高科原有磷酸铁锂电池再生利用线成立的安徽金轩公司中，国轩高科占比 51%；在依托于兰州金川三元电池回收线（原投资 3365 万元，处理 1 万 t/年废旧电池）成立的甘肃金轩公司中，国轩高科占比 49%。金川集团是中国最大的镍钴生产基地和第三大铜生产企业，拥有丰富的钴资源及世界领先的镍钴冶炼技术，是国内锂离子电池正极材料领域最主要的原料供应商之一 ④2018 年 1 月，国轩高科与中国铁塔股份有限公司签订了关于新能源汽车动力蓄电池回收利用合作伙伴协议 ⑤2018 年 3 月，国轩高科已就电池综合回收项目成立相关公司，目前正在建设回收利用产线 ⑥2018 年 5 月，国轩高科与安徽巡鹰新能源科技有限公司达成战略合作，双方将各自发挥在动力电池领域的资源优势，共同深耕动力电池回收梯次利用 ⑦2018 年 8 月，国轩高科在庐江布局锂离子电池回收产线，并申请电池回收示范点	专业第三方
13	东方精工	2018 年 1 月，东方精工全资子公司北京普莱德新能源电池科技有限公司与北京汽车集团有限公司、宁德时代新能源科技股份有限公司及北大先行科技产业有限公司签订了《战略合作框架协议》，开展动力电池研发、制造、回收、梯级利用等各项业务的战略合作	专业第三方
14	雄韬股份	①雄韬股份计划在湖北赤壁高新区投资 10 亿元在该地区建设电池绿色环保回收再利用项目，该项目主要回收铅酸蓄电池及锂离子电池，其在回收铅酸蓄电池方面投资约 6 亿元，回收锂离子电池方面投资约为 4 亿元 ②湖北雄韬环保 8 万 t 锂离子电池回收及处置项目：拟建项目新建回收处理废旧锂离子电池 8 万 t/年生产线，生产金属再生料钴 1500 t/年、镍 9000 t/年、锂 1000 t/年，搭建锂电云大数据系统一套	专业第三方
15	骆驼集团	骆驼股份拟投资建设动力电池梯次利用及再生项目，总投资预计达 50 亿元。项目主要将部分"退役"的动力电池回收并进行梯次利用，或回收处理生产动力电池材料前驱体，预计全部产后将形成年回收处理约 30 万 t 废旧动力电池，以及相应正极材料生产能力，可实现年产值约 75 亿元。投资分两期进行，其中 2018—2023 年投资约 30 亿元，用于技术研发和产业园建设；2020—2025 年投资约 20 亿元，用于正极材料等研发、生产事项	专业第三方

编号	企业名称	布局情况	备注
16	天能集团	天能新材年处理 2.3 万 t 废旧动力锂离子电池梯级利用项目分两期建设，一期处理能力为 7000 t/年废旧锂离子电池（含废极片），二期处理能力为 16 000 t/年废旧锂离子电池。购置生产设备和环保设备及化验检测设备约 180（套）	专业第三方
17	金源新材	①金源新材料是专业从事钴废料及废旧锂离子电池综合回收处理并生产高端电池材料的高新技术企业。通过湿法、萃取等核心工艺，将废电池中有价金属元素分阶段分离提取，再制备出高端电池储能材料，主要产品有工业级碳酸锂、电池级四氧化三钴和硫酸钴等 ②5 年之内，将陆续布局国内市场各个地区的电池回收体系，2018—2019 年选址国家级宁乡经济技术开发区，占地 300 亩，总投资 10 亿元建设 10 万 t 级废电池回收加工工厂，项目建设完成形成 10 万 t 废电池拆解、1 万 t 三元前驱体，钴、镍、锰硫酸盐分别为 1.5 万 t、1 万 t、1 万 t，电池级碳酸锂 0.72 万 t 综合产值 50 亿元以上的产能规模。项目分两期建设完成，一期工程预计 2019 年第四季度正式投入生产运行	专业第三方
18	天赐材料	①2017 年 3 月，天赐材料与江西云锂材料股份有限公司共同投资创立中天鸿锂清源股份有限公司，中天鸿锂专注废旧锂离子电池的回收、梯次利用和再生利用；新能源汽车动力电池的回收拆解、梯次利用与销售；新能源汽车动力电池材料、循环技术的研究、开发及高新技术咨询与服务；以及钴、镍、锂、铜、铝、钛等贵金属的回收、加工和销售等 ②2018 年 8 月，天赐材料拟出资 8000 万参股中天鸿锂，该公司目标形成年回收和处理约 2 万吨废旧动力电池的综合利用处理能力	电池材料企业
19	杉杉股份	2018 年 10 月，吉利集团与杉杉股份、紫金矿业出资组建了福建常青新能源科技有限公司。福建常青是电池回收、前驱体制造为一体的合资企业，坐落于福建省龙岩市上杭县，注册资金 2 亿元	电池材料企业
20	威能电源	山东威能环保电源科技股份有限公司成立于 2006 年，主要从事磷酸铁锂电池研发生产。2015 年，公司投资打造"废旧锂离子动力电池回收处理和综合利用"项目，建设期限 3 年，建成后每年可回收动力电池 10 GW·h，回收金属 2.5 万吨以上	电池企业
21	贝特瑞芳源环保	①广东芳源环保股份有限公司的主营业务是镍、钴、铜等有色金属工业废物的回收利用，以及硫酸镍、电解铜、硫酸钴和电池材料生产，持有广东省危险废物经营许可证。2014 年 10 月，贝特瑞增资成为公司二股东，自此芳源环保的战略重心转向了三元前驱体研发和生产。2016 年 9 月，投资建设 3.6 万 t/年的三元前驱体生产基地，项目一期（1.2 万吨/年）2017 年 5 月投产 ②临沂华凯再生资源科技有限公司成立于 2015 年 10 月，是贝特瑞和中聚集团合资的动力电池回收企业，主要从事动力电池梯次利用和原材料再生利用。临沂华凯主要面向山东省及周边地区回收动力电池。2015 年年底，临沂华凯的梯次利用电池通过中国铁塔公司测试，获得 4 个省份的试商用资格	电池企业 + 专业第三方

编号	企业名称	布局情况	备注
22	比克电池	①深圳比克电池主要从事锂离子电池电芯研发与生产，废旧新能源汽车拆解及回收再利用 ②在电池再生利用领域，比克电池正在开展"废旧新能源汽车拆解及回收再利用"项目，已获得国家发改委专项投资补助1千万元。该项目总投资2亿元建成年综合处理2万辆报废汽车及3万t动力电池的样板线。此外，在废旧动力电池梯次利用领域，比克电池也开展了相关研究	电池企业
23	超威集团	超威集团投资成立长兴亿威新能源有限公司，致力于动力电池无忧售后、电池回收与梯次利用。开发了"IDBMS"系统，可对所有锂离子电池进行全生命周期定位跟踪。在全国拥有约为3000家服务网点，2018年年底完成升级改造，并在全国建成7个安全中转库，3000余家服务网点，同时与中间商及新能源汽车运营商建立合作机制	电池企业
24	煦达新能源	①煦达新能源已率先在上海、江苏和浙江等地落地了退役动力电池梯次利用储能项目 ②2018年9月，由中恒电气旗下煦达新能源和中恒普瑞联合承建的国内最大梯次利用储能项目在南通如东成功投运由7个180 kW/1.1 MW·h集装箱式储能系统组成，总装机量为1.26 MW/7.7 MW·h，运行时SOC设定为90%，系统的有效容量为7MW·h ③在上海建成3 MW·h的工程，2018年10月启动4 MW·h的项目启动，预计可达到20 MW·h	电池企业
25	比亚迪	①比亚迪电池委托授权经销商构建回收渠道。与格林美达成合作，推动构建"材料再造—电池再造—新能源汽车制造—动力电池回收"的循环体系 ②2018年实施的汕尾比亚迪实业有限公司废旧动力电池回收项目，日回收废旧动力电池量为30 t，主要原辅材料为废旧动力电池，针对电池中的有价金属含量较高的正极材料，如磷酸铁锂、再生石墨、回收电解液、铝箔及电池壳、塑料条、隔膜纸、铜箔等	电池企业
26	成飞集成中航锂电	①中航锂电2012年开始涉足动力电池回收方面的研究，2014年自建首条动力电池回收示范线，铜铝金属回收率高达98%，正极材料回收率超过90% ②梯次利用电池已应用于中国铁塔股份有限公司通信基站，并在其园区实施了太阳能储能示范项目 ③采用框架式低成本结构设计的梯次利用电池，已应用中国铁塔股份公司通信基站移动电源系统产品，并分别在河南洛阳和四川眉山两个地区试点使用	电池企业

编号	企业名称	布局情况	备注
27	北汽集团	①北汽新能源用"换电模式",将动力电池各个环节的流转高效利用起来。开发标准化模组、整车换电运营、电池梯次利用、光储电站应用、回收材料。根据北汽新能源的计划,到2022年将投资100亿元人民币,在全国范围内建成3000座光储换电站,梯次储能电池利用超过5 GW·h,相当于1.5万辆电动汽车的电池量。目前建有梯级电池拆解线一条,并完成了拆解工艺研究及相关规范编制 ②在河北建设了电池梯次利用及电池无害化处理和稀贵金属提炼工厂,将动力电池通过物理和化学方法将其中的主要成分重新提纯、回收利用等。北汽新能源拥有废旧动力电池回收示范线,可实现日均100只以上单体电池的处理能力 ③北汽旗下的匠芯电池将作为北京先进动力蓄电池系统创新中心建立了基于大数据分析的梯次电池监控和新能源车辆评估平台,开展了基于整包级及模组级梯次动力蓄电池应用的项目开发,并与北汽新能源汽车股份有限公司等联合发布了"擎天柱计划",打造光储换电平台 ④与赣州豪鹏达成战略合作,双方在动力锂离子电池回收领域开展合作 ⑤2018年5月,在北京汽车集团有限公司研发基地,北京北汽鹏龙汽车服务贸易股份有限公司与格林美股份有限公司签署了《关于退役动力电池回收利用等领域的战略合作框架协议》	车企
28	蔚来汽车	应用模式方面,探索换电加储能模式。车电分离的换电模式,是整个充放电行业领域的子方向,这个模式中,从动力应用、充换电运营到梯次利用的3个阶段	车企
29	上汽集团	2018年3月,上汽集团与宁德时代签署协议,计划共同推进新能源汽车动力电池回收再利用	车企
30	东风汽车	东风汽车将布局商业储能和动力电池回收,通过回收电池储能设备,利用峰谷电价差或可再生能源充电,向电动汽车及社会供电	车企
31	中伟投资	中伟投资开展开发贵州鹏程新材料废旧锂离子电池回收循环利用项目,产硫酸镍15 000 t/年、硫酸钴6700 t/年的配套湿法冶炼生产线	
32	宁夏华劲锂电回收	建成后具备处理4.5万t/年废旧锂离子电池及锂离子电池生产废料、5000 t/年镍氢电池及镍氢电池生产废料的生产能力,经处理后回收正极材料粉2.2万吨t、负极石墨粉0.72万t、镍钴金属粉及沉淀0.44万t、七水硫酸钾0.44万t,同时获得副产品铜、铝、铁、不锈钢等废旧金属及塑料	专业第三方
33	致远控股	上饶市环锂循环科技有限公司年回收梯次利用3.2万t退役锂动力电池及年处理1.2万t锂废旧三元正极粉综合利用项目总投资5.84亿元,占地50亩,建成达产达标后产值不低于10亿元	
34	坤鑫再生资源	拟在连云港市海州经济开发区新浦工业园内新建年回收废旧铅酸蓄电池4万t、锂离子电池2万t项目	
35	汝州国能科技	建设1条4000 t新能源锂离子电池负极材料生产线和1条处理6000 t/年废旧锂离子电池资源回收再生生产线	

编号	企业名称	布局情况	备注
36	江西珑熙锂电环保科技	项目建成后，可实现年处理废旧锂离子电池共计10万t	
37	广西天源新能源材料	一期建设电池级单水氢氧化锂生产线和碳酸锂生产线各一条，年产25 000 t单水氢氧化锂和3000 t碳酸锂，并副产49 100 t/年无水硫酸钠，二期工程为锂离子电池回收循环利用项目	
38	金圆股份	以废锂离子电池拆解产生的正极片粉为原料，经电炉还原、球磨分散、洗涤过滤、碳化、离心分离和烘干得到产品氧化钴粉4200 t、工业级碳酸锂1560 t	
39	金凯集团	达产后可年处理初级锂盐2200 t、磷酸铁锂电池及极片废料60 000 t、镍钴锰三元及钴酸锂废料12 000 t，年产碳酸锂6000 t、单水氢氧化锂3600 t、磷酸铁18 000 t、三元前驱体13 000 t	
40	深圳市恒创睿能环保科技	主要从事废锂离子电池的回收及再生利用。预计回收、再生利用废锂离子电池3000 t/年，其中转运1500 t/年，破碎拆解1500 t/年。	
41	众邦新能源材料	废旧锂离子电池10 000 t/年再生综合利用项目：项目综合回收利用三元废旧锂离子电池10 000 t/年，产硫酸锰1733 t、硫酸钴1200 t、氯化钴500 t、硫酸镍2017 t、碳酸锂1005 t和硫酸钠8295.2 t	专业第三方
42	中矿（赣州）国际钴业有限公司	50 000 t/年锂离子电池循环再生项目：建设年处理废电池50 000 t，其中废钴酸锂离子电池15 000 t，废三元锂离子电池35 000 t，年回收电池料31 448 t、铜屑3743 t、铝屑4543 t、塑料粒子5180 t	
43	瑞博金属再生资源有限公司	6000 t/年废锂离子电池再生建设项目：建设规模年处理废旧锂离子电池6000 t，产品主要有钴粉3120 t、铜粉360 t、铝粉480 t、铁屑1020 t、隔膜纸210 t	
44	瑞金市荣鑫再生资源有限公司	6000 t/年废锂离子电池再生建设项目：年回收拆解6000 t废锂离子电池，废锂离子电池作为原料，通过放电、滴干、冷冻、切片、破碎、筛分、磁选、风选等工序，拆解废旧锂离子电池回收其中的含铜箔、铝箔、碳正负极材料、外壳等	
45	安徽得赢新材料科技有限公司	年处理1万t废旧锂离子电池、1万t废旧手机和8000 t废旧线路板项目：购置废旧手机拆解生产线12条，废旧锂离子电池回收生产线1条，手机线路板粉碎生产线1条，建成达产后，将形成年处理1万t锂离子电池、1万t废旧手机和年处理8000 t废旧线路板的生产线路	
46	五矿资本金驰能源材料	废旧动力电池循环利用示范生产线建设项目，项目建成后年处理回收废旧动力电池5000 t，回收的重金属溶液应用于现有三元前驱体生产车间，镍圆和钴圆酸浸生产的硫酸镍和硫酸钴溶液作为三元前驱体的原料	

编号	企业名称	布局情况	备注
47	北京赛德美新能源科技	①北京赛德美新能源科技正在天津建设万吨级动力电池梯级利用和再生利用产业基地,业务涵盖京津冀地区 ②开发了电解液和隔膜拆解回收工艺,可将废旧电池的壳体、电解液、隔膜、正极废粉、负极废粉等材料拆解出来,再通过材料修复工艺得到正负极材料。建设3条废旧锂离子电池回收生产线,包括电池包组拆解生产线1条、电池单体拆解回收生产线1条、电极材料修复生产线1条,项目建成后具备年拆解1.08万吨动力锂离子电池包的生产能力。主要处理方形金属壳、软包装电池包,比例为1∶1。其中60%为磷酸铁锂电池包,40%为三元电池包	专业第三方
48	江苏常能新能源科技	2018年5月,江苏常能新能源科技有限公司的动力电池梯次储能电站在武进国家高新区创新产业园落成并交付使用。该电站使用电动汽车更新下来的动力电池储能,是江苏省首家锂离子电池梯次利用储能电站,采用合同能源管理方式运营	
49	坚瑞沃能沃特玛	沃特玛在2012年就开始探索动力电池二次利用的路线、方法,同时建成了一座3 MW磷酸铁锂电池储能电站,为废旧动力电池的梯级利用奠定了基础。目前,沃特玛通过申报承担了深圳市大容量储能电站建设及示范项目,探索出两套退役动力电池回收梯次利用方案	
50	德阳东泰宏利新材料	新建2000 t废旧锂离子电池综合回收利用生产线	
51	苏州星恒	动力电池修复再利用	
52	其他	①猛狮科技建成年产能约1.4亿W·h的动力蓄电池梯次利用能力 ②中聚新能源成功完成1MW·h储能领域梯次利用试验,可应用于峰谷电调平和应急用电 ③中化河北与长城汽车股份有限公司、北京赛德美资源再利用研究院有限公司签订了战略合作协议,就锂动力蓄电池回收项目展开合作 ④捷威动力完成梯次利用储能电站试验,为公司提供电力 ⑤银隆新能源积极完善自身钛酸锂储能领域技术,建成我国首个兆瓦级的钛酸锂电池储能站,同时也是世界上首个10 kV无变压器直挂电网的电池储能系统的示范工程 ⑥韩国电池生产商SK Innovation欲进入中国电池回收市场。2018年10月,该公司决定在江苏省建一家电动汽车(EV)电池隔膜工厂,计划将专注于与中国合作伙伴一起扩大其电池市场	

注:该表根据公开资料整理后形成。

3.2 产业聚集区

近年来,在巨大的市场潜力和企业自身责任推动下,各地区及相关公司纷纷加快布局动力蓄电池回收利用。为推动动力蓄电池回收利用产业发展,我国在京津冀、长三角、珠三角、中部区域部分地区率先开展试点示范,并以试点地区为中心向周边区域辐射，主要涉及京津冀、山西、上海、江苏、浙江、安徽、江西、河南、湖北、湖南、广东、广西、四川、甘肃、青海等地。

新能源汽车企业、动力电池企业、动力电池回收企业动力电池回收试验点，从区域分布来看，得益于相对良好的传统汽车制造业和工业基础，江苏省的新能源汽车项目数量最多，同时也是最受外资车企欢迎的省份，紧跟其后的是广东省和浙江省，广东省除了自身的经济优势以外，政策开放、创新机制灵活等都是培育汽车产业的利好条件，但在整体的投资规模方面不如长三角产业集群引入新能源车企较少，而中部省份以湖北较为突出。

从区域分布来看动力电池企业，目前长三角地区的企业最多，占比超过50%，主要原因是动力电池是新能源汽车的核心组件，按照车厂的"零库存"管理办法，电池厂需围绕车企建厂，以便快速地客户响应。其中江苏的动力电池企业最多，其次为广东和浙江，中部地区，如河南、湖南、江西和湖北也有部分企业分布。

从区域分布来看动力电池回收企业，中部地区，如江西、湖南、湖北分布的回收企业最多，广东省和长三角三省次之。其中江西省收益于地方有色金属资源的优势，政策较其他省份更加开放，分布的企业最多，占比高达33%，广东省和湖南省占比分别为17%和14%。

从区域分布来看动力电池回收服务网点，目前共有45家新能源汽车生产企业（包含2家进口商）在全国31个省（市）设立了3500个回收服务网点，主要集中在新能源汽车保有量较大的长三角、珠三角和中部地区。其中广东省设立了446个回收网点，长三角地区的回收网点占据全国25%以上。

截至2019年5月，全国相继有5个地区发布回收试点实施方案，分别为京津冀地区、浙江、湖南、广东、四川和深圳。如表3.6所示，各地区均以2020年为短期目标实现点，力求在2020年之前初步建成规范有序、合理高效且可持续发展的回收利用体系，使动力电池回收利用尽快步入规范轨道。

表 3.6　各地区动力电池回收利用试点实施方案回收目标

区域	总体目标
京津冀	到 2020 年，京津冀地区基本建成规范有序、合理高效且可持续发展的回收利用体系及公平竞争、规范有序的市场化发展氛围。建成京津冀地区动力蓄电池溯源信息系统，实现动力蓄电池全生命周期信息的溯源和追溯。基于大数据的废旧动力蓄电池残值评估技术取得重大突破，废旧动力蓄电池拆解技术和装备实现产业化。动力蓄电池梯次利用初步实现产业化发展，建成 2～4 家废旧动力蓄电池拆解示范线和梯次利用工厂。探索和布局 1～2 家动力蓄电池资源化再生利用企业
浙江	到 2020 年，全省有效的动力蓄电池回收利用体系初步建成，动力电池生产、使用、贮运、回收、利用各环节规范管理全覆盖，废旧动力蓄电池回收体系、追溯体系有效运转。建成一批运行良好的梯次利用示范项目，发布一笔动力蓄电池回收利用相关团体标准，形成一批废旧动力蓄电池回收利用商业模式。废旧动力蓄电池再生利用无害化技术获得实施
湖南	基本建成共享回收网络体系，引导省内 80% 以上的新能源汽车退役报废动力蓄电池进入回收利用网络体系。攻克一批关键技术，并开展实施应用，形成技术先进、经济型强、环境友好的新能源汽车动力蓄电池回收利用新技术体系；发布一批急需完善的团体或行业标准，基本建成新能源汽车废旧动力蓄电池回收利用技术标准规范体系。培育一批梯次利用和再生利用龙头示范企业，引导形成 "回收—梯次利用—资源再生循环利用" 产业链和产业园区，实现产业集群与资源最大化节约。到 2020 年，基本实现新能源汽车动力蓄电池生产、使用、回收、贮运、再生利用各环节规范化管理，实现经济效益和社会环境效益双赢
广东	到 2020 年，深圳市行程动力蓄电池回收利用的典型经验和模式，全省基本建立动力蓄电池回收利用体系，建成一批梯次利用和再生利用示范项目，形成若干动力蓄电池回收利用标杆企业，研发推广一批动力蓄电池回收利用关键技术，促进动力电池回收利用的政策体系基本完善
四川	到 2020 年，全省新能源汽车动力电池梯次利用产业产值力争达到 5 亿元，材料回收利用产业达到 30 亿元。初步建立动力蓄电池回收利用体系，探索形成动力蓄电池回收利用创新商业合作模式。建设 3 个锂离子电池回收综合利用示范基地，打造 2 个退役动力蓄电池高效回收、高值利用的先进示范项目，培育 3 个动力蓄电池回收利用标杆企业，研发推广以低温热解为关键工艺的物理法动力蓄电池回收利用成套技术，参与编制一批动力蓄电池回收利用相关技术标准，研究并提出促进动力蓄电池回收利用的政策措施
深圳	到 2020 年，实现对纳入国家和地方购置补贴范围新能源汽车动力电池的全生命周期监管，动力电池生产、使用、贮运、回收、利用各环节规范有序，建立起较为完备的动力电池监管回收利用示范体系，形成在全国可复制、可推广的动力电池监管回收利用经验

此外，浙江省、湖南省和广东省还公布了本省废旧动力电池回收试点单位名称，如表 3.7 所示。其中浙江省公布的试点企业 9 家企业中有 7 家企业以动力电池及模组生产为主要业务，占比 77.8%。华友钴业也成立了华友电力从事梯次利用相关的业务。从试点工作项目来看，浙江省重点关注动力电

池梯次利用环节。湖南省共有46家试点企业或组织成为湖南省第一批动力电池回收利用试点单位，其中，车企15家，占比33.3%；回收企业24家，占比53.3%；其他单位，占比13.3%；湖南省动力电池回收利用试点单位以回收企业为中坚力量。从试点工作内容来看，湖南省将试点工作分为了建立回收网络、梯次利用、再生利用、标准制定4个主要环节。广东省内动力电池—新能源汽车—拆解再生产业链较为完整，因此在企业分布上比较均衡，公布的43个试点企业中有8家新能源汽车企业，占比为18.6%，11家动力电池企业，占25.6%，7家报废汽车回收拆解企业，占比为16.3%，5家动力电池综合利用企业，占11.6%，还有12家相关研究机构和行业组织。表3.8总结了目前各地区动力电池回收试点情况。

表3.7　浙江、湖南、广东三省动力电池回收利用试点单位

省份	企业类型	企业名称
浙江省	新能源汽车企业	浙江吉利控股集团有限公司
	电池材料	浙江华友钴业股份有限公司
	储能	杭州模储科技有限公司
	储能电池管理	杭州协能科技股份有限公司
	动力电池企业	万向集团有限公司
		浙江天能集团
		浙江超威创元实业有限公司
		浙江南都电源动力股份有限公司
		杭州易源科技有限公司
湖南省	新能源汽车企业	北京汽车股份有限公司株洲分公司
		长沙市比亚迪汽车有限公司
		长沙中联重科环境产业有限公司
		长沙梅花汽车制造有限公司
		常德中车新能源汽车有限公司
		广汽三菱汽车有限公司
		湖南猎豹汽车股份有限公司
		广汽菲亚特克莱斯勒汽车有限公司
		湖南中车时代电动汽车股份有限公司
		湖南星马汽车有限公司

省份	企业类型	企业名称
湖南省	新能源汽车企业	湖南恒润汽车股份有限公司
		湖南锦程新侗新能源汽车有限公司
		衡阳客车专用车厂
		娄底市大丰和电动车辆有限公司
		众泰新能源汽车有限公司长沙分公司
	回收利用企业	郴州雄风环保科技有限公司
		长沙矿冶研究院有限责任公司
		长沙新材料产业研究院有限公司
		湖南中大新能源科技有限公司
		湖南邦普循环科技有限公司
		湖南蒙达新能源材料有限公司
		湖南金阳烯碳新材料有限公司
		湖南鸿捷新材料有限公司
		湖南金源新材料循环利用有限公司
		湖南中伟循环科技有限公司
		湖南绿色再生资源有限公司
		怀化炯诚新材料科技有限公司
		湖南三迅新能源科技有限公司
		湖南盛利高新能源科技有限公司
		湖南省斯盛新能源有限责任公司
		湖南文特思瑞科技有限公司
		湖南顺华锂业有限公司
		湖南万容固体废物处理有限公司
		湖南安圣电池有限公司
		妙盛动力科技有限公司
		金驰能源材料有限公司
		桑顿新能源科技有限公司
		中国铁塔股份有限公司湖南省分公司
		株洲冶炼集团股份有限公司
	其他单位	湖南省报废汽车回收行业协会
		湖南省节能研究与综合利用协会
		湖南省先进电池材料及电池产业技术创新战略联盟
		湖南省循环经济研究会
		湖南微网能源技术有限公司
		湖南汽车工程职业学院
		中南大学冶金与环境学院

续表

省份	企业类型	企业名称
广东省	新能源汽车企业	广州汽车集团乘用车有限公司
		东风汽车有限公司
		广州广汽比亚迪新能源客车有限公司
		比亚迪汽车工业有限公司
		深圳市五洲龙汽车股份有限公司
		珠海市广通客车有限公司
		佛山飞驰汽车制造有限公司
		广东云山汽车有限公司
	动力电池企业	广州鹏辉能源科技股份有限公司
		深圳市比克动力电池有限公司
		深圳市伟创源科技有限公司
		银隆新能源股份有限公司
		珠海鹏辉能源有限公司
		惠州亿纬锂能股份有限公司
		惠州比亚迪电池有限公司
		欣旺达惠州电动汽车电池有限公司
		东莞市创明电池技术有限公司
		东莞市沃泰通新能源有限公司
		东莞塔菲尔新能源科技有限公司
	报废汽车回收拆解企业	深圳市报废车回收有限公司
		汕头市广汕物资机动车辆报废回收有限公司
		梅州嘉好废旧汽车拆解有限公司
		中山市中炬再生资源回收有限公司
		中山市物资再生利用有限公司
		茂名天保再生资源发展有限公司
		广东卓越新城置业投资有限公司
	动力电池综合利用企业	中国铁塔股份有限公司广东省分公司
		广东光华科技股份有限公司
		荆门市格林美新材料有限公司
		湖南邦普循环科技有限公司
		衢州华友钴新材料有限公司
	相关研究机构和行业组织	广东省循环经济和资源综合利用协会
		清华大学深圳研究生院

省份	企业类型	企业名称
广东省	相关研究机构和行业组织	深圳市电源技术学会
		深圳市计量质量监测研究员
		格林美股份有限公司
		广东邦普循环科技有限公司
		乾泰技术（深汕特别合作区）有限公司
		广东新供销天保再生资源集团有限公司
		广东顺峰智慧能源研究院有限公司
		广东天枢新能源科技有限公司
		惠州 TCL 环境科技有限公司
		浙江华友钴业股份有限公司

表 3.8　各地区动力电池回收试点情况

地区	试点情况
京津冀地区	①《京津冀地区新能源汽车动力蓄电池回收利用试点实施方案》基于大数据的废旧动力蓄电池残值评估技术取得重大突破，废旧动力蓄电池拆解技术和装备实现产业化动力蓄电池梯次利用初步实现产业化发展，建成 2~4 家废旧动力蓄电池拆解示范线和梯次利用工厂。探索和布局 1~2 家动力蓄电池资源化再生利用企业 ②国能电池、中信国安盟固利、波士顿电池、普莱德电池、当升科技、天津银隆、天津力神、天津捷威动力、天津中聚、河北银隆、神州巨电、芯驰光电、风帆等为代表的 10 多家动力蓄电池及正负极材料企业 ③北京新能源汽车股份有限公司、北京汽车股份有限公司、北京现代汽车有限公司、北汽福田汽车股份有限公司、北京北方华德尼奥普兰客车股份有限公司、天津银隆新能源有限公司、天津清源电动车辆有限责任公司、天津比亚迪汽车有限公司、长城汽车股份有限公司、石家庄中博汽车有限公司、河北长安汽车等 30 多家新能源汽车企业 ④格力在天津、河北投建的报废汽车、废旧家电处理项目已投入运营，并依托在京津冀的家电线上线下销售售后网络，已形成覆盖京津冀的完善的线上线下回收网络体系，同步已布局动力蓄电池回收网络的搭建 ⑤桑德集团则计划充分利用其在环保及资源再生等领域的废旧资源回收体系、线上线下再生资源交易平台及渠道等，新增废旧锂离子电池及相关废料的回收业务 ⑥邦普集团在京津冀区域建立了 5 个回收体系移动服务站，为京津冀地区的汽车和电池企业提供回收服务，2017 年已在京津冀地区回收超过 1100 t 废旧动力蓄电池，邦普集团还将成立北京邦普，为京津冀地区提供专业化服务 ⑦中化河北已与长城汽车股份有限公司、北京赛德美资源再利用研究院有限公司签订了战略合作协议，就锂动力蓄电池回收项目展开合作 ⑧北京匠芯电池作为北京先进动力蓄电池系统创新中心建立了基于大数据分析的梯次电池监控和新能源车辆评估平台，开展了基于整包级及模组级梯次动力蓄电池应用的项目开发，并与北汽新能源汽车股份有限公司等联合发布了"擎天柱计划"，打造光储换电平台。北汽集团将在河北建设梯次利用基地 ⑨中国铁塔集团组织包含京津冀地区在内的多个地方建立梯次利用测试站点示范，目前各试点梯级电池运行稳定

续表

地区	试点情况
京津冀地区	⑩猛狮科技已建成年产能约 1.4 亿 W·h 的动力蓄电池梯次利用能力 ⑪中聚新能源已成功完成 1MW·h 储能领域梯次利用试验，可应用于峰谷电调平和应急用电 ⑫捷威动力已完成梯次利用储能电站试验，为公司提供电力 ⑬银隆新能源积极完善自身钛酸锂储能领域技术，已建成我国首个兆瓦级的钛酸锂电池储能站，同时也是世界上首个 10 kV 无变压器直挂电网的电池储能系统的示范工程 ⑭此外，北京赛德美资源再利用研究院有限公司、天津银隆新能源有限公司、天津绿色再生资源利用有限公司、天津猛狮新能源再生科技有限公司、永清县美华电子废弃物处理服务中心、石家庄绿色再生资源有限公司等企业也在京津冀地区已开展或拟开展动力蓄电池资源化再生利用相关业务
广东省	①《广东省新能源汽车动力蓄电池回收利用试点实施方案》，以深圳为突破口，形成可复制可推广的典型模式和经验 ②回收网点：在广东省销售新能源汽车的生产企业，在每个销售城市设立 1 个以上动力电池回收服务网点，负责收集废旧动力蓄电池，集中贮存并移交至相关综合利用企业 ③新能源汽车售后服务机构、电池租赁、报废汽车回收拆解等企业需将废旧动力蓄电池移交至回收服务网点，不得移交其他单位及个人 ④对废旧三元正极粉末进行钴、镍等高价金属的浸出和提取，建设示范产线（未提及磷酸铁锂的再生利用示范） ⑤广州汽车集团乘用车有限公司、东风汽车有限公司（东风日产乘用车公司）、广州鹏辉能源科技股份有限公司、深圳市比克动力电池有限公司、深圳市伟创源科技有限公司、银隆新能源股份有限公司、珠海鹏辉能源有限公司、惠州亿纬锂能股份有限公司、惠州比亚迪电池有限公司、欣旺达惠州电动汽车电池有限公司、东莞市创明电池技术有限公司、东莞市沃泰通新能源有限公司、东莞塔菲尔新能源科技有限公司 13 家动力蓄电池生产企业 ⑥广汽比亚迪新能源客车有限公司、比亚迪汽车工业有限公司、深圳市五洲龙汽车股份有限公司、珠海市广通客车有限公司（中兴智能汽车有限公司）、佛山市飞驰汽车制造有限公司、广东云山汽车有限公司等 8 家新能源汽车生产企业 ⑦深圳市报废车回收有限公司、汕头市广澜物资机动车辆报废回收有限公司、梅州市嘉好废旧汽车拆解有限公司、中山市中炬再生资源回收有限公司、中山市物资再生利用有限公司、茂名天保再生资源发展有限公司、广东卓越新域置业投资有限公司 7 家报废汽车回收拆解企业 ⑧广东省循环经济和资源综合利用协会、清华大学深圳研究生院、深圳市电源技术学会、深圳市计量质量检测研究院、格林美股份有限公司、广东邦普循环科技有限公司、乾泰技术（深汕特别合作区）有限公司、广东新供销天保再生资源集团有限公司、广东顺峰智慧能源研究院有限公司、广东天枢新能源科技有限公司、惠州 TCL 环境科技有限公司、浙江华友钴业股份有限公司 12 家相关研究机构及行业组织

地区	试点情况
深圳市	①《深圳市开展国家新能源汽车动力电池监管回收利用体系建设试点工作方案（2018—2020年)》，加快建设动力电池信息管理平台，实现动力电池全生命周期信息追踪，动力电池生产企业应与新能源汽车生产企业协同，按国家标准对动力电池进行编码，确保电池、型号与编码唯一对应；动力电池生产企业、新能源汽车生产企业、维保网点、报废汽车回收拆解企业、梯级利用企业和再生利用企业等单位应在管理平台如实登记动力电池流转信息，保证动力电池在使用、维保、回收和利用等环节信息的可追溯性。同时完善动力电池回收押金机制 ②建立废旧动力电池回收管理体系，强化维保网点动力电池回收管理，在市内设立不少于5个维保网点，负责所销售新能源汽车动力电池的维修、更换及回收。加强报废新能源汽车动力电池回收监管，报废汽车回收拆解企业应回收废旧动力电池并及时交由回收利用企业处理，同时在管理平台上登记车辆注销信息和废旧动力电池回收信息。严格废旧动力电池贮运管理 ③建立动力电池梯级和再生利用产业体系，规范梯级利用和再生利用企业行为，支持梯级利用和再生利用产业化，鼓励企业参与动力电池梯级利用产品认证。创新梯级利用商业模式，开展动力电池梯级利用商业化试点示范工作
浙江省	①制订回收、梯次与再生各环节主要目标 ②回收网点：在2020年6月前由吉利建设35个具备废旧电池贮存与分选的维修服务网点，由吉利与华友搭建电池回收互联网平台，由超威和南都改建/新建回收网点 ③电池收运：由华友建设电池收取与运输机制 ④梯次利用：由协能、模储、易源、超威、南都、天能建设梯次利用示范项目、研究梯次电池在通信基站、低速车、电动自行车、削峰填谷、光伏等领域的应用方案，由协能、超威与万向编制电池余能检测与安全检测、快速检测工艺方案、残值评估体系 ⑤设计提升：有超威、天能和南都提供利于梯次与再生拆解的电池结构设计方案 ⑥宁波市已牵头并联合多个市级部门编制试点工作方案，拟投入2亿元，做好0.6 MW·h/3 MW·h梯次利用储能系统建设、动力电池包拆解设备机械化改进及自动化研发、动力电池全生命周期溯源系统开发等示范项目 ⑦浙江吉利控股集团有限公司、万向集团有限公司、浙江天能集团、浙江超威创元实业有限公司、浙江南都电源动力股份有限公司、浙江华友钴业股份有限公司、杭州模储科技有限公司、杭州协能科技股份有限公司、杭州易源科技有限公司等12家相关研究机构及行业组织
甘肃省	①再生利用：金川集团建设1000 t/年废旧锂离子电池资源循环利用项目。2018年6月启动项目建设，2019年3月完成投产。项目规划建设废旧电池储存厂房、电池检测平台、电池拆解生产线、电池预处理厂房、湿法回收厂房及附属设施 ②梯次利用：兰石恩力电池有限公司建设风光清洁能源、微电网、废旧电池储能、新能源汽车充电的一体化示范项目 ③回收管理：由兰州知豆电动汽车有限公司、金川集团建设甘肃省电池回收管理示范站，承担省内新能源汽车销售、维护、退役电池以旧换新及废旧电池整体回收等职责 ④技术研究：由兰州有色冶金设计研究院有限公司、湖南有色金属研究院、中南大学锂离子动力蓄电池梯次利用及材料循环利用研究及示范工程。开展动力蓄电池包回收循环利用技术、锂离子电池处理回收生产正极材料产业化技术及电池级高纯 $MnSO_4$、Co_3O_4 制备技术的产业化研究

地区	试点情况
江苏省	①由扬州、南京、无锡、南通4个市联合开展试点工作。扬州市将依托高邮电池工业园和江苏欧力特能源科技有限公司开展试点工作，计划到2020年，在全国建立20个废旧电池回收中心，建设4条梯次利用生产线，形成年梯次利用新能源汽车动力蓄电池4 GW·h，年拆解回收废旧动力电池2 GW·h的生产能力 ②高邮市电池工业园代表扬州市承接新能源汽车动力蓄电池回收利用试点工作，江苏欧力特新能源科技有限公司计划到2020年将建成覆盖全国的废旧电池回收中心，数条梯次利用生产线和再生利用拆解回收生产线，形成年梯次利用新能源汽车动力蓄电池4 GW·h，年拆解回收废旧动力电池2 GW·h的生产能力。目前欧力特能源已建立了深圳、上海、武汉、扬州4个回收中心，2条年产能1 GW·h的动力电池回收拆解梯次利用生产线，并计划实施再生利用项目立项和技术准备工作 ③南京市紧扣绿色安全目标，建立电池回收体系。加快建设动力电池回收体系，充分落实生产者责任延伸制度，由汽车生产企业、电池生产企业、储能企业、报废汽车回收拆解企业与综合利用企业等通过多种形式，合作共建、共用废旧动力蓄电池回收渠道。研究制定支持新能源汽车动力蓄电池回收利用的政策措施，充分调动各方积极性，突破动力蓄电池梯次利用、高效再生利用等产业发展瓶颈。坚持市场化机制取向，鼓励产业链上下游企业开展密切合作，建立稳定的商业运营模式，推动形成动力蓄电池梯次利用规模市场。开展动力电池回收试点示范，建设一批退役动力蓄电池高效回收、高值利用的先进示范项目，培育一批动力电池回收利用标杆企业，研发一批动力蓄电池回收利用关键技术，促进动力蓄电池回收利用 ④成立江苏省新能源汽车动力蓄电池回收利用产业联盟，联盟由新能源汽车生产企业、动力电池生产企业、新能源汽车运营维保企业、回收拆解企业、梯次利用企业、再生利用企业、相关科研金融第三方服务机构等共同参与。由中国铁塔股份有限公司江苏省分公司、格林美（无锡）有限公司、南京国轩电池有限公司、国网江苏综合能源服务有限公司等企业牵头作为筹备发起人，产业链相关企业参加。联盟接受省工信厅和江苏省新能源汽车动力电池回收试点推进协调小组指导
河南省	以新乡市为主体开展试点并作为河南省动力蓄电池回收利用的主要实施区域
湖北省	9月18日，省经信委在汉组织召开新能源汽车动力蓄电池回收利用试点工作座谈会，落实《湖北省新能源汽车动力蓄电池回收利用试点实施方案》。武汉市、十堰市、襄阳市、荆门市、随州市经信委分管负责同志、格林美股份有限公司、骆驼集团股份有限公司、东风汽车股份有限公司、东风力神动力电池系统有限公司、东风襄阳旅行车有限公司、随州新楚风汽车有限公司负责人参加了会议
青海省	在青海省新能源汽车动力蓄电池回收试点专家讨论座谈会上，西宁市经信委、青海快驴高新技术有限公司、青海比亚迪有限公司等4家企业技术负责人和相关专家共同研讨了《青海省新能源汽车动力蓄电池回收利用试点工作推进方案（讨论稿）》。同时决定西宁市作为试点的重点地区和主要区域，将负责回收利用体系建设的具体推进工作；甘河工业园区重点推进试点企业在项目前期、土地、环评、资金、人才等方面遇到的困难和问题；青海快驴高新技术有限公司作为试点项目申报的主体单位和项目建设承建单位，负责回收利用体系建设的各项具体工作，按期完成试点各项工作

地区	试点情况
福建省	政府职能部门已组织以厦门钨业股份有限公司牵头，联合厦门金龙联合汽车工业有限公司、厦门金龙旅行车有限公司、厦门绿洲环保股份有限公司、中国铁塔股份有限公司厦门分公司、厦门宝龙工业股份有限公司、厦门厦钨新能源材料有限公司、厦门大学能源学院共同编制《厦门市新能源汽车动力蓄电池回收利用试点实施方案（征求意见稿)》
江西省	2018年11月召开江西省新能源汽车动力蓄电池回收利用试点企业联盟筹备讨论会。来自赣州豪鹏、江铃集团、博能上饶客车、孚能科技、远东福斯特、赣锋循环、中国铁塔江西分公司、江西中再生环、自立环保、沣瑜实业、虔东稀土等15家企业30余名代表出席
安徽省	2018年8月发布《关于征集新能源汽车动力蓄电池回收利用试点企业的通知》
山西省	①建立山西新能源汽车动力蓄电池回收利用体系，可将原本在深圳、上海、天津等其他省市已建成或计划建设的梯次电池制造、回收环节引入山西，预计可为山西带来每年超亿元的产值 ②建立产业联盟。成立由山西省政府牵头，山西铁塔、比亚迪等动力蓄电池梯次利用有关企业、汽车生产厂家及科研院所组成的新能源汽车动力蓄电池回收利用产业联盟，研究动力蓄电池梯次利用的技术标准、探索商业合作模式、联合开发研究新技术等工作 ③推进技术创新。进一步加大产学研用结合，支持动力蓄电池回收利用技术和装备的研发，针对动力蓄电池回收利用中的难点技术、关键技术、共性技术，开展技术攻关，建立重点实验室，支持山西铁塔创新基地升级改造 ④推进主体企业能力建设。推进山西铁塔加大退役动力电池梯次利用规模，到2020年退役动力电池梯次利用基站数量占基站总用量的规模达到30%左右，推进退役动力蓄电池分类再加工及终极拆解资源化处理项目建设，力争2019年投入运行，形成再加工及拆解退役动力电池能力；推进比亚迪等新能源汽车生产企业、动力电池生产企业、报废汽车回收拆解企业等，构建回收利用体系，探索商务合作模式

3.3 产业上下游

废旧动力电池回收上游涉及金属盐、石墨、铜、铝和有机物等各种生产电池所需的原材料的供应和生产运输等；中游为将上述原材料组装形成动力电池单体、动力电池模组、动力电池包；下游再应用于新能源汽车、低速自行车或梯次利用装置中。

3.3.1 新能源汽车行业

2018年新能源汽车产销分别完成127万辆和125.6万辆，比上年同期分别增长59.9%和61.7%。其中纯电动汽车产销分别完成98.6万辆和98.4万辆，比上年同期分别增长47.9%和50.8%，插电式混合动力汽车产销分别完成 28.3 万辆和 27.1 万辆，比上年同期分别增长 122% 和 118%。2018 年新能源乘用车的持续增长，一方面受益于一线限购城市需求的加速启动；另一方面，中国海南等部分省市公布了拟将停止销售燃油车时间目标，使越来越多的车企把新能源车作为发展重点，不断推出新车型。

目前国内新能源乘用车的销售相对集中，主要为自主品牌。从品牌的角度看，如图 3.6 所示，2018 年比亚迪旗下车型入选目录数量位于榜首，北汽等企业的产品数量大幅下滑，其最主要的原因是 4 月份的补贴退坡，这对以 AOO 产品为主的车企造成了一定的影响。而比亚迪深旗下的唐 DM、秦、宋 DM 等插电混动系列汽车凭借着出色的产品品质一举成了全球市场插电混动车型装机量最大的品牌。

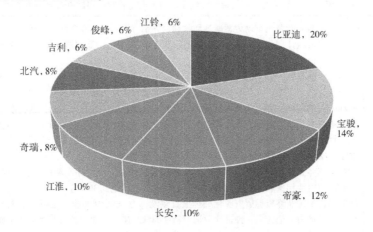

图 3.6　2018 年各车企入选目录车型占比

资料来源：工信部、众诚智库。

如图 3.7 所示，从地域来看，一线城市和相对发达的地区是当前新能源乘用车的主要销售市场，北京、上海、深圳和广州合占 2018 年新能源乘用车销量的 23.09%，以北京为例，新能源汽车上牌指标获取较燃油车更容易，此外，限行制度亦催生了许多以新能源汽车为主的添置型购车需求。但近两年，新能源非限牌城市的销量超越了限牌城市的销量（图 3.8），特别是在山东和河南等地，纯电动车的较低的使用成本吸引了不少个人用户。

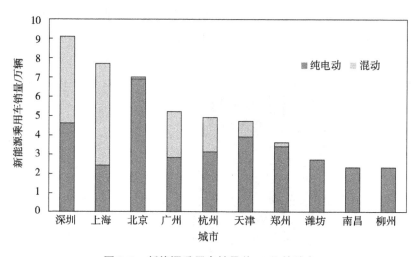

图 3.7　新能源乘用车销量前 10 位的城市

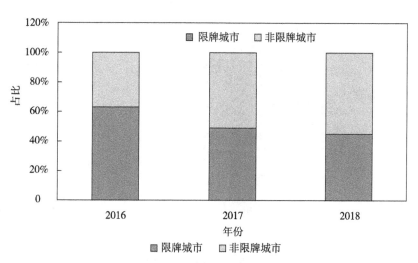

图 3.8　2016—2018 年限牌城市与非限牌城市新能源汽车销量占比

如图 3.9 所示，从车型看，2018 年纯电动 AOO 级车销量最多，累计销售 37.51 万辆，年度市场占比 36.76%，但是受 2018 年下半年补贴政策的调整，降低甚至取消了低能量密度、短续驶里程车型的补贴，纯电动 AOO 级车销量较 2017 年下降 11%。A 级车全年销售 18.03 万辆，较去年增长了 104.07%，B 级车销售 59 048 辆，较去年增长了 208.72%。2018 年乘用车推出了大量 AO 级和 A 级 SUV 产品，价格较低，技术先进，对拉动新能源的第二辆车普及的促进很大。未来乘用车市场两极化分化趋势将进一步加剧，AOO 级车和 AO 级以上车占比均衡的局面将持续存在，一方面，高端车型在补贴金额和双积分政策下更占优势；另一方面，AOO 级乘用车需求主要来源于限行、限牌、营运等，而伴随《关于加强低速电动车管理的通知》的落实及农村新能源汽车的推广，AOO级纯电动乘用车有望代替低速电动车，获得更多市场份额。

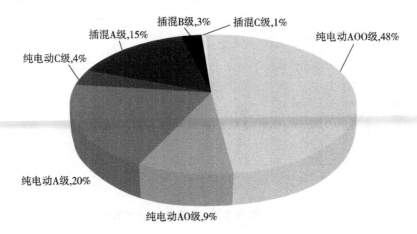

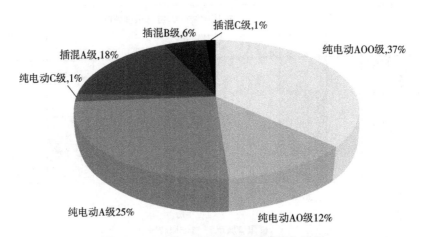

图 3.9　2017 年、2018 年分车型乘用车销量

2018 年共有 16 家车企新能源乘用车销量超过 1 万辆，其中比亚迪、北汽新能源、上海汽车、奇瑞汽车和吉利汽车 5 家企业销量均超过 5 万辆（图3.10）。销量居前 10 位的企业中除众泰汽车受 AOO 级车型补贴政策影响，较2017 年销量小幅下降外，其他几家企业销量均有不同程度的提高，其中华泰汽车销量较 2017 年增长 3 倍以上。比亚迪全年销售 23.01 万辆，占国内新能源乘用车市场的 22.63%；北汽新能源销售 15.61 万辆，上海汽车销售 9.70万辆，前 3 家企业共占国内新能源乘用车市场的 47.53%。

2018 年 27 款新能源汽车车型销量超过万辆，如表 3.9 所示，销量最高的为北汽 EC 系列，包括上半年的 EC180 和下半年升级的 EC3，全年销售

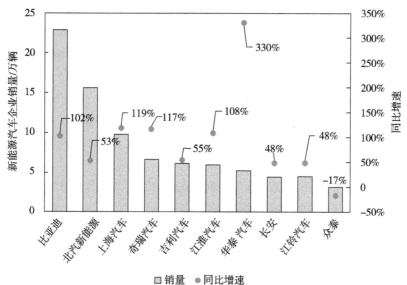

图 3.10 新能源乘用车企业销量及其同比增速

90 637辆，在全球范围内仅次于特斯拉 Model 3（14.58 万辆），北汽 EC 系列约中国售量排名第 2 位的比亚迪秦 PHEV 销量（47 425 辆）的 2 倍。秦 PHEV 是年销量最高的插混车型，此外，升级后的比亚迪唐 PHEV 在 2018 的后 5 个月连续取得月度插混冠军。

表 3.9　2018 年中国销量居前 10 位的新能源车型及其全球排名

国内排名	车型	销量/万辆	全球排名
1	北汽 EC 系列	9.06	2
2	比亚迪秦 PHEV	4.75	6
3	江淮 iEV E/S	4.66	7
4	比亚迪 e5	4.63	8
5	奇瑞 eQ EV	3.97	9
6	比亚迪宋 PHEV	3.93	14
7	北汽 EU 系列	3.73	15
8	比亚迪唐 PHEV	3.71	16
9	比亚迪元 EV	3.57	17
10	荣威 Ei6 PHEV	3.33	19

新能源客车方面，2018 年共有 3946 款车型被收录《新能源汽车推广应用推荐车型目录》，其中新能源客车达 1970 款，占比达 49.92%。但随着补贴调整及市场需求变化，新能源客车企业发生了明显的变化。如图 3.11 所示，2018 年新能源客车新申报车型和电池装机量占比均较 2017 年有所下滑。

全国 116 家新能源客车生产企业中，前 10 家新能源客车企业的车型收录达到
993 款，占新能源汽车收录量的 50.41%。主要原因是 2018 年的财政补贴降
低了新能源客车的补贴标准，不少整车厂开始跟随补贴导向调整产品方向。
图 3.14 为 2018 年新能源客车目录车型居前 10 位的车企。

如图 3.12 所示，新能源客车纯电动、大型化发展趋势明显，在经历
2015—2016 高占比时段后，目前新能源客车的产品结构逐步趋于稳定，大中
小客车重新成为市场主力，微客的市场也有逐步恢复的特征。

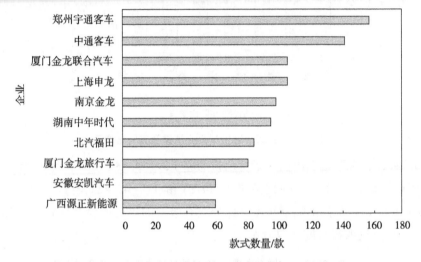

图 3.11 2018 年新能源客车目录车型居前 10 位的车企

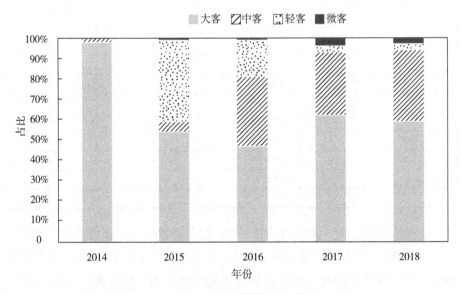

图 3.12 2014—2018 年新能源客车用途特征占比

随着"双积分"政策在 2019 年正式实施，合资品牌大众、宝马、通用、现代等车企也将陆续推出自己的插电式混合动力车型。预计 2019 年全年我国新能源汽车产销量增幅 50%，产销量达 180 万辆左右，其中新能源乘用车销量有望突破 140 万辆。此外，随着《关于推进电子商务与快递物流协同发展的意见》（国办发〔2018〕1 号文）颁布实施，鼓励快递物流领域加快推广使用新能源汽车，逐步提高新能源汽车使用比例。预计 2019 年仍将延续 2018 年的上涨趋势，新能源汽车特别是专车产量将继续实现稳定增长。

3.3.2　动力电池行业

如图 3.13 所示，2018 年我国动力电池累计产量达 70.6 GW·h，其中三元电池累计生产 39.2 GW·h，占总产量比 55.5%；磷酸铁锂电池累计生产 28.0 GW·h，占总产量比 39.7%；锰酸锂和其他材料电池占比 4.8%。我国动力电池装机总电量约为 56.89 GW·h，同比增长 56.88%。其中，三元电池装机量达 30.1 GW·h，占比 52.91%，同比增长 103.71%；磷酸铁锂电池装机量为 22.2 GW·h，占比 39%，同比增长 23.51%；锰酸锂电池装机量则为 1.08 GW·h，占比 1.9%，同比减少 26.7%。磷酸铁锂初期凭借安全性、循环寿命、价格等优势占据着 50% 以上的市场份额，但随着补贴政策与高能量密度挂钩，三元材料电池能量密度大的优势成为乘用车的主流选择。随着乘用车产量和市场份额暴涨，三元材料电池也迅速超过磷酸铁锂电池，牢牢占据主导地位。按配套车型分，新能源乘用车和新能源商用车电池装车量分别为 33.1 GW·h 和 23.8·GW·h，乘用车型已成为市场配套主体。

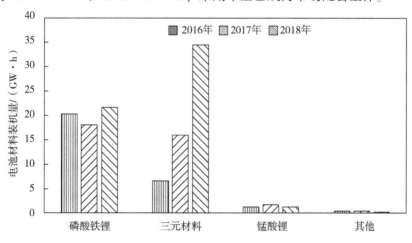

图 3.13　2016—2018 年新能源汽车动力电池材料装机量

按产品结构划分，2018年圆柱动力电池装机总电量约7.11 GW·h，占整体总装机电量的12.5%，较2017年同比下降21.17%；方形动力电池装机总电量约42.25 GW·h，占整体总装机电量的74.1%，装机量较2017年增长107.67%；软包电池装机总量为7.59 GW·h，占比13.4%，较2017年增长65.52%。

圆柱电池在动力电池领域的总体市场份额正在下降，市场集中度进一步提升。一方面由于沃特玛资金链断裂，其圆柱动力电池装机量急剧锐减；另一方面由于软包动力电池市场需求升温，进一步挤压圆柱电池市场份额；其次部分企业将其产品应用于电动工具、电动自行车、低速车等市场，产能不在此次统计范围。从圆柱动力电池应用领域来看，新能源乘用车上约装载5.01 GW·h，占比达70.5%；新能源专用车上装载约1.58 GW·h，占比22.2%；新能源客车上约装载0.52 GW·h，占比7.3%。从正极材料来看，三元圆柱出货量为5.0 GW·h，占比66.9%；钛酸锂圆柱出货量为0.5 GW·h，占比11.5%；磷酸铁锂圆柱出货量为0.42 GW·h，占比6.3%；其他电池类型圆柱合计出货量为1.19 GW·h，占比15.3%。2018圆柱动力电池装机量排名居前10位的企业名单及每家企业的装机电量，如图3.14所示，比克电池、力神、国轩高科位列前三。在高能量密度/长续航需求的推动下，部分电池厂商，如比克电池、力神、天鹏电源等企业已经开始批量供货高镍电池和NCA电池，此外，如远东福斯特、力神电池、亿纬锂能和比克电池等企业也已经开始量产21700。

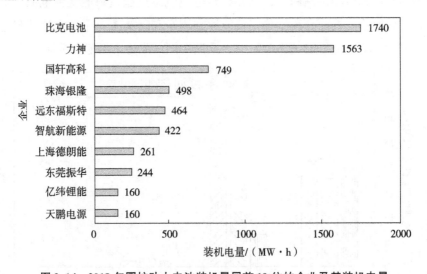

图3.14　2018年圆柱动力电池装机量居前10位的企业及其装机电量

方形动力电池占据动力电池主导地位，市场占比远高过圆柱和软包。在除了 PHEV 客车之外的其他各个细分车辆市场，方形电池的装机量都遥遥领先于其他两种电池。从方形电池应用领域来看，新能源乘用车约装载 22.98 GW·h，占比 54.4%；新能源客车约装载 15.37 GW·h，占比 36.4%；新能源专用车装载 3.90 GW·h，占比 9.2%。从正极材料来看，三元方形电池出货量为 20.61 GW·h，占比 48.8%；磷酸铁锂方形电池出货量为 19.98 GW·h，占比 47.3%；其他电池类型方形电池出货量合计为 1.66 GW·h，占比 3.9%。方形动力电池排名居前 10 位的企业名单及每家企业的装机电量，如图 3.15 所示，宁德时代、比亚迪、国轩高科位列前三。

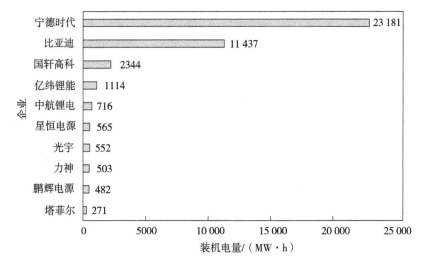

图 3.15　2018 年方形动力电池装机量前 10 位的企业及其装机电量

自 2018 年以来，基于软包电池的能量密度、安全性能等综合优势，其在乘用车领域的配套明显加速。从软包电池应用领域来看，新能源乘用车装载约 5.10 GW·h，占比 66.9%；新能源客车装载约 1.43 GW·h，占比 18.8%；新能源专用车上装载约 1.09 GW·h，占比 14.3%。从正极材料来看，三元软包电池出货量为 5.10 GW·h，占比 66.9%；磷酸铁锂软包电池出货量为 1.17 GW·h，占比 15.3%；锰酸锂软包电池出货量为 0.87 GW·h，占比 11.5%；其他类型软包电池出货量合计为 0.48 GW·h，占比 6.3%。软包动力电池排名居前 10 位的企业名单及其装机电量如图 3.16 所示，孚能科技、国能电池、卡耐新能源位列前三。在资本外力助推下的捷威动力和盟固利动力及动力电池巨头宁德时代等企业都在积极进行软包电池的测试和导入，其市场份额将在未来几年持续增长。随着补贴进一步退坡和市场化加速，软包电池在 2019 年的新能源汽车市场上的竞争优势将进一步突出，但企业间的竞争也将会变得更加残酷。

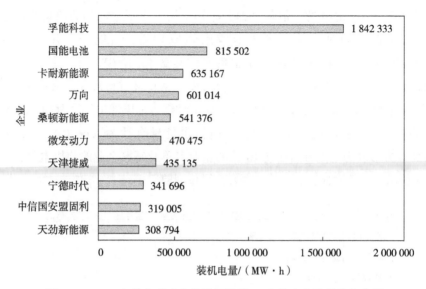

图 3.16　2018 年软包动力电池装机量前 10 位的企业及其装机电量

按企业划分，我国动力电池市场集中度不断提高。以装机总电量为参考，如表 3.10 所示，2018 年全年排名居前 10 位的动力电池企业装机总电量合计约 47.20 GW·h，占整个市场的 83%，较 2017 年增长 9%。2018 年宁德时代装机量为 23.4 GW·h，占整个动力电池市场的 39.5%，借助自身与一汽、北汽、吉利、上汽、上汽通用五菱、长安汽车、蔚来、广汽、奇瑞、长城、东风和江淮等国内主流整车企业建立合作关系，逐步拉大与排名第二的比亚迪之间的差距。比亚迪虽然也开始对外供应电池并与长安签订了战略合作协议成立合资公司，但配套的电池主要供应自家汽车，但凭借自身品牌 2018 年优秀的市场表现，还是牢牢地占据第二的位置。从产品结构来看，2018 年宁德时代开始少量供应软包电池，但是方形电池仍占主导地位（98%），比亚迪全部产品都为方形电池，国轩高科、亿纬锂能产品中的方形电池也占到 75% 以上；出货量居前 10 位的其他企业，如孚能科技、北京国能、万向出货的动力电池几乎达到 100%，力神圆柱电池出货量占总出货量的 76%。

表 3.10　2018 年居前 10 位的动力电池企业装机电量情况

排名	企业名称	供货车企数/个	装机电量/（GW·h）	2018 年市场份额	2017 年市场份额	三元、磷酸铁锂比例
1	宁德时代	58	23.4	41.2%	28.5%	56%：44%
2	比亚迪	2	11.4	20.0%	15.3%	60%：40%
3	国轩高科	3	3.1	5.4%	5.6%	8%：92%

排名	企业名称	供货车企数/个	装机电量/（GW·h）	2018年市场份额	2017年市场份额	三元、磷酸铁锂比例
4	力神	15	2.1	3.6%	2.9%	100%∶0%
5	孚能科技	6	1.9	3.4%	2.6%	100%∶0%
6	比克电池	20	1.7	3.1%	4.5%	82%∶18%
7	亿纬锂能	26	1.2	2.2%	2.2%	12%∶88%
8	国能电池	27	0.8	1.4%	2.2%	6%∶94%
9	中航锂电	10	0.7	1.3%	1.4%	25%∶75%
10	卡耐新能源	5	0.6	1.1%	0.7%	100%∶0%

动力电池产业投资回归理性，2018年实现配套的动力电池企业数量93家，较2016年（155家）近减少了一半，我国动力电池规划和在建项目较2017年明显减少，盲目扩产项目大幅减少，更多的是龙头企业为保持行业领先地位的战略计划，如表3.11所示。

表3.11　部分动力电池企业2019年规划项目

编号	企业名称	规划产能/（GW·h）	备注
1	宁德时代	106.5	①2018年，宁德时代将在德建立电池生产基地及智能制造技术研发中心，项目分两期建设，计划于2021年投产，计划产能100GW·h ②青海时代新能源科技有限公司新增3条磷酸铁锂动力及储能电池生产线。该公司已完成一期两条动力及储能电池项目生产线的建设，本次三条产线为二期动力及储能电池项目建设内容之一，目前青海时代新能源年产能已达6.5GW·h
2	比亚迪	20.0	"云巴"项目在重庆璧山区开工建设，该项目包含8条锂离子电池生产线，全部建成后将形成动力电池20GW·h的产能
3	万向	80.0	万向创新聚能城项目在杭州开建，一部分将引进全自动电池生产线，达产后形成年产80GW·h电池生产能力；另一部分将配套一套电池储能系统，开展基于区块链底层技术的能源多级利用和管理研究
4	赣锋锂业	2.0	①固态电池产线建设项目装修及机电安装工程； ②2018年启动2GW·h固态锂离子电池中试生产线建设项目
5	巨电新能源	10.0	巨电动力在江苏徐州的锂离子电池项目开工，可年产10GW·h单体大容量固态聚合物动力锂离子电池，将配套建设储能电站。本项目一期年产500W·h超大单体容量动力锂离子电池4GW·h

编号	企业名称	规划产能/ （GW·h）	备注
6	亿纬锂能	6.0	亿纬集能软包动力电池项目共规划两期：一期项目规划 3 GW·h 软包动力电池工厂，其中 1.5 GW·h 已于 2018 年 4 月建成投产，预计将在今年二季度全部达产；二期项目规划产能为 6 GW·h，预计将于 2020 年 6 月投产
7	国轩高科	17.0	①南京年产 15 GW·h 的动力电池系统生产线（一期 5 GW·h）； ②庐江国轩新能源年产 2 GW·h 的动力锂离子电池产业化项目
8	欣旺达	30.0	欣旺达将在南京溧水产业新城建设动力电池单体及 Pack 制造研发设计及生产基地。基地主要从事动力电池单体、电池模组和电池系统的研发设计及生产销售，项目整体完成后可形成 30 GW·h 的产能
9	捷威动力	2.5	合资项目拟在江苏盐城投资 15 亿元，建设 4 条三元软包动力电池生产线，首期实现产能 2.5 GW·h，项目计划于 2020 年上半年建成投产
10	瑞浦能源	8.0	项目规划 2018 年年底一期产能为 3 GW·h，二期 2019 年新增 5 GW·h，预计 2020 年将达到 8 GW·h 总产能

3.3.3 电池材料行业

（1）正极材料

从市场情况来看，随着新能源汽车补贴向高能量密度倾斜，2018 年大部分磷酸铁锂电池生产企业在三元电池方向布局，具有代表性的有比亚迪、国轩高科、国能电池等。总体来看，2018 年中国电池正极材料中三元材料产量大增，正极材料产量约 37.3 万 t；磷酸铁锂材料产量基本持平。2018 年正极材料三元材料产量 15.5 万 t，同比增长 23.02%；磷酸铁锂材料产量 10.3 万 t，同比增长 1.98%；钴酸锂材料产量 6.4 万 t，同比增长 6.67%；锰酸锂材料产量 5.1 万 t，同比增长 41.67%。2018 年中国三元材料产能 33.6 万 t，较 2017 年新增 12.9 万 t，增量主要来自于当升科技、天津巴莫、杉杉能源、厦门钨业、格林美、宁波容百、贵州振华、四川科能、江苏翔鹰、中化河北、湖南邦普、宜宾锂宝等企业。从三元材料市场竞争格局来看，如图 3.17 所示，2018 年排名居前 10 位企业的销售量占总销售量的 73.4%，其中长远锂科、容百科技和当升科技稳居行业前三。

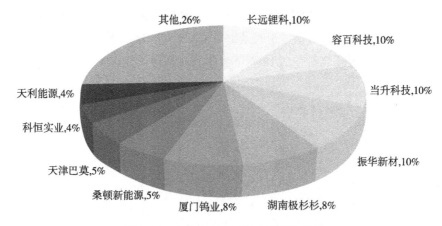

图 3.17 中国 NCM 材料市场竞争格局

从三元材料细分产品来看，仍以 NCM523 为主导，销量高达 8.7 万 t，NCM622 销量 1.8 万 t，NCM111 销量 0.8 万 t，高镍三元材料（NCM811、NCA）销量近 1 万 t，其中容百科技所占市场份额超过 50%。与此同时，三元材料 NCM111、NCM523 的中低端市场也开始显露结构性产能过剩的局面，而在 NCM622，尤其是 NCM811、NCA 为主的高镍三元等高端产能依然存在不足。随着市场对动力电池能量密度要求的提升，预计未来高镍材料的需求将继续延续高速增长的趋势。

如表 3.12 所示，目前包括当升科技、宁波容百、杉杉能源等企业已先后量产高镍三元正极材料，预计 2019 年将会有更多正极材料企业量产高镍 NCM811/NCA 三元材料，从而加速高镍三元材料对 NCM523 和 NCM622 的替代进程。

表 3.12 正极材料龙头企业高镍材料产能布局

企业名称	高镍正极材料产能
当升科技	2018 年 NCM811 产能达到 4000 t，拟扩产 1.8 万 t
宁波容百	2016 年开始量产 NCM811，2018 年年底 NCM811/NCA 产能 9600 t，规划 2020 年 NCM811/NCA 产能 12.88 万 t
杉杉股份	
贝特瑞	2015 年量产 NCA 3000 t，2018 年 NCM811/NCA 总产量达 1.8 万 t
桑顿新能源	2018 年 NCA 量产 1.4 万 t
国轩高科	已开发 NCM811 软包单体电池，计划 2019 开始建设产线
鹏辉能源	2017 年开始量产 NCM811 的圆柱电池

磷酸铁锂材料方面，受原材料碳酸锂价格下跌和需求下滑影响，2018 全

年产量和售价均呈下降趋势，德方纳米、贝特瑞、国轩高科产量居前三（图3.18）。其中，德方纳米受益于大量供应 CATL，产量居第一，贝特瑞产量居第二①，而合肥国轩高科在 2018 年下半年通过新建产能出量，居前三。

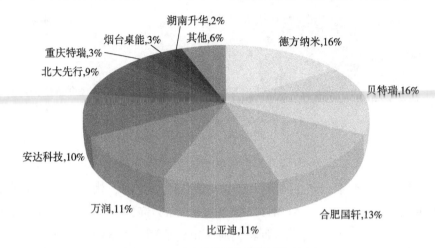

图 3.18　2018 磷酸铁锂市场竞争格局

钴酸锂材料行业集中度较高，厦门钨业、湖南杉杉、天津巴莫、天津盟固利、格林美五大钴酸锂厂家的产品市场占有率超过 80%。

锰酸锂正极材料行业集中度不高，受益于性价比优势和下游市场扩展，如图 3.19 所示，2018 年锰酸锂材料产量增至 5.5 万/t。同时动力型锰酸锂材料 2018 年下降至 5.80 万元/t。锰酸锂电池在低端数码领域扩张较快，并逐步扩展至电动自行车、老人代步车等领域。

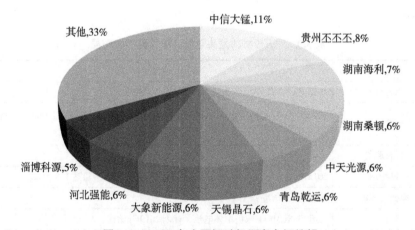

图 3.19　2018 年主要锰酸锂厂家市场份额

---

① 德方纳米和叉特端实才相应只差分毫，做图时为保持全书的一致性，未给出具体值。

（2）负极材料

受动力电池市场增长拉动，2018 年我国锂电负极材料行业产量较 2017年增长 28.9% 达到 19.2 万吨（图 3.20）。如图 3.21 所示，从负极材料的结构来看，人造石墨占比最高，且其在动力电池领域的应用逐步扩大；硅碳负极占较之前有所上升，目前主要配合高镍三元材料，应用于数码电池及少量圆柱动力电池领域，硅碳负极均价为 10 万～14 万元/t，远高于石墨类负极均价 4 万～8 万/t。

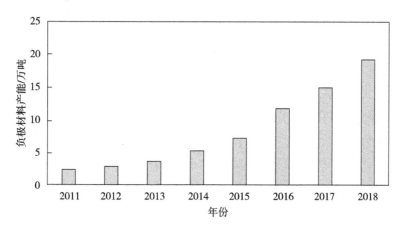

图 3.20　我国锂电负极材料行业产量情况

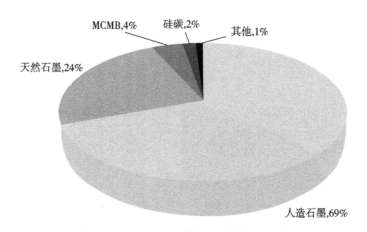

图 3.21　2018 年负极材料出货量竞争格局

2018 年，我国软包锂离子电池负极材料需求量为 3.99 万 t，方形锂离子电池负极材料需求量为 6.92 万 t，圆柱锂离子电池负极材料需求量为 3.11 万 t（图 3.22）。

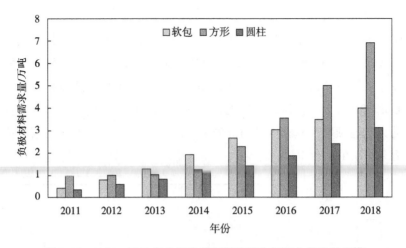

图 3.22　2011—2018 年中国负极材料应用市场细分需求总规模

2018 年锂离子电池负极材料行业产能继续扩张，如图 3.23 所示，前四家企业的出货量均超过 2.5 万 t，市场占比超过 71%，较 2017 年提升 4 个百分点；凯金出货量大幅上涨，稳居第 4 位，与前 3 位的差距进一步缩小。随着动力电池行业集中度逐渐集中，给行业龙头供货的负极材料厂商出货量较好。如表 3.13 所示，主要负极企业均有相应扩产计划同时积极开发硅碳负极技术，特别是江西紫宸计划将其产能提高至 20 万 t/年，其他企业，如上海杉杉、凯金新能源和长沙星城也有提高产能的计划。同时江西紫宸与中科院物理所开展"高能量密度锂离子电池纳米硅负极材料"的合作研发，并开始逐步量产，其他几家企业如上海杉杉和贝特瑞已经在向动力电池企业供应硅碳负极（表 3.14）。

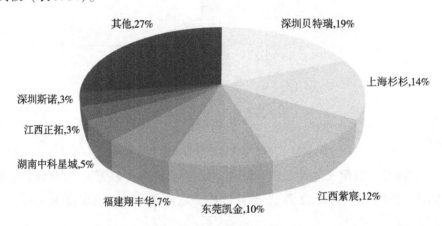

图 3.23　2018 年主要负极材料厂家所占市场份额

表 3.13　主要负极企业石墨布局

企业名称	已有产能/（万 t/年）	扩产计划/（万 t/年）
江西紫宸	1.00	20.00
上海杉杉	0.70	5.00
贝特瑞	1.50	
长沙星城	0.72	1.70
宝泰隆		5.00
凯金新能源	0.50	1.00
内蒙古斯诺	1.00	
翔丰华	0.50	1.00

表 3.14　主要负极企业硅碳负极布局

企业名称	硅碳负极布局
江西紫宸	与中科院物理所开展"高能量密度锂离子电池纳米硅负极材料"的合作研发，并逐步量产
杉杉股份	2017 年年底拥有 4000 t 硅碳负极产能
贝特瑞	1000 t 硅碳负极产能，供应三星 SDI
日立化成	硅基负极技术领先，供应松下

2018 年主流电解液厂家的总产量同比增长 11%，超过 15 万 t。电解液价格先跌后涨，全年由于行业价格竞争激烈等原因均价下跌，受原材料涨价影响调涨。2018 年 1—8 月，行业价格竞争激烈、原料六氟磷酸锂价格下跌等因素带动电解液价格下跌，2018 年 8 月开始，由于 DMC、DEC 等溶剂由于环保力度加大，产能收缩等因素导致价格上涨，带动电解液价格环比回调，但同比仍然处于低位。2018 年 11 月，受原材料氢氟酸涨价推动，六氟磷酸锂价格有所上涨，支撑电解液价格。2018 年电解液产量稳健，如图 3.24 所示，天赐材料、新宙邦等电解液龙头市占率继续提升。2018 年国内电解液出货量进一步集中，2018 年中国电解液 TOP 6 企业份额进一步提升至 72%，天赐材料、新宙邦、国泰华荣和杉杉等电解液主流企业为国内外主流电池企业的电解液供应商，因此占比提高。

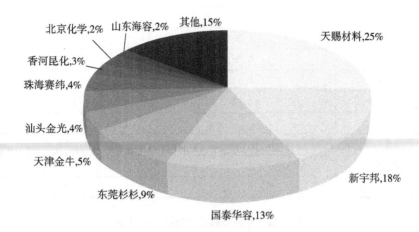

图 3.24　2018 年主要电解液厂家市场份额

（3）隔膜

2018 年主流隔膜厂家的总产量同比增长 64%，超过 20 亿 m^2，其中湿法隔膜快速增长，占比高达 80%，干法隔膜和湿法隔膜的价格均出现大幅下滑。目前上海恩捷仍占据湿法隔膜龙头地位（图 3.25）。表 3.15 为 2018 年以来投建、签约、开工时主要锂电材料项目。

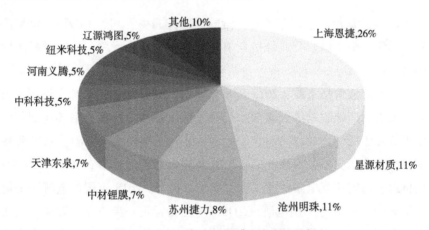

图 3.25　2018 年主要隔膜厂家市场份额

表 3.15 2018 年以来投建、签约、开工的主要锂电材料项目

企业名称	品类	项目概述
杉杉能源	正极材料	杉杉能源 10 万 t 锂电动力电池材料长沙基地项目在湖南湘江新区正式启动。该项目主要生产三元材料、钴酸锂、锰酸锂等锂离子电池正极材料，总用地面积约 1200 亩，其中一期占地面积约 219 亩，项目全部建成后预计年产能 10 万 t，年产值 200 亿元
比亚迪	碳酸锂	比亚迪参与青海盐湖比亚迪资源开发有限公司 3 万 t 电池级碳酸锂及氢氧化锂项目、青海盐湖佛照蓝科锂业公司 2 万 t 电池级碳酸锂项目，两个项目投资近 80 亿元，预计建设工期 1 年半左右，届时盐湖股份碳酸锂产能将达到 6 万 t/年
永兴特钢子公司	碳酸锂	在江西省宜丰县拟投资建设年产能 3 万 t 锂电新能源材料项目，一期先行投资建设年产 1 万 t 电池级碳酸锂项目，项目投资总额为 51077 万元，建设期 14 个月，预计 2019 年四季度投产
花园新能源	高性能铜箔	该项目在浙江东阳南马镇花园工业区，建设年产 5 万 t 高性能铜箔，总投资 45 亿元，将为新能源汽车和电子电路产品提供重要的原材料，并填补该领域浙江省内空白
长春企业集团	铜箔	计划在辽东湾原厂区内新建 4 条年产 0.9 万 t 锂离子电池铜箔生产线，总计年产能 3.6 万 t。其中一期投资 3 亿美元，占地面积约 7.2 公顷，建设 2 条年产 0.9 万 t 锂离子电池铜箔生产线，计划于 2019 年 10 月竣工投产
赛特新材	铝塑膜	该项目在福建连城投资达 12 亿元，分三期实施，达产后将形成年产 5000 万平方米铝塑膜生产能力，年产值可达 14 亿元，成为全国最大的锂离子电池软包铝塑膜研发生产基地
新宙邦亿纬锂能	电解液	投资在湖北荆门建设年产 2 万 t 锂离子电池电解液及年产 5 万吨半导体化学品项目。荆门新宙邦由新宙邦与亿纬锂能共同出资人民币 1 亿元设立，一期预计 2020 年一季度投产

第四章 动力电池回收行业宏观政策与标准

在国务院、国家发展改革委、工业和信息化部等多部门的共同推动下，我国已经发布了《生产者责任延伸制度推行方案》《新能源汽车动力蓄电池回收利用管理暂行办法》等一系列政策，希望在动力电池大规模退役前建立具有一定成熟度的电池回收利用体系，建立以生产者责任延伸制度为依托的各环节高度配合的产业链条。这些政策对于指导废旧动力电池回收处理行业规范发展起到重要的作用，为新能源汽车产业的可持续发展提供了重要保障。依据生产者责任延伸制度，汽车生产企业及动力电池生产企业有明确的回收主体责任，然而如何明晰分工，建立可操作、可推广的退役电池回收产业运行模式仍处在探索和试点阶段；如何进一步强化政策与市场规律结合度，如何进一步规避政策/标准间的重复与体现地域和产业特征，如何借鉴废旧电子电器产品的管理模式，都需要管理、产业、技术等多方面联动与配合。另外，退役动力电池的全产业链标准体系仍有待进一步完善，如何体现国家标准的引领作用、行业和团体标准的示范作用，如何实现管理政策与梯次利用、再生利用技术规范等的有机结合，仍需要从动力电池的全生命周期入手，综合考虑环境风险、技术瓶颈、产业上下游、法律法规等，尤其需要强化过程污染控制，防范公共安全事故的发生，为产业的健康、绿色发展提供支撑。

4.1 国家部委出台的动力电池回收处理管理政策

国家部委非常重视废旧动力电池回收处理管理工作，国务院、国家发展改革委、工业和信息化部、环境保护部等联合发布或在各自职能业务范围内发布了多项管理政策（表4.1），对于指导废旧动力电池回收处理行业规范发展起到重要的作用。目前，已发布的废旧动力电池回收处理管理政策，明确规定回收主体责任，对其梯次利用、资源再生、环境管理提出较为明确的相关要求。但对于这些国家相关政策，相关企业普遍反映：政策宏观指导性强，不同文件中有些内容重复规定，可操作性弱，对企业生产指导性不足，急需出台切合实际的政策。大多数相关企业希望国家出台明确的补贴政策、退税政策，在当前该行业的规模、回收处理产能、处置利用技术、经济可行性等都需要进一步评估的背景下，相关政策出台尚需时日。国家部委有关动力电池回收利用方面近期出台的政策包括以下几条。

（1）《生产者责任延伸制度推行方案》

2016 年 12 月，国务院办公厅发布《生产者责任延伸制度推行方案》，要求建立电动汽车动力电池回收利用体系，并率先在深圳等城市开展电动汽车动力电池回收利用体系建设，并在全国逐步推广。

（2）《新能源汽车动力蓄电池回收利用管理暂行办法》

2018 年 2 月，国家相关部委出台了《新能源汽车动力蓄电池回收利用管理暂行办法》，其中第五条规定：落实生产者责任延伸制度，汽车生产企业承担动力蓄电池回收的主体责任，相关企业在动力蓄电池回收利用各环节履行相应责任，保障动力蓄电池的有效利用和环保处置。坚持产品全生命周期理念，遵循环境效益、社会效益和经济效益有机统一的原则，充分发挥市场作用。第八条规定：电池生产企业应及时向汽车生产企业等提供动力蓄电池拆解及贮存技术信息，必要时提供技术培训。汽车生产企业应符合国家新能源汽车生产企业及产品准入管理、强制性产品认证的相关规定，主动公开动力蓄电池拆卸、拆解及贮存技术信息说明，以及动力蓄电池的种类、所含有毒有害成分含量、回收措施等信息。第十二条规定：汽车生产企业应建立动力蓄电池回收渠道，负责回收新能源汽车使用及报废后产生的废旧动力蓄电池。汽车生产企业应建立回收服务网点，负责收集废旧动力蓄电池，集中贮存并移交至与其协议合作的相关企业。鼓励汽车生产企业、电池生产企业、报废汽车回收拆解企业与综合利用企业等通过多种形式，合作共建、共用废旧动力蓄电池回收渠道。

根据国家出台的相关规定要求，新能源汽车生产企业是废旧动力电池回收责任主体单位，其他行业企业履行回收利用各环节相应责任。这意味着废旧动力电池回收处理是以新能源汽车企业为核心来进行，新能源汽车生产企业通过电池生产企业、报废汽车拆解企业、综合利用企业合作开展具体工作。废旧动力电池回收处理产业链构建主体是这四类企业。

（3）《关于做好新能源汽车动力蓄电池回收利用试点工作的通知》

2018 年 7 月，工业和信息化部等七部委联合发布了《关于做好新能源汽车动力蓄电池回收利用试点工作的通知》，确定京津冀地区、山西、上海、江苏、浙江、安徽、江西、河南、湖北、湖南、广东、广西、四川、甘肃、青海、宁波、厦门17个地区及中国铁塔股份有限公司为新能源汽车动力蓄电池回收利用试点地区和企业。

表4.1　废旧动力电池回收处理主要相关政策一览表

时间	部门	政策名称	主要内容摘录
2016 年	国务院	生产者责任延伸制度推行方案	建立电动汽车动力电池回收利用体系。电动汽车及动力电池生产企业应负责建立废旧电池回收网络，利用售后服务网络回收废旧电池，统计并发布回收信息，确保废旧电池规范回收利用和安全处置。动力电池生产企业应实行产品编码，建立全生命周期追溯系统。率先在深圳等城市开展电动汽车动力电池回收利用体系建设，并在全国逐步推广
2016 年	国家发展改革委、工业和信息化部、环境保护部等五部委	电动汽车动力蓄电池回收利用技术政策	落实生产者责任延伸制度，电动汽车生产企业、动力蓄电池生产企业和梯次利用电池生产企业应分别承担各自生产使用的动力蓄电池回收利用的主要责任，报废汽车回收拆解企业应负责回收报废汽车上的动力蓄电池。废旧动力电池回收应遵循先梯次利用后再生利用的原则，力求使废旧动力电池的产品剩余价值和资源价值达到最大化
2016 年	工业和信息化部	新能源汽车废旧动力蓄电池综合利用规范条件（征求意见稿）	加强新能源汽车废旧动力蓄电池综合利用行业管理，规范行业发展，推动废旧动力蓄电池资源化、规模化、高值化利用
2016 年	工业和信息化部	新能源汽车动力蓄电池回收利用管理暂行办法（征求意见稿）	落实生产者责任延伸制度，汽车生产企业承担动力蓄电池回收利用主体责任。汽车生产企业应负责回收新能源汽车使用过程中产生的废旧动力蓄电池，与回收拆解企业合作回收新能源汽车报废后产生的动力蓄电池
2016 年	环境保护部	废电池污染防治技术政策	对废锂离子电池的回收、运输、贮存、再生提出明确规定，以期控制锂离子电池回收利用过程中的环境风险
2017 年	工业和信息化部	新能源汽车动力蓄电池回收利用试点实施方案	开展相关技术标准研制工作，建立新能源汽车动力蓄电池回收利用溯源管理信息系统

时间	部门	政策名称	主要内容摘录
2018 年	工业和信息化部会同科技部、环境保护部、交通运输部、商务部、质检总局、能源局	新能源汽车动力蓄电池回收利用管理暂行办法（工信部联节〔2018〕43 号）	实行生产者责任延伸制度，汽车生产企业承担动力蓄电池回收的主体责任，相关企业在动力蓄电池回收利用各环节履行相应责任，保障动力蓄电池的有效利用和环保处置。坚持产品全生命周期管理理念，遵循环境效益、社会效益和经济效益有机统一的原则，充分发挥市场作用 电池生产企业应与汽车生产企业协同，按照国家标准要求对所生产动力蓄电池进行编码，汽车生产企业应记录新能源汽车及其动力蓄电池编码对应信息。电池生产企业、汽车生产企业应及时通过溯源信息系统上传动力蓄电池编码及新能源汽车相关信息 电池生产企业及汽车生产企业在生产过程中报废的动力蓄电池应移交至回收服务网点或综合利用企业 汽车生产企业与报废汽车回收拆解企业等合作，共享动力蓄电池拆卸和贮存技术、回收服务网点及报废新能源汽车回收等信息。回收服务网点应跟踪本区域内新能源汽车报废回收情况，可通过回收或回购等方式收集报废新能源汽车上拆卸下的动力蓄电池
2018 年	财政部、工业和信息化部、科技部、国家发展改革委	关于调整完善新能源汽车推广应用财政补贴政策的通知	落实生产者责任，提高生产销售服务管理水平。企业应进一步落实生产者责任，对自身生产和销售环节加强管理与控制，建立企业监测平台，及时准确上报新能源汽车推广补贴申报信息，确保真实、可查。新能源汽车生产企业应按有关文件要求对消费者提供动力电池等储能装置、驱动电机、电机控制器质量保证。建立新能源汽车安全事故统计和审查机制，对已销售产品存在安全隐患、发生安全事故的，企业应提交产品事故检测报告、后续改进措施等材料。对由于产品质量引起安全事故的车型，视事故性质、严重程度等给予暂停车型推荐目录、暂停企业补贴资格等处罚，并扣减该车型补贴资金
2018 年	工业和信息化部	新能源汽车动力蓄电池回收利用溯源管理暂行规定	建立"新能源汽车国家监测与动力蓄电池回收利用溯源综合管理平台"；对动力蓄电池生产、销售、使用、报废、回收、利用等全过程进行信息采集；对各环节主体履行回收利用责任情况实施监测 汽车生产、电池生产、报废汽车回收拆解及综合利用企业应建立内部管理制度，加强溯源管理，确保溯源信息准确真实
2018 年	工业和信息化部	符合《新能源汽车废旧动力蓄电池综合利用行业规范条件》企业名单（第一批）	浙江省衢州华友钴新材料有限公司、江西省赣州市豪鹏科技有限公司、湖北省荆门市格林美新材料有限公司、湖南省湖南邦普循环科技有限公司、广东省广东光华科技股份有限公司 5 家企业列入

时间	部门	政策名称	主要内容摘录
2018 年	中机车辆技术服务中心	关于开通汽车动力蓄电池编码备案系统的通知	从事汽车动力蓄电池（含梯级利用）生产、在中华人民共和国境内销售动力蓄电池产品的独立法人企业，可按照《汽车动力蓄电池编码规则》和本通知的要求，通过"汽车动力蓄电池编码备案系统"，申请厂商代码，并备案编码中"规格代码"和"追溯信息代码"的编制规则。境外企业可授权或委托代理机构代为执行
2018 年	工信部、科技部、环境保护部、交通运输部、商务部、质检总局、能源局	关于组织开展新能源汽车动力蓄电池回收利用试点工作的通知	到 2020 年，建立完善动力蓄电池回收利用体系，探索形成动力蓄电池回收利用创新商业合作模式；在京津冀、长三角、珠三角、中部区域等选择部分地区，开展回收利用试点工作；试点工作实施年限原则上不超过 2 年
			充分落实生产者责任延伸制度，由汽车生产企业、电池生产企业、报废汽车回收拆解企业与综合利用企业等通过多种形式，合作共建、共用废旧动力蓄电池回收渠道。鼓励试点地区与周边区域合作开展废旧动力蓄电池的集中回收和规范化综合利用，提高回收利用效率。坚持产品全生命周期理念，建立动力蓄电池产品来源可查、去向可追、节点可控的溯源机制，对动力蓄电池实施全过程信息管理，实现动力蓄电池安全妥善回收、贮存、移交和处置
2018 年	发改委	汽车产业投资管理规定	动力电池回收利用领域重点发展动力电池高效回收利用技术和专用设备，推动梯级利用、再生利用与处置等能力建设
			对能量型动力电池功率密度及循环寿命提出了技术要求：单体功率密度≥300（W·h）/kg，循环 2000 次后剩余容量不低于初始容量的 95%；系统功率密度≥220（W·h）/kg，循环 1500 次后剩余容量不低于初始容量的 95%
2018 年	工业和信息化部、科技部、生态环境部、交通运输部、商务部、市场监管总局、能源局	关于组织开展新能源汽车动力蓄电池回收利用试点工作的通知（工信部联节函〔2018〕68 号）	国家七部门组织对有关地区及企业申报的新能源汽车动力蓄电池回收利用试点实施方案进行了评议，确定京津冀地区、山西、上海、江苏、浙江、安徽、江西、河南、湖北、湖南、广东、广西、四川、甘肃、青海、宁波、厦门 17 个地区及中国铁塔股份有限公司为试点地区和企业
2018 年	全国汽车标准化技术委员会	车用动力电池回收利用材料回收要求	动力蓄电池单体物理回收过程，铜、铁、铝元素的综合回收率应不低于 90%。锂离子动力电池材料中镍、钴、锰元素的综合回收率应不低于 98%，锂元素的回收率应不低于 85%，其他主要元素回收率应不低于 90%；氢镍动力蓄电池材料中镍元素的回收率应不低于 98%，稀土等其他元素回收率宜不低于 95%

时间	部门	政策名称	主要内容摘录
2018 年	工业和信息化部	关于开展新能源客车安全隐患专项排查工作的通知	重点对 IP 防护失效、车辆泡水、车辆碰撞、线束连接松动、频繁充放电或长期搁置的车辆开展安全隐患排查工作，其中高强度使用车辆，应按照行驶里程设定自查比例，行驶 8 万公里以下的自查比例不低于 10%，行驶 8 万~20 万公里的自查比例不低于 20%，行驶 20 万~30 万公里的不低于 30%，行驶 30 万公里以上和装用在使用中出现较多故障动力电池（如沃特玛电池）的应全检，全检结合以往情况，由企业自行决定是否开箱检查。检查应包括动力电池的外观检查、软件诊断、气密性检测、开箱检查及换件和容量测试等内容 针对企业监控平台，对出现故障/报警的实车以及信息交换情况进行检查，做好相关记录，并进一步完善突发事件应急处理机制和应急处理预案；检查安全监控系统功能是否符合国家标准要求，能否及时反馈车辆安全信息，并对发现的整车及动力电池等关键系统运行状态异常、存在安全隐患的车辆，能够做到及时预警并采取有效措施解决出现的问题
2018 年	工业和信息化部	关于开展新能源乘用车、载货汽车安全隐患专项排查工作通知	重点对 IP 防护失效、车辆泡水、车辆碰撞、线束连接松动、频繁充放电、长期搁置，以及工作行驶环境恶劣的车辆开展安全隐患排查工作 对于出租车、网约车、物流车等高使用强度的运营类车辆，应按照行驶里程设定自查比例，行驶 10 万公里以下的自查比例不低于 10%，行驶 10 万~20 万公里的自查比例不低于 20%，行驶 20 万~30 万公里的不低于 30%，行驶 30 万公里以上和装用使用中出现故障较多动力电池（如沃特玛电池）的应全检 建议检查至少包括动力电池的外观检查、软件诊断、气密性检测、开箱检查及换件和容量测试等内容，其中开箱检查及换件和容量测试等内容，应结合电池设计方案和以往情况，由企业自行决定是否开展 针对企业监控平台，对出现故障/报警的实车及信息交换情况进行检查，做好相关记录，并进一步完善突发事件应急处理机制和应急处理预案；检查安全监控系统功能是否符合国家标准要求，能否及时反馈车辆安全信息，并对发现的整车及动力电池等关键系统运行状态异常、存在安全隐患的车辆，能够做到及时预警并采取有效措施解决出现的问题

4.2 地方政府有关动力电池回收利用方面出台的政策

为了落实生产者责任推行方案，工信部等七部委联合发布了《关于做好新能源汽车动力蓄电池回收利用试点工作的通知》，我国各地方也积极出台了动力电池回收试点方案和相关政策，并部署开展电池回收工作。2018 年 7 月，工信部等部委组织 17 个地区启动区域性动力电池回收体系建设试点与产业链闭环管理，各地试点方案如下。

(1)《京津冀地区新能源汽车动力蓄电池回收利用试点实施方案》

2018 年 12 月 18 日，由北京市经信局、天津市工信局和省工信厅联合制定印发《京津冀地区新能源汽车动力蓄电池回收利用试点实施方案》，提出要建成京津冀地区动力蓄电池溯源信息系统，实现动力蓄电池全生命周期信息的溯源和追踪，务求到 2020 年，要基本建成规范有序、合理高效且可持续发展的回收利用体系及公平竞争、规范有序的市场化发展氛围。

京津冀地区新能源汽车较为集中，动力蓄电池回收利用市场潜力巨大。依据三地近年来新能源汽车推广使用情况、动力蓄电池的平均运行寿命，按照斯坦福模型对京津冀三地动力蓄电池报废量进行预测，从 2018 年开始出现大规模退役，京津冀地区 2018 年退役动力蓄 3466 t，其中北京 2220 t，天津 1200 t，河北 46 t；2019 年退役 6483 t，其中北京 2703 t，天津 1970 t，河北 1810 t；2020 年退役 10446 t，其中北京 5058 t，天津 2974 t，河北 2414 t。

(2)《山西省新能源汽车动力蓄电池回收利用试点实施方案》

2017 年，山西省新能源汽车生产企业 6 家，产量约 30 万辆。低速车产量 12 万辆，动力电池生产企业 4 家。2017 年新能源汽车保有量 8.68 万辆，其中纯电动车 4.55 万辆，甲醇燃料电池汽车 202 辆；充电站 280 座，充电桩 9589 个。中国铁塔股份有限公司在山西已经开展通信基站领域退役动力电池梯次利用。

(3)《上海市新能源汽车动力蓄电池回收利用试点实施方案》

据 2013—2017 年统计，上海市新能源汽车保有量 16.6 万辆。

(4)《江苏省新能源汽车动力蓄电池回收利用试点实施方案》

江苏省在扬州、南京、无锡、南通 4 个市联合开展试点工作。扬州市将依托高邮电池工业园和江苏欧力特能源科技有限公司开展试点工作，计划到 2020 年，在全国建立 20 个废旧电池回收中心，建设 4 条梯次利用生产线，形成年梯次利用新能源汽车动力蓄电池 4 GW·h，年拆解回收废旧动力电

2 GW·h 的生产能力。

(5)《浙江省新能源汽车动力电池回收利用试点实施方案》

浙江省试点方案提出了回收、梯次与再生各环节主要目标，相对具有实操性。在 2020 年 6 月前，由吉利建设 35 个具备废旧电池贮存与分选的维修服务网点，由吉利与华友搭建电池回收互联网平台，由超威和南都改建/新建回收网点。在电池收运方面，由华友建设电池收取与运输机制。由协能、模储、易源、超威、南都、天能建设梯次利用示范项目、研究梯次电池在通信基站、低速车、电动自行车、削峰填谷、光伏等领域的应用方案，由协能、超威与万向编制电池余能检测与安全检测、快速检测工艺方案、残值评估体系。由超威、天能和南都提供利于梯次利用与再生处理拆解的电池结构设计方案。

(6)《浙江宁波市动力电池回收试点方案》

宁波市大规模动力蓄电池退役时间预期为 2020 年、退役电池数量约 2000 t，并逐年以 2000 t 左右报废量递增。宁波市已牵头并联合多个市级部门编制试点工作方案，拟投入 2 亿元，做好 0.6 MW·h、3 MW·h 梯次利用储能系统建设、动力电池包拆解设备机械化改进及自动化研发、动力电池全生命周期溯源系统开发等示范项目。

(7)《安徽省新能源汽车动力蓄电池回收利用试点方案》

2018 年 3 月 16 日，安徽经济和信息化厅牵头召开新能源汽车动力蓄电池回收利用试点座谈会，省科技厅、环境保护厅、交通运输厅、商务厅、质监局、能源局，以及相关市经信委、部分企业负责人参加了会议。会议就安徽省新能源汽车动力蓄电池回收利用试点工作及相关方案编制工作进行座谈商讨，梳理了安徽省新能源汽车动力畜电池回收利用现状，分析争取国家在皖开展回收试点的优势和存在的主要问题，谋划开展试点工作的总体思路和目标，提出动力电池回收试点工作的主要任务。

(8)《江西省新能源汽车动力蓄电池回收利用试点方案》

2017 年，江西省新能源汽车保有量 1.8 万辆。

(9)《河南省新能源汽车动力蓄电池回收利用试点工作方案》

2018 年 7 月 23 日，河南省提出新能源汽车动力蓄电池回收利用试点实施方案，将以新乡市为主体开展试点并作为河南省动力蓄电池回收利用的主要实施区域，有助于新乡乃至河南省新能源电池产业形成研发、生产、销售、回收的循环产业链，推动产业健康可持续发展。

（10）《湖北省新能源汽车动力蓄电池回收利用试点实施方案》

2018年9月18日，湖北省经信委组织召开新能源汽车动力蓄电池回收利用试点工作座谈会，落实《湖北省新能源汽车动力蓄电池回收利用试点实施方案》；武汉市、十堰市、襄阳市、荆门市、随州市经信委分管负责同志、格林美股份有限公司、骆驼集团股份有限公司、东风汽车股份有限公司、东风力神动力电池系统有限公司、东风襄阳旅行车有限公司、随州新楚风汽车有限公司负责人参加了会议。

（11）《湖南省新能源汽车动力蓄电池回收利用试点实施方案》

2019年4月16日，湖南省发布《湖南省新能源汽车动力蓄电池回收利用试点实施方案》，该方案提出了主要目标：基本建成共享回收网络体系，引导省内80%以上的新能源汽车退役报废旧动力蓄电池进入回收利用网络体系。攻克一批关键技术，制定发布一批急需完善的团体或行业标准，基本建成新能源汽车废旧动力蓄电池回收利用技术标准规范体系。培育一批梯次利用和再生利用龙头示范企业，引导形成"回收—梯次利用—资源再生循环利用"产业链和产业园区，到2020年，基本实现新能源汽车动力蓄电池生产、使用、回收、贮运、再生利用各环节规范化管理，实现经济效益和社会环境效益双赢。

（12）《广东省新能源汽车动力蓄电池回收利用试点实施方案》

广东省试点方案要求在广东省销售新能源汽车的生产企业在每个销售城市设立1个以上动力电池回收服务网点，负责收集废旧动力蓄电池，集中贮存并移交至相关综合利用企业。新能源汽车售后服务机构、电池租赁、报废汽车回收拆解等企业需将废旧动力蓄电池移交至回收服务网点，不得移交其他单位及个人。对废旧三元正极粉末进行钴、镍等高价金属的浸出和提取，并建设示范产线（未列出磷酸铁锂离子电池的再生利用示范）。广东省试点企业共45家，其中电池生产企业13家，车辆生产企业8家，报废车拆企业7家，综合利用企业5家（中国铁塔股份有限公司广东省分公司、广东光华科技股份有限公司、荆门市格林美新材料有限公司、湖南邦普循环科技有限公司、衢州华友钴新材料有限公司），其他研究机构或组织12家。

（13）《深圳市开展国家新能源汽车动力电池监管回收利用体系建设试点工作方案（2018—2020年）》

2018年3月，深圳市率先印发了《深圳市开展国家新能源汽车动力电池监管回收利用体系建设试点工作方案（2018—2020年）》，提出了到2020年建立完善的动力电池监管回收体系的目标。

2019 年 1 月 10 日，深圳市财政委员会、深圳市发改委联合发布了《深圳市 2018 年新能源汽车推广应用财政支持政策》，共包含 3 类补贴政策，其中动力电池回收补贴首次出现在地方补贴政策中。深圳也成为国内首个设立动力电池回收补贴的城市。

（14）《广西壮族自治区新能源汽车动力蓄电池回收利用试点方案》

2017 年，广西新能源汽车保有量 2.2 万辆，动力电池配套量约 1.06 GW·h。

（15）《四川省新能源汽车动力蓄电池回收利用试点工作方案》

该方案指出目标，到 2020 年，初步建立动力蓄电池回收利用体系，探索建立动力蓄电池回收利用创新商业合作模式。建设 3 个锂离子电池回收综合利用示范基地，打造 2 个退役动力蓄电池高效回收、高值利用的先进示范项目，培育 3 个动力蓄电池回收利用标杆企业，研发推广以低温热解为关键工艺的物理法动力蓄电池回收利用成套技术，参与编制一批动力蓄电池回收利用相关技术标准，研究并提出促进动力蓄电池回收利用的政策措施。

（16）《甘肃省清洁生产产业发展专项行动计划》

2016 年 6 月，甘肃省人民政府有关部门发布《甘肃省新能源汽车推广应用实施方案（2016—2020 年），探索废旧动力电池回收利用的有效模式，力争建立覆盖全省的废旧电池回收处理网络体系。

2018 年 6 月 3 日，甘肃省人民政府办公厅关于印发《甘肃省清洁生产产业发展专项行动计划的通知》（甘政办发〔2018〕89 号），提出了重点任务，其中包括动力电池回收利用重点项目：甘肃省金川集团建设 1000 t/年废旧锂离子电池资源循环利用项目，计划于 2019 年 3 月完成投产。兰石恩力电池有限公司建设风光清洁能源—微电网—废旧电池储能—新能源汽车充电的一体化示范项目。省内新能源汽车销售、维护、退役电池以旧换新及废旧电池整体回收等职责由兰州知豆电动汽车有限公司、金川集团建设甘肃省电池回收管理示范站承担。另有由兰州有色冶金设计研究院有限公司开展动力蓄电池回收循环利用技术、锂离子电池处理回收生产正极材料产业化技术及电池级高纯 $MnSO_4$、Co_3O_4 制备技术的产业化研究。

（17）《青海省新能源汽车动力蓄电池回收利用试点实施方案》

2018 年 7 月，青海省人民政府组织省内主要电池企业召开了新能源汽车动力蓄电池回收试点专家讨论座谈会，共同研讨了《青海省新能源汽车动力蓄电池回收利用试点工作推进方案（讨论稿）》。同时决定西宁市作为试点的重点地区和主要区域，将负责回收利用体系建设的具体推进工作，甘河工业园区重点解决试点企业在项目前期、土地、环评、资金、人才等方面遇到的困难和问题，青海快驴高新技术有限公司作为试点项目申报的主体单位和项目建设承建单位，负责回收利用体系建设的各项具体工作，按期完成试点各项工作。

(18)《福建厦门市新能源汽车动力蓄电池回收利用试点实施方案》

厦门市人民政府成立厦门市新能源汽车动力蓄电池回收利用试点工作领导小组，已组织以厦门钨业股份有限公司（电池回收企业）为牵头单位，联合厦门金龙联合汽车工业有限公司（整车生产企业）、厦门金龙旅行车有限公司（整车生产企业）、厦门绿洲环保股份有限公司（汽车拆解企业）、中国铁塔股份有限公司厦门分公司（电池梯次利用企业）、厦门宝龙工业股份有限公司（动力电池生产企业）、厦门厦钨新能源材料有限公司（电池材料生产企业）、厦门大学能源学院（科研机构）共同编制《厦门市新能源汽车动力蓄电池回收利用试点实施方案（征求意见稿)》。

(19)《中国铁塔公司动力电池回收试点方案》

2018 年 10 月 31 日，中国铁塔与 11 家新能源汽车主流企业签署了战略合作协议，进一步推进动力电池梯次利用，以实现绿色发展。中国铁塔将与新能源汽车企业按计划、有步骤、分批次地组织开展全国范围内的退役动力电池回收合作，网点及人员对接。中国铁塔将利用自身及代维等合作单位遍布全国的资源，为新能源汽车企业提供退役电池回收的网点支撑服务，负责整个回收体系的运营、人员、管理、物流、仓储等工作。

经统计，2018 年以前动力电池回收处理企业主要分布在珠三角、沿海省份、江西、湖南，东北、西北、西南地区相关企业很少。在新公布的试点地区可以看到，西北、西南地区也已颁布相关政策并展开具体部署。但是未来，试点工作的成果可能将主要来自京津冀、长三角和珠三角等退役动力电池产量大区。

4.3 动力电池回收利用相关标准

4.3.1 废旧动力电池资源化全产业链标准体系

废旧动力电池资源化全产业链标准体系是建立废动力电池运输与储运、废动力电池梯次利用技术、废动力电池再生利用技术、产品再制造及全产业链绿色评价技术 5 个方面的标准体系，如图 4.1 所示。

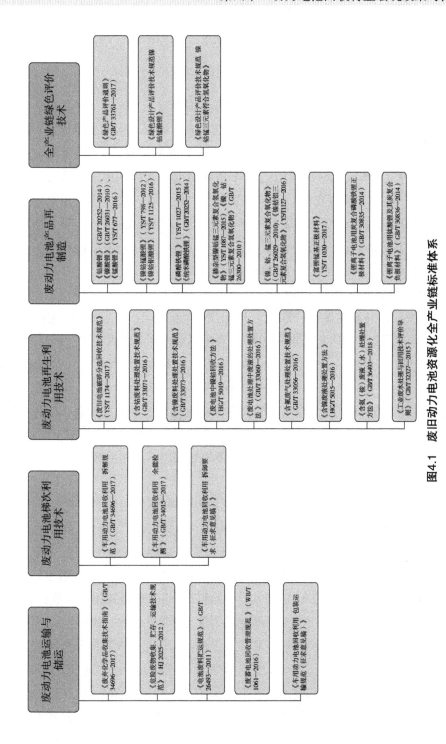

图4.1　废旧动力电池资源化全产业链标准体系

4.3.2 相关标准

(1) 废动力电池运输与储存

在废动力电池运输与储存阶段，根据现有标准：《废弃化学品收集技术指南》（GB/T 34696—2017）、《危险废物收集、贮存、运输技术规范》（HJ 2025—2012）、《电池废料贮运规范》（GB/T 26493—2011）、《废蓄电池回收管理规范》（WB/T 1061—2016）、《车用动力电池回收利用　包装运输规范（征求意见稿）》，废弃化学品应按将其集中收集并装入适当的容器中（锂离子电池采用塑料槽或铁桶、废极片料采用塑料编织袋或铁桶），对其性质进行标识后，分区贮存；危险废物收集、贮存、运输时应按其危险特性对危险废物进行分类、包装并设置相应的标志及标签。

(2) 废动力电池梯次利用技术

在废动力电池梯次利用阶段，根据现有标准：《车用动力电池回收利用　拆解规范》（GB/T 33598—2017）、《车用动力电池回收利用　余能检测》（GB/T 34015—2017）和《车用动力电池回收利用 拆卸要求（征求意见稿）》，拆卸、拆解作业单位应具备专用工具及设备和防护装备，由专业人员根据程序进行拆卸、拆解作业，拆卸单位在得到废旧动力电池后，应将废旧动力电池交由符合国家规定的企业进行后续处理。后续应建立针对不同批次，甚至不同厂家的动力电池模组分组及成组的集成技术的相关标准。

(3) 废动力电池再生利用技术

在废动力电池再生利用阶段，涉及废动力电池放电、预处理、金属提取、环境保护等过程。现有该阶段的标准，主要是针对废动力电池和电池生产废料及再生处理过程中产生的废气、废水处理方法所建立的标准，包括《废旧电池破碎分选回收技术规范》（YS/T 1174—2017）、《含钴废料处理处置技术规范》（GB/T 33071—2016）、《含镍废料处理处置技术规范》（GB/T 33073—2016）、《废电池中镍钴回收方法》（HG/T 5019—2016）、《废电池处理中废液的处理处置方法》（GB/T 33060—2016）、《含氟废气处理处置技术规范》（GB/T 33056—2016）、《含镍废液处理处置方法》（HG/T 5015—2016）、《含氨（铵）废液（水）处理处置方法》（GB/T 36496—2018）、《工业废水处理与回用技术评价导则》（GB/T 32327—2015），但目前还没有针对废动力电池再生过程中各步产生的特征污染物分析及其污染防治技术规范。

（4）废动力电池产品再制造

废动力电池产品再制造阶段，涉及正极材料及其前驱体的生产过程。现有该阶段的标准按照一次资源制备锂离子电池产品执行，主要是针对产品生产工艺及其产品化学指标所建立的标准，如《钴酸锂》（GB/T 20252—2014）、《镍酸锂》（GB/T 26031—2010）、《锰酸锂》（YS/T 677—2016）、《镍钴锰酸锂》（YS/T 798—2012）、《镍钴铝酸锂》（YS/T 1125—2016）、《磷酸铁锂》（YS/T 1027—2015）、《纳米磷酸铁锂》（GB/T 20252—2014）、《掺杂型镍钴锰三元素复合氢氧化物》（YS/T1087—2015）、《镍、钴、锰三元素复合氢氧化物》（GB/T 26300—2010）、《镍、钴、锰三元素复合氧化物》（GB/T 26029—2010）、《镍钴铝三元素复合氢氧化物》（YS/T 1127—2016）、《富锂锰基正极材料》（YS/T 1030—2017）、《锂离子电池用炭复合磷酸铁锂正极材料》（GB/T 30835—2014）、《锂离子电池用钛酸锂及其炭复合负极材料》（GB/T 30836—2014）。

（5）全产业链绿色评价技术

废旧动力电池资源化全产业链标准体系，须建立在现有标准《绿色产品评价通则》（GB/T33761—2017）的基础上，通过对产品层面4个属性——资源属性指标、能源属性指标、环境属性指标和品质属性指标的规定，以及企业层面的关键指标确定，设立相关权重，提出废旧动力电池资源化全产业链全过程绿色标准评价体系。目前，已有2个团体标准《绿色设计产品评价技术规范 镍钴锰酸锂》和《绿色设计产品评价技术规范 镍钴锰三元素符合氢氧化物》立项。

表4.2　废旧动力电池相关标准一览表

标准号	名称	主要内容摘录
GB/T 33598	车用动力电池回收利用拆解规范	适用于车用废旧锂离子动力蓄电池、金属氢化物镍动力蓄电池的蓄电池包（组）、模块的拆解，不适用于车用废旧动力蓄电池单体的拆解；回收、拆解企业应具有国家法律法规规定的相关资质，如经营范围包括废旧电池类的危险废物经营许可证，应按照生产企业提供的拆解信息或拆解手册，制定拆解作业程序或拆解作业指导书，进行安全拆解；拆解企业宜采用机械或自动化拆解方式，以提高拆解效率及安全性；规定了废旧动力蓄电池拆解作业程序图，并对预处理、拆解工具、拆解方式作明确要求

标准号	名称	主要内容摘录
GB/T 34015	车用动力电池回收利用余能检测	适用于车用废旧锂离子动力蓄电池和金属氢化物镍动力蓄电池单体、模块的余能检测；规定了动力蓄电池余能检测的作业流程及工作环境要求、仪器仪表精度要求；对首次充放电电流按软包锂离子动力蓄电池、铜壳铝壳或塑料壳锂子动力蓄电池、金属氢化物镍动力蓄电池提出相关要求；无法从蓄电池模块获得电池数量等信息时，应对蓄电池模块进行拆解，参照单体蓄电池确定首次充放电电流
GB/T 3059	锂离子电池材料废弃物回收利用的处理方法	适用于锂离子电池材料废弃物中镍、钴、锰、铜、铝的湿法回收处理方法；锂离子电池材料废弃物是指锂离子电池生产过程产生的不合格极片、报废极片，以及电极材料废弃的浆料、粉末等；规定了湿法回收工艺流程及控制条件要求；含钴离子废水排放浓度应符合 GB 25467 要求，其余废水排放执行 GB 8978 要求
GB/T 3060	废电池处理中废液的处理处置方法	适用于废电池（仅指废锂离子电池和废镍氢电池）回收利用中废液的处理处置；废液是指回收过程中产生的包括电解液、金属离子再利用过程中产生的废液等；废电池中的电解液经焚烧处理，产生的废气中含有氟化氢、二氧化碳、五氧化二磷等酸性气体，用碱液对其进行吸收；规定了电解液的处理处置工艺流程和工艺控制要求；规定了金属离子再利用过程中产生的废液的处理处置工艺流程和工艺控制要求；含钴离子废水排放浓度应符合 GB 25467 要求，其余废水排放执行 GB 8978 要求
WB/T 1061—2016	废蓄电池回收管理规范	规定了废电池的分类、手机、运输及贮存等回收管理要求；废蓄电池分为危险型废蓄电池和一般型废蓄电池，含锂废蓄电池属于一般型；不应擅自对废蓄电池进行拆解，尤其不应擅自倾倒、丢弃废蓄电池中的酸性或碱性电解液；废锂离子电池运输要做好防火措施；分类贮存，做好标志与标签，标签需注明废蓄电池种类、危险特性及开始贮存时间
HG/T 5019	废电池中镍钴回收方法	适用于湿法回收废电池（仅指含镍元素或钴元素的锂离子电池、镍氢电池及电芯）中镍钴元素的回收过程；规定了湿法回收工艺流程及控制条件要求；沉淀除杂工艺铜、铁、铝的去除率应不低于99%，钙、镁去除率应不低于95%；镍回收率应不低于95%，钴回收率不低以90%；含钴离子废水排放浓度应符合 GB 25467 要求，其余废水排放执行 GB 8978 要求
	排污许可证申请与核发技术规范废弃资源加工工业（征求意见稿）	废弃资源加工工业其中包括动力电池再生利用行业，其特征污染物排放总量，应符合排放标准，申请并取得排污许可证
JT/T 617—2018	危险货物道路运输规则标准	锂离子电池按危险货物管理，道路运输应符合锂离子电池包装、堆放、运输车辆与消防等管理要求

标准号	名称	主要内容摘录
	车用动力电池回收利用包装运输规范（征求意见稿）	规定了车用废旧动力蓄电池的包装、运输要求及标志要求。适用于电动汽车用废旧动力锂离子蓄电池和动力氢镍蓄电池的包装和道路运输。适用于拆卸后的废旧动力蓄电池包、模组、电池单体的包装运输
GB/T 34014—2017	汽车动力蓄电池编码规则	包括动力电池生产产品与梯次利用电池的编码规则与管理要求
GB/T 36576—2018	废电池分类及代码	规定了废电池的术语和定义、分类方法、编码规则和代码结构、分类和代码。适用于废电池的回收、再生利用和处理处置
GB 12268—2012	危险货物品名表	危险货物品名包括了锂离子电池组，装在设备中的锂离子电池组或同设备包装在一起的锂离子电池组。锂离子电池涵盖锂原电池和锂离子电池
	电动汽车安全指南	包括退役动力电池梯次利用与再生利用环节的安全性管理对策与要求

据不完全统计，截至 2018 年 11 月底，已发布有关废旧动力电池的标准共 4 项（表 4.2），分别为《车用动力电池回收利用拆解规范》（GB/T 33598—2017）、《车用动力电池回收利用余能检测》（GB/T 34015—2017）、《锂离子电池材料废弃物回收利用的处理方法》（GB/T 33059—2016）、《废电池处理中废液的处理处置方法》（GB/T 33060—2016）；行业标准 2 项即《废蓄电池回收管理规范》（WB/T 1061—2016）、《废电池中镍钴回收方法》（HJ/T 5019—2016）。这些标准规范或约束了废旧动力电池回收利用的某一阶段的生产行为或指标，但上述标准的可操作性仍存在不足。根据动力电池回收利用行业面临的问题，亟待制订退役动力电池梯次利用安全性评价规范、退役动力电池容量余能与剩余循环寿命性能评价规范、退役动力电池残值评价规范，需要从企业生产管理角度，提出详细的工艺技术、装备、回收率、环境保护等方面的规范要求和技术标准。

第五章　动力电池回收产业发展趋势

资源紧缺、环境保护和政策驱动是近年来我国动力电池回收行业发展的最主要动力。一方面，一次资源价格上涨迅速推动金属提取企业建厂投资；另一方面，国家和地方出台多种政策扶持行业健康发展。目前我国废旧动力电池的处置仍在市场培育阶段：梯级利用主要以政府扶持的综合储能系统和基站为主，拆解回收主要以再生利用企业为主。随着回收需求的爆发，政策的规范及行业龙头的不断布局，动力电池回收的市场即将打开。同时，动力电池行业的龙头布局锂电回收的模式有助于回收体系的建立，进而引导行业向规范化发展。

本章将从我国动力电池回收行业发展环境出发，着重分析动力电池回收产业链发展趋势，从梯次利用、破碎拆解、金属提取等步骤分析三元电池及磷酸铁锂电池的回收成本和收益。此外，结合动力电池寿命分布函数和居住时间/人口平衡模型预测废旧动力电池产生量，同时对梯次利用模式和统一拆解模式下的动力电池报废量进行预测。

5.1　行业发展趋势

5.1.1　行业发展环境

（1）国家紧密部署，政策日趋完善

近年来，国家相继出台了一系列政策支持动力电池回收行业的发展。2012 年 7 月，国务院印发的《节能与新能源汽车产业发展规划（2012—2020年）》（国发〔2012〕22 号）明确提出新能源汽车产销量目标，还提出"加强动力电池梯级利用和回收管理"的主要任务，首次从国家层面部署动力电池回收行业的发展。

2016 年 1 月，国家发展改革委等五部门联合发布的《电动汽车动力蓄电池回收利用技术政策（2015 年版）》中提出"废旧动力蓄电池的利用应遵循先梯级利用后再生利用的原则"。同年 2 月，工业和信息化部发布了《新能源汽车废旧动力蓄电池综合利用行业规范公告管理暂行办法》和《新能源汽车废旧动力蓄电池综合利用行业规范条件》，以规范动力电池回收利用行业。同年12月，环境保护部发布了《废电池污染防治技术政策》，主要包括废电池收集、运输、贮存、利用与处置过程的污染防治技术和鼓励研发的新技术等内容，为废电池的环境管理与污染防治提供技术指导。

2017年1月，国务院办公厅印发了《生产者责任延伸制度推行方案》（国办发〔2016〕99号），提出"建立电动汽车动力电池回收利用体系"的重点任务。2018年2月，工业和信息化部等七部门联合印发了《新能源汽车动力蓄电池回收利用管理暂行办法》（工信部联节〔2018〕43号），明确提出"落实生产者责任延伸制度，汽车生产企业承担动力蓄电池回收的主体责任，相关企业在动力蓄电池回收利用各环节履行相应责任，保障动力蓄电池的有效利用和环保处置"。同年3月，工业和信息化部等七部门印发了《关于组织开展新能源汽车动力蓄电池回收利用试点工作的通知》（工信部联节〔2018〕68号），提出了构建回收利用体系、探索多样化商业模式、推动先进技术创新与应用、建立完善政策激励机制四大试点内容。同年7月，工业和信息化部等七部门印发《关于做好新能源汽车动力蓄电池回收利用试点工作的通知》（工信部联节〔2018〕134号），确定京津冀地区、山西、上海、江苏、浙江、安徽、江西、河南、湖北、湖南、广东、广西、四川、甘肃、青海、宁波、厦门及中国铁塔股份有限公司为试点地区和企业。

综上，国家通过出台上述一系列相关政策，对新能源汽车动力蓄电池生产者延伸责任、回收体系建设、综合利用行业规范条件、污染防治技术政策和试点工作进行了规定，建立了较为完善的政策体系。未来通过对试点地区新能源汽车动力蓄电池回收利用模式的总结，进一步完善政策体系，为我国动力电池回收行业创造较好的政策环境。

（2）地方持续推进，积极开展试点工作

为了落实国家在新能源汽车动力蓄电池回收利用的相关部署，地方政府持续推进动力电池回收工作。根据《生产者责任延伸制度推行方案》（国办发〔2016〕99号）提出的"率先在深圳等城市开展电动汽车动力电池回收利用体系建设"，深圳市发展改革委于2018年4月印发《深圳市开展国家新能源汽车动力电池监管回收利用体系建设试点工作方案（2018—2020年）》，提出构建动力电池信息管理体系、建立废旧动力电池回收管理体系、建立动力电池梯级和再生利用产业体系三大工作任务。

根据工业和信息化部等七部门联合发布《关于做好新能源汽车动力蓄电

池回收利用试点工作的通知》（工信部联节〔2018〕134号），2018年9月，广东省经济和信息化委等七部门印发了《广东省新能源汽车动力蓄电池回收利用试点实施方案》（粤经信节能函〔2018〕169号），提出构建动力蓄电池溯源管理体系、建立动力蓄电池回收体系、探索多样化商业模式、推动先进技术创新与应用四大主要任务。2018年12月，浙江省经济和信息化厅等七部门印发了《浙江省新能源汽车动力电池回收利用试点实施方案》（浙经信资源〔2018〕263号），提出了构建回收网络体系、建立梯次利用机制、规范再生利用条件、构建溯源管理体系、加强技术研发和应用五大主要任务。

在地方各级政府的持续推进下，各试点地区和企业积极开展动力电池回收试点工作。通过试点地区和企业的试点工作，有望在未来几年内建立起符合我国国情的动力电池回收利用体系。

（3）技术和标准体系有待进一步完善，以支撑动力电池回收行业的可持续发展

我国对废旧动力蓄电池回收利用遵循"先梯级利用后再生利用"的原则。目前，我国新能源汽车动力蓄电池梯次利用正处于起步阶段，发展潜力较大，市场前景广阔。梯次利用技术有一定进展，但还存在技术瓶颈。梯次利用以检测重组和修复两种技术路线为主，但是，梯次利用还存在效率偏低、电池剩余寿命及一致性评估等技术不成熟的问题。下一步，需要在电池余能快速检测、一致性筛选及评估等关键技术上加大研发力度。

由于动力蓄电池还没有进入大规模退役阶段，再生利用企业能够在市场上收集到的废旧动力蓄电池非常有限。目前，再生利用企业回收的废旧动力蓄电池主要来源于电池生产企业的残次品、生产废料及"十城千辆工程"推广车辆退役的电池。尽管目前已经有一些企业研发出废旧动力蓄电池自动化拆解设备，但其能否满足未来工业化生产的需求有待进一步验证。废旧动力蓄电池再生利用技术以湿法冶金和物理修复法为主，湿法冶金镍、钴、锰等金属元素的综合回收率可达98%。总体上，再生利用技术相对成熟，但有价金属高效提取等关键技术和装备还有待升级。

截至2019年2月，工业和信息化部已完成34家梯次利用企业的动力蓄电池编码申请备案，实现对梯次利用企业的溯源信息监管。全国汽车标准化技术委员会组织开展动力蓄电池梯次利用相关标准研制，余能检测等国家标准已发布实施。中国铁塔公司正牵头研制通信领域梯次利用相关行业标准。尽管在废旧动力蓄电池梯次利用和再生利用领域已经发布或正在研制相关标

准，但是其标准体系有待进一步完善。

下一步，急需在梯次利用电池相关应用技术要求、余能快速检测方法、一致性评估等方面进一步完善相关标准。此外，废旧动力蓄电池再生利用中间产物及最终产品的质量标准、技术要求及全过程污染防控标准也需要尽快研制。

（4）日趋严格的环境监管对动力电池回收行业的环境管理和污染防控水平提出更高的要求

《国家危险废物名录（2016版）》将"锂离子电池隔膜生产过程中产生的废白油"（废物代码：900-212-08）作为危险废物管理。根据2014年11月原环境保护部办公厅对原湖北省环境保护厅《关于废旧锂电池收集处置有关问题的复函》（环办函〔2014〕1621号），废旧锂电池不属于危险废物。其依据主要基于以下两点：废旧锂电池未列入《国家危险废物名录》；根据《废电池污染防治技术政策》，废氧化汞电池、废镍镉电池、废铅酸蓄电池属于危险废物，废锂离子电池（通常也称为废锂电池）等其他废电池不属于危险废物。尽管《国家危险废物名录》和《废电池污染防治技术政策》均于2016年进行修订，但关于废旧锂电池的废物属性没有改变，仍然不属于危险废物。

目前，电动汽车上使用的动力电池大部分是锂离子电池和镍氢电池。尽管废旧动力蓄电池不属于危险废物，但由于其含有镍、钴、锰等重金属、有机溶剂和含氟电解质等有毒、有害物质，其对环境的潜在风险仍需引起足够的重视。此外，由于退役动力蓄电池包残余余能和电压较高，其在运输和贮存环节的环境和安全风险需要严格控制。随着我国中央生态环境保护督察和大气污染防治强化督查等专项督察进入常态化，对废旧动力蓄电池梯次利用和再生利用企业的环境管理和污染防控水平提出更高的要求。

5.1.2　产业链发展趋势

动力电池回收利用的上下游产业链延伸到新能源汽车产业链和储能领域。上游产业链以新能源汽车企业为主体，包括了新能源汽车售后服务网点、电池租赁企业及回收服务网点；下游产业链以梯次利用企业和再生利用企业为主体，形成动力电池回收重要闭环的环节。新动力电池经过电池生产企业、整车生产企业、汽车经销商，最后流入到终端消费者，消费者将报废旧动力电池通过售后服务网点和电池租赁企业更换新电池，同时由售后服务网点、电池租赁企业收集废旧动力电池，并转交给回收服务网点和废旧动力电池综合利用企业，通过综合利用企业生成可再利用产品，流向梯次利用企业的电池在报废后又回到综合利用企业做再生资源利用，这些再生资源流向电池生产企业作为生产新动力电池的原材料，进而流向整车生产企业，由此形成闭环。动力电池产业链、废旧动力蓄电池回收产业链及电池流向分别见图5.1和图5.2。

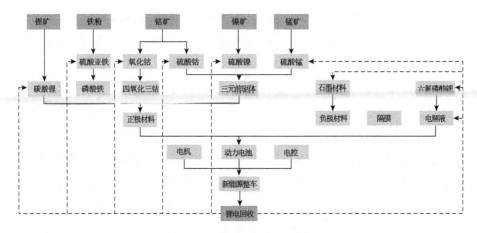

图 5.1　动力电池产业链

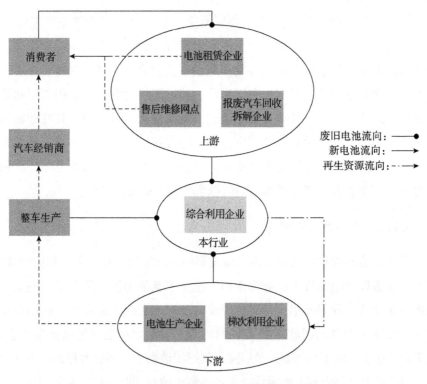

图 5.2　废旧动力蓄电池回收产业链及电池流向

在上述环节中，梯次利用企业和再生利用企业发挥着重要的作用。梯次利用企业将废旧动力电池的剩余寿命在储能等领域进行二次利用，继续发挥其剩余价值，延长了动力电池生命周期，而锂电材料生产企业接纳综合回收利用企业的再生产品，主要是电池的前驱体，如硫酸钴、硫酸镍、硫酸锰、碳酸锂、氢氧化锂等原材料，保证回收来的资源再次回流到动力电池产业链中。

（1）协同建立高效的回收体系是动力电池产业链发展的必然趋势

2018年3月，工业和信息化部等七部门印发了《关于组织开展新能源汽车动力蓄电池回收利用试点工作的通知》，提出"建立动力蓄电池产品来源可查、去向可追、节点可控的溯源机制，对动力蓄电池实施全过程信息管理"的试点内容，同时提出"充分落实生产者责任延伸制度，由汽车生产企业、电池生产企业、报废汽车回收拆解企业与综合利用企业等通过多种形式，合作共建、共用废旧动力蓄电池回收渠道"。2018年7月，工业和信息化部发布了《新能源汽车动力蓄电池回收利用溯源管理暂行规定》，对汽车生产企业、报废汽车回收拆解企业、梯次利用企业和再生利用企业等相关方的数据信息填报及上传提出了明确要求。上述管理文件的发布均为我国建立高效的废旧动力蓄电池回收体系奠定了坚实的基础。

目前，废旧动力电池主要有以下3个来源：①动力电池生产企业的残次品和整车企业在装备过程中产生的残次品，这两类电池不经消费者直接从动力电池生产企业和整车企业回收到综合利用企业。②动力电池从整车企业经过经销商到达消费者手中，当消费者手中的电池退役后，通过汽车售后服务更换动力电池或者汽车报废后交给报废处理企业，经过这两种渠道回收废旧动力电池。③通过电池租赁企业更换废旧动力电池，由电池租赁企业负责回收废旧动力电池。

相比于废弃电器电子产品，动力蓄电池安装在新能源汽车上，其拆卸要求较高。新能源汽车车主需要到4S店或电池租赁企业去更换退役的动力电池，因此，基于国家新能源汽车动力蓄电池回收利用溯源管理平台的大数据支持，未来可望建立高效的废旧动力蓄电池的回收体系，为动力电池回收行业布局提供基础数据支撑。

（2）动力电池回收产业链各主体之间的协同合作将愈发密切

目前，废旧动力电池回收利用行业的产业链呈现雏形，主要包括动力电池与整车厂设立的回收利用企业和专业第三方综合利用企业。动力电池与整车厂设立的回收利用企业主要有比亚迪、宁德时代、国轩高科、比克电池、中航锂电、雄韬电源、北汽新能源等，是动力电池回收的主要责任承担者，他们负责回收渠道的搭建，掌握着废旧动力电池资源，在废旧动力电池回收渠道上有着先天的优势；专业第三方回收利用企业以格林美、华友钴业、豪鹏科技、邦普循环和光华科技为代表，具有专业的技术和多年的回收利用经验，其回收渠道和产品分销渠道逐步趋于完善。

在国家相关政策的驱动和激励下，动力电池回收行业最终将走向回收渠道和拆解中心大联盟的商业模式。在这种模式下，动力电池生产企业与整车厂和专业第三方企业合作，建立企业联盟。动力电池生产企业通过回收渠道收集废旧动力电池，以一定的价格交由具有专业资质的第三方回收企业。例如，格林美和北汽集团旗下汽车服务贸易公司北汽鹏龙签订《关于退役动力电池回收利用等领域的战略合作框架协议》，在共建新能源汽车动力电池回收体系、退役动力电池梯次利用、废旧电池资源化处理、报废汽车回收拆解及再生利用等循环经济领域，以及新能源汽车销售及售后服务等领域展开深度合作。这种合作模式必将吸引其他企业效仿，发挥各自优势，必将成为未来产业链发展的必然趋势，推动我国动力电池回收利用产业链的进一步完善。

（3）动力电池回收利用产业链向规模化和集中化方向发展

根据工业和信息化部公开数据，我国新能源汽车累计产量已超 300 万辆，推广规模位列世界首位。主要集中在京津冀、长三角及珠三角地区，广东、上海、北京、山东、浙江保有量位列全国前 5 位。退役电池数量与保有量相关，据预测，2020 年我国退役电池累计约为 25 $GW \cdot h$，将主要集中在新能源汽车保有量较大的京津冀、长三角及珠三角地区。

2018 年 7 月，工业和信息化部等七部门印发《关于做好新能源汽车动力蓄电池回收利用试点工作的通知》（工信部联节〔2018〕134 号），确定京津冀地区、山西、上海、江苏、浙江、安徽、江西、河南、湖北、湖南、广东、广西、四川、甘肃、青海、宁波、厦门及中国铁塔股份有限公司为试点地区和企业。2018 年 9 月，工业和信息化部公布了符合《新能源汽车废旧动力蓄电池综合利用行业规范条件》企业名单（第一批），衢州华友钴新材料有限公司、赣州市豪鹏科技有限公司、荆门市格林美新材料有限公司、湖南邦普循环科技有限公司和广东光华科技股份有限公司入选该名单。

随着国家动力蓄电池溯源管理平台的运行，以电池编码（BIN）为信息载体，实现动力蓄电池全生命周期的信息采集和监管，其大数据可为我国废旧动力蓄电池回收利用企业布局提供基础数据支持。考虑到规模效应和日趋严格的环境监管要求，废旧动力蓄电池回收利用企业最终将向规模化和集中化发展，这样有利于企业进一步完善产业链，提高全产业链的经济性，同时有利于防止产能过剩、易于实现对废旧动力蓄电池回收处理行业的环境监管。

5.1.3　技术成本分析

废旧动力蓄电池回收利用主要分为以下两个阶段。

①梯次利用：汽车生产企业、报废汽车回收拆解企业和部分回收企业会将报废旧动力蓄电池中一致性较高、性能相对较好的动力电池进行筛选、配组达到梯次利用要求后出售给以中国铁塔股份有限公司为代表的梯次利用企业。

②回收利用：对于性能较差、无法梯次利用的废旧动力蓄电池，大部分会流入到第三方回收企业，回收企业利用现有技术进行再生利用，将其中的有价金属、隔膜、负极等原材料分离、提纯、销售。

（1）废旧动力蓄电池收益分析

废旧动力蓄电池回收利用产业链主要有如下 3 个盈利点：出售性能较好、能够直接梯次利用的动力蓄电池；出售再生利用得到的电池材料等再生资源；政府的优惠政策或补贴。

1）废旧动力蓄电池梯次利用收益

假设使用 PACK + BMS 技术进行梯次利用，PACK 的成本大约在 0.3 元/（W·h），BMS 成本在 0.1 元/（W·h），废旧动力电池回收成本在 0.05 元/（W·h），梯次利用成本合计约为 0.45 元/（W·h），梯次利用的收益为 0.6 元/（W·h）。以磷酸铁锂电池为例，假设磷酸铁锂电池的能量密度为 110（W·h）/kg，回收废旧电池的能量衰减至 70%，磷酸铁锂电池梯次利用的收益空间有望在 2023 年超过 50 亿元。

2）废旧动力电池再生利用收益

若采用湿法冶金再生利用，磷酸铁锂电池再生利用的成本为 8500 元/t 左右，而再生电池材料收益为 8100 元/t 左右，磷酸铁锂电池再生利用亏损约 400 元/t。

三元动力电池含有镍、钴、锰等稀有金属，通过拆解提取其中的锂、钴、镍、锰、铜、铝、石墨、隔膜等材料，理论上能实现每吨约 4.29 万元的经济收益。

以三元 523 电池为例，每吨含三元电池镍、钴、锰、锂分别约为 96 kg、

48 kg、32 kg、19 kg，目前市场上镍、钴、锰的平均回收率可以达到95%以上，锂的回收率在70%左右，金属锂、钴、电解镍和电解锰的市场价格分别为90万元/t、48万元/t、10万元/t和1.7万元/t。

动力电池回收生产出来的硫酸镍、硫酸钴、硫酸锰等金属盐，可继续加工处理生产出三元前驱体，具有明显的增值空间。

以硫酸镍的生产为例，通过废旧动力电池回收处理每吨镍的成本在4万元以下，而直接通过镍矿生产的成本在6万元以上。动力电池再生利用获得金属原料的成本低于直接从矿产开发的成本。

另外，三元电池回收企业在拆解贵金属后以硫酸盐的形态再销售给下游企业，销售价格应该低于纯金属形态的市场价格，假设按市价70%的比率折价销售，则三元电池的拆解收益为34 000元/t，因此，到2023年三元动力电池的再生利用市场规模预期可达54.1亿元。

（2）废旧动力蓄电池回收成本分析

以镍钴锰三元电池为例，其回收成本主要由生产成本、各类费用和税费构成。其中，生产成本的构成：材料成本（废旧电池、液氮、水、酸碱试剂、萃取剂、沉淀剂等）20 000元/t；燃料及动力成本（电能、天然气、汽油消耗等）650元/t；环境治理成本（废气、废水净化、废渣及灰烬处理）550元/t；设备成本（设备维护费、折旧费）500元/t；人工成本（操作、技术、运输人员等工资）400元/t。

分摊的管理人员工资等管理费用和销售人员、包装等销售费用约400元/t；增值税、所得税4000元/t。由此可得到，三元电池的拆解成本合计为26 500元/t，按上述收益34 000元/t计算，拆解利润为7500元/t，2023年净利润空间料将超10亿元。

三元动力电池通过原料回收，镍钴锰等金属元素可实现95%以上的回收率，经济效益显著。经由再生利用，可以生产出镍、钴、锰及锂盐，进一步可合成三元正极材料及前驱体，用于制造锂离子电池单体，对构建动力电池闭环循环产业链具有重大意义。

对动力电池进行拆解利用的成本投入中，废旧动力蓄电池作为原材料占比最高，此外，还有辅助材料、设备折旧、环境处理费和人员费用等，平均成本在18 600元/t左右。对于磷酸铁锂电池，由于对应的正极材料中仅含4.4%的锂，平均每回收一吨磷酸铁锂电池，获得16 kg锂。而三元动力电池可获得的金属较多，以三元NCM523为例，处理一吨废旧电池可以获得28 kg

锂、47 kg 钴、119 kg 镍和 66 kg 锰。

以 2018 年至今金属平均价格测算（锂 91.3 万/t、钴 60.3 万/t、硫酸镍 2.79 万元/t、锰 1.4 万元/t、铝 1.43 万元/t），其中锂和铝的回收率为 90%，钴、镍、锰的回收率为 98%。磷酸铁锂回收收益较低，仅 1.3 万元/t，拆解回收的经济性较差，不具备回收价值。三元动力电池系列回收收益远高于平均回收成本，其中 NCM622 因含有较高比例的钴和镍，其收益最高，约 7.4 万元/t。最低的三元 NCM523 产品回收效益为 6.7 万元/t。

5.2　产业发展预测

5.2.1　中国废旧动力电池产生量预测

产品使用后的年报废量可采用居住时间/人口平衡模型估计，即通过对进入消费阶段的产品量结合寿命分布函数的数值积分计算，如式（5-1）：

$$O[t] = f(T) \cdot \sum_{t=1}^{T_{\max}} (I[t-T]) \qquad (5-1)$$

式中，$O[t]$ 为第 t 年的动力蓄电池的年报废量，$f(T)$ 是寿命为 T 的动力蓄电池在该年报废的概率，$I[t-T]$ 为 $(t-T)$ 年进入消费阶段的动力蓄电池数量。

$f(T)$ 可通过寿命分布模型或逻辑生存率模型表示，常用的寿命分布模型有：Dirac delta 分布、Weibull 分布、正态分布和对数正态分布等。相较于其他寿命分布，Weibull 的分布模型可以假设不同的形状，具有更广的适用性，本报告采用 Weibull 寿命分布方程对新能源汽车动力蓄电池理论废弃量进行预测，$f(T)$ 的表达式为：

$$f(T) = \frac{k}{\lambda} \cdot \left(\frac{T}{\lambda}\right)^{k-1} \cdot e^{-\left(\frac{T}{\lambda}\right)^{k}} \qquad (5-2)$$

式中，k 是形状参数，λ 是范围参数，其大小与产品寿命有关，可由式（5-3）、式（5-4）确定：

$$\left(\frac{T_{\text{ave}}}{T_{\max}}\right)^{k} = \frac{k-1}{k \cdot \ln 100} \qquad (5-3)$$

$$\lambda = T_{\text{ave}} \cdot \left(1 - \frac{1}{k}\right)^{-\frac{1}{k}} \qquad (5-4)$$

式中，T_{ave} 为动力蓄电池的平均寿命，与 Weibull 分布曲线的中值对应，也就是函数的最大概率密度所在点；$T_{\max}$ 为 99% 产品所报废的时间，在本书中，假设 $T_{\max} = 2 \cdot T_{\text{ave}}$。

当新能源汽车动力电池容量低于 80% 就无法满足电动汽车的要求，一般动力电池的使用寿命为 5 ~ 8 年，这意味着动力电池往往先于汽车报废。本书根据目前新能源汽车销售量增长幅度和趋势、动力电池使用寿命来预测废锂离子电池产生量。由图 5.3 可知，2013 年以来废锂离子电池产生量逐年增加，2018 年我国已进入动力电池大量报废期，废旧动力电池产生量明显加快，在未来一定时间内将持续快速增长。根据 Weibull 寿命分布模型预测，2020 年正极材料废弃量预计为 89.20 ~ 133.54 kt，2025 年为 275.01 ~ 391.83 kt。在基准情景下，2020 年和 2025 年分别将有 108.06 kt 和 327.70 kt 正极废料产生。根据增长率计算，LFP 和 NCM/NCA 的废料增长率正在下降，爆炸性增长期即将结束。预计 NCM/NCA 将成为 2018 年以后增长最快的废正极材料。为了应对动力电池大量报废期的来临，应尽快完善动力电池回收处理产业链，促进我国动力蓄电池产业持续循环发展。

废旧动力电池回收市场将在 2020 年迎来较大规模，且以再生利用为主，国内动力电池回收规模将达到 46 亿元。2025 年，回收市场规模将达到 370 亿元，2019—2025 年均复合增速 50%。按照磷酸铁锂电池报废期 5 年、三元锂离子电池报废期 6 年测算，2019 年开始动力电池将进入规模性报废期，在动力电池 3 ~ 5 年寿命限制下，2013—2015 年的电池已经达到报废标准，并在 2018 年释放出一定体量，随后每年将会有更多电池报废下来，从而给动力电池回收市场带来源源不断的增量。

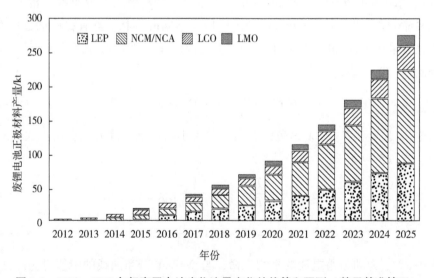

图 5.3 2012—2025 年锂离子电池废物流量变化的估算和预测（基于基准情况）

5.2.2 市场规模预测：情景 I

在统一拆解报废回收情景下（情景 I），磷酸铁锂、锰酸锂电池均按溶解回收金属来计算。磷酸铁锂电池中可回收的金属主要是锂，占正极材料的 4.43%，锰酸锂电池中可回收的金属材料锂的含量为 7.45%、锰含量为 58.5%；在三元电池中，可回收的金属材料是 7.17%~7.26% 的锂、6.05%~20.34% 的钴、5.64%~18.97% 的锰和 NCA 中 1.4% 的铝。按照不同电池的能量密度，可以计算出 1 kW·h 电池中，各类金属的含量（表 5.1）。

表 5.1 不同类型动力电池正极材料中金属含量

电池类别	能量密度/(mA·h/g)	1 kW·h正极重量/kg	质量含量					重量/kg				
			Li	Co	Ni	Mn	Al	Li	Co	Ni	Mn	Al
磷酸铁锂	130	2.40	4.43%	0	0	0	0	0.106	—	—	—	—
锰酸锂	110	2.39	7.45%	0	0	58.51%	0	0.178	—	—	1.400	—
NCM111	140	1.98	7.24%	20.34%	20.34	18.97%	0	0.144	0.404	0.404	0.376	
NCM523	160	1.85	7.23%	12.19%	30.48	17.05%	0	0.134	0.226	0.564	0.316	
NCM622	180	1.74	7.20%	12.14%	36.42	11.32%	0	0.125	0.211	0.632	0.196	
NCM811	200	1.63	7.17%	6.05%	48.36	5.64%	0	0.117	0.099	0.790	0.092	
三元 NCA	200	1.39	7.26%	9.18%	48.96	0	1.40%	0.101	0.128	0.680	—	0.019

根据全国汽车标准化技术委员会发布的《车用动力电池回收利用材料回收要求（征求意见稿）》，镍、钴、锰的综合回收率应不低于 98%，锂的回收率应不低于 85%，铜、铁、铝元素的综合回收率应不低于 90%，其他主要元素回收率应不低于 90%。2018 年已经达到要求水平，未来工艺改进将进一步提高回收率，预计 2020 年锂、钴、镍、锰、铝的回收率分别为 90%、98%、98%、98% 和 90%，到 2025 年，锂的回收率进一步提升将达到 95%（表 5.2）。

表 5.2 2016—2025 年各类金属回收率

金属	2016 年	2017 年	2018 年	2019 年	2020 年	2021 年	2022 年	2023 年	2024 年	2025 年
Li	80%	85%	85%	85%	90%	90%	90%	95%	95%	95%
Co	96%	97%	98%	98%	98%	98%	98%	98%	98%	98%
Ni	96%	97%	98%	98%	98%	98%	98%	98%	98%	98%
Mn	96%	97%	98%	98%	98%	98%	98%	98%	98%	98%
Al	90%	90%	90%	90%	90%	90%	90%	90%	90%	90%

　　锂、钴等金属受下游需求拉动影响，市场价格有了大幅度的上涨，以2018年年初至今市场平均报价作为参考。锂金属91.3万元/t、钴金属60.26万元/t、硫酸镍2.79万元/t、锰金属1.44万元/t、铝金属1.43万元/t，目前金属锂、钴价格已经从高位回落，但仍处于高位，未来回收规模起来后对原材料形成很好的补充，降低对上游的依赖，因此锂、钴等金属价格未来仍有可能下滑，为了便于计算，我们假设2019—2025年锂钴金属价格和当前价格持平。而高镍三元材料则会提升对镍的需求，从目前主流的NCM523到未来NCM811和NCA，1kW·h电池对镍的使用量增加60%，再加上出货量也在增长，未来镍的价格将受到需求端刺激而继续上涨，预计2019—2025年硫酸镍价格分别是29 000~35 000元/吨。通过计算及预测，2018年动力电池回收市场规模为10.1亿元，2020年可达到46亿元，而2025年将超过330亿元（表5.3）。

表5.3　动力电池回收规模预测

金属	2016 年	2017 年	2018 年	2019 年	2020 年	2021 年	2022 年	2023 年	2024 年	2025 年
回收量/t										
Li	53.72	168.50	669.01	1567.29	2855.32	4299.69	6220.66	9326.12	12322.33	15621.89
Go	18.02	91.20	458.70	959.92	2099.25	3768.92	6381.94	9152.78	11591.31	13980.90
Ni	24.32	143.11	873.28	1986.04	4907.35	9542.46	17654.35	29603.90	44982.28	64113.37
Mn	45.07	209.90	926.26	2174.66	4462.65	7332.67	11103.20	15054.66	18844.85	22708.10
Al	0	0	0	0	1.88	6.79	17.29	35.54	62.14	100.65
金属价格/（元/t）										
Li	655 000	812 000	913 000	915 000	915 000	915 000	915 000	915 000	915 000	915 000
Go	211 169	413 219	602 684	600 000	600 000	600 000	600 000	600 000	600 000	600 000
NiSO₄	23 385	25 252	27 954	29 000	30 000	31 000	32 000	33 000	34 000	35 000
电解锰	12 417	12 673	14 418	14 400	14 400	14 400	14 400	14 400	14 400	14 400
Al	12 490	14 438	14 261	14 260	14 260	14 260	14 260	14 260	14 260	14 260
市场规模/百万元										
Li	35.19	136.82	610.80	1434.07	2612.62	3934.22	5691.90	8533.40	11 274.93	14 294.03
Go	3.81	37.69	276.45	575.95	1259.55	2261.35	3829.16	5491.67	6954.78	8388.54
Ni	2.55	16.22	109.54	258.44	660.61	1327.38	2534.98	4383.65	6862.68	10 069.09
Mn	0.56	2.66	13.35	31.32	64.26	105.59	159.89	216.79	271.37	327.00
Al	0	0	0	0	0.03	0.10	0.25	0.51	0.89	1.44
合计	42.11	193.38	1010.15	2299.78	4597.06	7628.64	12 216.18	18 626.01	25 364.65	33 080.09

注：第 N 年 $= \dfrac{\text{第 } (N-3) \text{ 年} + \text{第 } (N-4) \text{ 年} + \text{第 } (N-5) \text{ 年}}{3}$。

5.2.3　市场规模预测：情景Ⅱ

在三元电池回收利用和磷酸铁锂梯次利用情景下（情景Ⅱ），更符合价值最大化原则。磷酸铁锂电池由于具有较高的可循环寿命，在储能等领域有着重大的二次利用价值，因此，在动力电池回收市场成熟阶段，磷酸铁锂电池更倾向于梯次利用，三元动力电池则进行报废拆解。此外，对这两类电池的回收方式分开测算更显准确。

目前，磷酸铁锂电池梯次利用收入为 0.2 元/（W·h），2018—2020 年分别有 4.75 GW·h、11.31 GW·h 和 16.38 GW·h 的磷酸铁锂电池退役，梯次利用规模分别达到 9.5 亿元、22.6 亿元和 32.8 亿元。三元电池拆解回收规模分别为 6.18 亿元、13.63 亿元和 31.61 亿元。2018—2020 年报废拆解和梯次利用合计市场规模分别为 15.7 亿元、36.3 亿元和 64.4 亿元。2025 年，合计市场规模超过 370 亿元（表 5.4）。该模式下市场规模高于统一报废拆解模式，符合价值最大化的原则，未来可能成为主流模式。

表 5.4　三元电池拆解和磷酸铁锂梯次利用模式下市场规模预测

金属	2016 年	2017 年	2018 年	2019 年	2020 年	2021 年	2022 年	2023 年	2024 年	2025 年
三元拆解回收										
Li/t	8.97	47.77	239.32	543.22	1285.53	2309.22	3921.23	6324.61	8848.67	11 810.98
Co/t	18.02	91.20	458.70	959.92	2099.25	3768.92	6381.94	9152.78	11 591.31	13 980.90
Ni/t	24.32	143.11	873.28	1986.04	4907.35	9542.46	17 654.35	29 603.90	44 982.28	64 113.37
Mn/t	45.07	209.90	926.26	2174.66	4462.65	7332.67	11 103.20	15 054.66	18 844.85	22 708.10
Al/t	0	0	0	0	1.88	6.79	17.29	35.54	62.14	100.65
Li/百万元	5.87	38.79	218.50	497.04	1176.26	2112.93	3587.92	5787.01	8096.53	10 807.05
Co/百万元	3.81	37.69	276.45	575.95	1259.55	2261.35	3829.16	5491.67	6954.78	8388.54
Ni/百万元	2.55	16.22	109.54	258.44	660.61	1327.38	2534.98	4383.65	6862.68	10 069.09
Mn/百万元	0.56	2.66	13.35	31.32	64.26	105.59	159.89	216.79	271.37	327.00
Al/百万元	0	0	0	0	0.03	0.10	0.25	0.51	0.89	1.44
合计/百万元	12.79	95.35	617.84	1362.75	3160.70	5807.35	10 112.20	15 879.63	22 186.25	29 593.11

金属	2016 年	2017 年	2018 年	2019 年	2020 年	2021 年	2022 年	2023 年	2024 年	2025 年
磷酸铁锂梯次利用										
报废规模/(GW·h)	0.53	1.33	4.75	11.31	16.38	20.77	23.99	29.67	34.33	37.67
梯次利用价值/百万元	105.07	266.73	949.33	2262.53	3275.53	4153.33	4798.00	5933.33	6866.67	7533.33
拆解 + 梯次利用总规模/亿元	117.80	382.08	1567.18	3625.28	6436.23	9960.60	14 910.20	21 812.96	29 052.92	37 126.44

考虑到目前梯次利用技术还不够成熟，磷酸铁锂电池尚不能大规模二次开发，预计仍以报废拆解为主。随着电池生产标准规范化，2020 年是梯次利用关键节点，磷酸铁锂电池可实现大规模二次商业开发。因此，2020 年以前动力电池以拆解回收为主，2020 年以后，三元电池拆解回收，磷酸铁锂电池梯次利用双主线模式发展。在此情形下，2018—2020 年动力电池回收规模分别为 10.1 亿元、23 亿元和 46 亿元，而 2025 年则超过 370 亿元，三元动力电池拆解回收规模占整个动力电池回收市场规模的 77.5%。

目前，市场对动力电池回收的预测普遍基于电池 3 年报废，这一假设过于理想。针对不同报废年限，本报告设置不同的回收情景，来验证报废年限对回收规模的影响（表 5.5）。

情景 1：和市场假设一致，电池 3 年报废，即第 N 年回收容量 = 第（N - 3）年装机量。

情景 2：假设电池第 3 年报废 50%，第 4 年报废 50%，即 N 年回收容量 = [第（N-3）年装机量 + 第（N-4）年装机量] × 50%。

情景 3：假设第 3 年报废 1/3，第 4 年报废 1/3，第 5 年报废 1/3，即第 N 年回收容量 = 第（N-3）年装机量/3 + 第（N-4）年装机量/3 + 第（N-5）年装机量/3。

情景 4：假设第 3 年报废 50%，第 4 年报废 30%，第 5 年报废 20%，即第 N 年回收容量 = 第（N-3）年装机量 × 50% + 第（N-4）年装机量 × 30% + 第（N-5）年装机量 × 20%。

情景 5：假设第 3 年报废 20%，第 4 年报废 30%，第 5 年报废 50%，即第 N 年回收容量 = 第（N-3）年装机量 × 20% + 第（N-4）年装机量 × 30% + 第（N-5）年装机量 × 50%。

表5.5　不同回收情景下市场规模比较

单位：百万元

	2016 年	2017 年	2018 年	2019 年	2020 年	2021 年	2022 年	2023 年	2024 年	2025 年
情景 1	153.48	785.29	3681.08	6342.02	9176.37	14 252.83	21 165.65	29 296.38	35 988.70	45 459.87
情景 2	141.78	475.52	2263.30	2263.30	7791.88	11 734.95	17 745.19	25 441.28	32 742.92	40 863.26
情景 3	117.86	362.13	1567.58	1567.58	6438.18	9964.14	14 916.05	21 822.38	29 065.21	37 141.48
情景 4	129.77	469.44	2129.42	2129.42	7256.56	11 176.04	16 731.80	24 040.96	31 185.48	39 549.52
情景 5	104.72	274.45	1077.95	1077.95	5622.98	8826.95	13 159.43	19 627.41	26 901.85	34 820.93

在拆解和梯次利用双主线模式下，按情景 1，电池三年报废，2018 年规模 36.8 亿元，显著高于其他模式。考虑终端不同使用场景对电池的充放电频率有区别，这种模式不够准确反映终端使用情况，并且过于乐观。以 3～5 年为期限、每年报废 1/3 是比较合理的情景。

研究结果表明，三元动力电池由于含有镍钴锰等稀有金属，通过拆解提取其中的锂、钴、镍、锰、铜、铝、石墨、隔膜等材料，理论上能实现每吨大约 4.29 万元的经济收益，从而使其具备经济可行性。而磷酸铁锂电池如通过报废拆解仅能够实现每吨大约 0.93 万元的经济收益，难以覆盖其回收成本，因而磷酸铁锂电池更适合用于梯次利用。

第六章　典型技术案例介绍

6.1　实践案例——深圳市泰力废旧电池回收技术有限公司

6.1.1　企业情况简介

深圳市泰力废旧电池回收技术有限公司（以下简称泰力公司）始创于 2007 年，是专业从事废旧锂离子电池、废旧动力电池、镍电池、一次性干电池等回收与技术研发的再生能源高新科技企业。公司目前致力于扩大回收处理规模和提高资源循环产能。

泰力公司拥有深圳和江西上饶两大研发中心和生产基地。公司在深圳龙岗区拥有 10 000 多 m² 的办公区和废旧电池中转区，在江西上饶拥有 50 000 m² 大型厂区，年处理废旧电池的能力在 3000 t 以上，再生原料回收率 98.88%。

公司研发中心拥有优秀的电池回收技术研发人才，公司已申请多项专利技术，自行研发动力电池全自动拆解线、废旧电池全封闭式自动回收设备。

6.1.2　企业经营管理模式

泰力秉承低碳环保、能源循环再利用的主导理念，建立回收认证体系，通过与电池厂、新能源车厂签订战略合作，从电池设计、制造、销售导入泰力循环标志，电池从新能源汽车退役后，泰力公司基于专业的回收管理团队搭建互联网＋物联网回收平台，采用专业的废电池分类仓储和先进的废电池处理设备帮助电池生产厂家及新能源车厂建立电池全生命周期追溯系统及废旧电池回收网络。公司目前已搭建了互联网＋物联网回收平台，该平台拥有 32 130 万家回收门店，日平均回收量达 3 t 以上。2019 年预计增加到 25 万家回收门店，预计日平均回收量达到 20 t。

6.1.3　企业技术路线

泰力电池在废旧锂离子电池综合利用技术方面具有较强的市场竞争力，拥有行业内完善的电池拆解线——全密闭式干电池拆解线、全自动锂电池拆解线、半自动动力电池拆解线，有能力解决废旧锂离子电池的再生难题，实现废旧锂离子电池到电池材料的循环。与市场主流技术相比，指标表现良好。

6.1.4 未来发展规划

2019 年综合处理废旧电池 3500 t、拆解废旧电动汽车电池 5000 台、拆解废旧电动自行车 15 000 辆、电池正极材料销售 1500 t。

2019 年布局建设规划长三角建设回收网点及回收工厂。

预计 2020 年年底创业板上市（提交资料）或被股东上市公司并购。

6.2 实践案例——中天鸿锂清源股份有限公司

6.2.1 企业情况简介

中天鸿锂清源股份有限公司位于江西省赣州市大余县高新产业园区内，公司占地 120 多亩，总建筑面积 20 700 m²，是目前国内众多致力于动力蓄电池综合利用的企业之一。

2017 年 3 月 8 日江西云锂与广州天赐携手创立中天鸿锂清源股份有限公司。中天鸿锂清源股份有限公司（以下简称中天鸿锂）专注于废旧锂电池的回收拆解、梯次利用与再生利用，目前已建成动力蓄电池包智能自动化拆解生产线。中天鸿锂与汽车拆解企业、汽车 4S 店、汽车修理店、新能源汽车企业、动力电池企业等第三方企业达成战略合作关系，共同建立和布局动力电池回收网点，其中包括上汽通用五菱、广汽研究院、广州公交集团、孚能科技、上海卡耐新能源等。

中天鸿锂拥有实力雄厚的研发团队，已建立多个技术创新平台，如工程技术中心、动力电池回收技术研究院和研究生实践基地等；取得了全国工商联"院士专家技术服务站"的授牌。2019 年 5 月，中天鸿锂电池回收技术研究院荣获全国低碳工程实验室和全国低碳工程技术中心。

在 2018—2019 年度节能与资源循环利用名优企业评选中荣获梯次利用标杆企业。2018 年中天鸿锂荣获中国再生资源回收利用百强企业的称号，获得高工锂电技术创新企业金球奖。

6.2.2 企业经营管理模式

中天鸿锂旗下的中天动力品牌开创动力电池"以租代售"的商业新模式，即通过出租而非出售的方式，先向客户收取部分押金，每个月收取少量租金，在延长电池使用年限的同时平衡客户采购成本，还为电池回收提供便利通道。"中天动力"租赁服务已经在北京、广东、广西、江西、江苏、浙江、上海、山东、湖南等地运行。中天动力在电池模组中安装 GPS/北斗和 GPRS/4G/NB – IOT 等动态检测和监控装置，可以实时查询电量、定位等，提升用户体验。2019 年中天动力将继续开发物联网相关技术，如指纹、刷脸等生物识别新技术等，使充电智能化、安全化，快速化。

6.2.3　企业技术路线

中天鸿锂坚持产学研结合技术路线，与北京清华同方股份公司合作开发和运营大数据平台；与清华大学苏州汽车研究院张家港国家再制造产业研究院达成战略合作；已申报 3 个发明专利和 10 多个实用新型专利，其中授权 1 项发明专利和 8 项实用新型专利；参与起草动力电池回收和梯次利用的 4 个团体标准和 2 个动力电池回收和梯次利用装备设备标准；与企业就在梯次利用技术研究和产品开发梯次利用产品检测技术、梯次利用产品市场开发上开展全方位的合作。

6.2.4　回收模式与技术

中天鸿锂基于全流程数据管控 MES 系统，结合智能化柔性运动控制单元、多任务执行机构工作站、快换的机械手、CCD 影像识别与运动定位引导，自主研发废旧动力电池智能自动化拆解生产线，保证智能拆解装备的可靠运行。智能生产线提升电池无害化及资源化处理量，解决梯次利用产业化基础问题，防治拆解过程中的二次污染问题。中天鸿锂立足自身技术创新平台，以"诚信、创新、责任、奉献"的企业精神，走高技术、高效率、清洁环保的回收利用发展之路。

6.3　实践案例——赣州市豪鹏科技有限公司

6.3.1　企业情况简介

赣州市豪鹏科技有限公司（以下简称赣州豪鹏）成立于 2010 年 9 月 21 日，主要股东成员有厦门钨业集团、北汽新能源汽车股份有限公司、豪鹏国际集团。公司主营业务为废旧新能源汽车动力电池回收及梯次利用、废旧电池无害化和资源循环利用，很早就全方位布局废旧二次电池回收及加工利用，是国家级高新技术企业之一，2017 年 8 月被工信部认定为首批国家级绿色工厂。2018年7月，入选工信部首批五家符合《新能源汽车废旧动力蓄电池综合利用行业规范条件》企业之一。赣州豪鹏将积极践行循环经济理念，发挥示范和带动作用，积极推动废弃新能源动力电池的回收利用。

6.3.2　企业经营管理模式

赣州豪鹏坚信绿色循环，构筑未来；始终围绕"专业、专注、专致"的定位发展。积极开展废旧动力电池的回收、拆解、梯次利用、再生利用技术研究。拥有专业的废旧电池回收处理团队、完备的废旧电池运输车辆和贮存仓库、系统的回收处理生产线；专注于开发废旧电池回收市场和无害化处理技术研究，为客户提供优质、绿色服务。

6.3.3　回收模式与技术

赣州豪鹏为满足不同客户需求，采用灵活多变的回收模式：免费诊断，制定符合客户需求的回收方案；量身打造，制定符合客户特色的全套回收方案；深化合作，积极开展创新的合作模式。

赣州豪鹏研发的"废旧电池无害化处理技术"和"废旧新能源汽车动力电池无害化技术"分别入选国家工信部绿色数据中心先进适用技术产品目录和江西省污染防治先进适用技术指导目录。研究成果"硫酸镍的制备方法""高锰钴比镍钴锰原料中镍钴与锰分离的方法""电池回收处理系统及方法"获江西省科技厅科技成果登记。目前，赣州豪鹏已参与江西省科技重点研发计划2项、国家中小企业创新基金研究1项；已申请专利70余项，授权45项，其中7项为核心技术发明专利；主导编制修订废旧动力蓄电池行业标准20余项，其中《废电池分类及代码》（GB/T 36576—2018）等5项国家标准、1项行业标准、6项团体标准已发布实施。

6.3.4　企业发展规模

9余年的砥砺前行，赣州豪鹏不断提高自身废旧电池再生利用技术，积累丰富的电池回收运营经验，赣州豪鹏已在全国16个省份建设回收网点，全面覆盖华东、华中地区，部分覆盖华北、华西、华南地区。回收响应机制灵活，各回收点半径辐射200公里，可实现3天内上门回收，7日内将电池包运输至处理中心，15天内上报电池包信息。

6.4 实践案例——浙江华友循环科技有限公司

6.4.1 企业情况简介

浙江华友钴业股份有限公司（以下简称华友钴业）成立于 2002 年，总部位于浙江桐乡经济开发区，专注于锂电新能源材料制造、钴新材料深加工，以及钴、铜有色金属采、选、冶的高新技术企业。2018 年，华友钴业钴产品产量全球市场份额达到 20%。华友钴业已形成华友资源、华友有色、华友新能源材料和华友循环四大产业板块。公司作为新能源汽车废旧动力蓄电池回收利用业内人士，业务包括废旧动力蓄电池的回收、梯次利用研究及推广、环保拆解及自动化研究和关键材料的高效再生技术研究推广等。

为打造动力蓄电池全生命周期价值链，华友钴业高瞻远瞩提前布局，打造了华友循环板块，以衢州华友钴新材料有限公司（以下简称衢州华友）为再生利用载体、浙江华友循环科技有限公司（以下简称华友循环）为回收综合利用平台，面向全国乃至全球规划布局废旧动力蓄电池回收体系。2018 年9 月，衢州华友入选工信部《新能源汽车废旧动力蓄电池综合利用行业规范条件》企业名单（第一批），正式进入废旧动力蓄电池回收利用行业，在国内实现"矿山冶炼"和"再生材料"分离/独立冶炼生产的废旧动力蓄电池综合利用。其中，再生利用专线已实现年处理废旧动力蓄电池 64 680 t，每年可综合回收钴 5783 t（金属量）、镍 9432 t（金属量）、锂 2050 t（金属量），以及锰、铜箔、铝箔等有价元素。原有矿山资源湿法冶金产能 3.8 万 t 钴金属量，折合电池包接近百万吨。

6.4.2 企业经营管理理念

公司基于合作伙伴的需求提供灵活的回收合作模式，包括从提供高性价比锂电池原材料、保证资源供给的战略合作模式，到合作共建回收渠道保证再生材料供应量的一体化服务合作模式。

6.4.3 系统完善的回收体系

华友循环以浙江衢州废旧动力蓄电池回收再生基地为中心，辐射长三角地区，同时规划在华北、西南、华南建立废旧动力蓄电池回收利用区域生产中心，实现废旧动力蓄电池的就近仓储、梯次利用和无害化物理拆解，加强自建网络的区域协调分工，降低安全风险，打造完整产业链。

①自建或合作共建安全的示范仓储网点，为汽车生产企业、电池生产企业等产业链相关企业就近提供安全存储、测试分选、梯次利用等服务。

②以华北、华南和西南为区域划分，建立区域生产中心，实现电池包无害化物理拆解，降低废旧动力蓄电池运输成本，共享经济效益。

③收购韩国 TMC，筹建印尼和欧洲循环产业基地，规划布局境外循环回收体系。

6.4.4　相应的处理技术和设备

华友循环始终坚持科技创新和科学管理，目前已建成完备的科研团队，在废旧动力蓄电池回收利用各方面开发了相应技术，具体如下。

①开发了自动化柔性拆解和基于污染物及多组元形态定向调控的全湿法分选技术，实现预处理过程安全高效、绿色环保，有效解决破碎分选过程中产生大量废气、粉尘的难题。

②开发了基于微环境反应调控和多金属选择性提取分离的短程化绿色冶金技术，实现多金属元素的高效分离。

③开发了储充一体化储能系统、电池包级别和模组级别的三元电池重组技术，应用于铁塔备电产品、叉车和低速车等不同场合。通过动力蓄电池动静态历史数据，评估电池的残余价值，判断电池的可用性。确定退役电池梯次利用的失效标准，构建动力蓄电池梯次利用系统方案。

④自动化生产线已投入使用，实现安全仓储和拆解生产自动化。

⑤生产过程实现废水、废渣的资源综合化利用。

基于产学研合作基础，逐步优化工程化技术；加强与先进装备制造企业的合作，开展废旧动力电池拆解、检测、有价金属多组分清洁循环利用和电池材料再制备及结构调控等关键技术与设备研究和工程化验证，实现全过程污染控制与系统优化集成，全产业链贯穿绿色化理念，积极探索再生资源产业发展新模式。

附录 A　动力电池行业政策法规

工业和信息化部　科技部　环境保护部
交通运输部　商务部　质检总局　能源局
关于印发《新能源汽车动力蓄电池回收利用
管理暂行办法》的通知

工信部联节〔2018〕43 号

各省、自治区、直辖市及计划单列市、新疆生产建设兵团工业和信息化、科技、环保、交通、商务、质检、能源主管部门，各有关单位：

为加强新能源汽车动力蓄电池回收利用管理，规范行业发展，推进资源综合利用，保护环境和人体健康，保障安全，促进新能源汽车行业持续健康发展，工业和信息化部、科技部、环境保护部、交通运输部、商务部、质检总局、能源局联合制定了《新能源汽车动力蓄电池回收利用管理暂行办法》。现印发给你们，请认真贯彻执行。

工业和信息化部

科学技术部

环境保护部

交通运输部

商务部

国家质量监督检验检疫总局

国家能源局

2018 年 1 月 26 日

新能源汽车动力蓄电池回收利用管理暂行办法

一、总则

第一条　为加强新能源汽车动力蓄电池回收利用管理，规范行业发展，推进资源综合利用，保障公民生命财产和公共安全，促进新能源汽车行业持续健康发展，依据《中华人民共和国环境保护法》《中华人民共和国固体废物污染环境防治法》《中华人民共和国清洁生产促进法》《中华人民共和国循环经济促进法》等法律，按照《国务院关于印发节能与新能源汽车产业发展规划（2012—2020 年）的通知》及《国务院办公厅关于加快新能源汽车推广应用的指导意见》要求，制定本办法。

第二条　本办法适用于中华人民共和国境内（台湾、香港、澳门地区除外）新能源汽车动力蓄电池（以下简称动力蓄电池）回收利用相关管理。

第三条　在生产、使用、利用、贮存及运输过程中产生的废旧动力蓄电池应按照本办法要求回收处理。

第四条　工业和信息化部会同科技部、环境保护部、交通运输部、商务部、质检总局、能源局在各自职责范围内对动力蓄电池回收利用进行管理和监督。

第五条　落实生产者责任延伸制度，汽车生产企业承担动力蓄电池回收的主体责任，相关企业在动力蓄电池回收利用各环节履行相应责任，保障动力蓄电池的有效利用和环保处置。坚持产品全生命周期理念，遵循环境效益、社会效益和经济效益有机统一的原则，充分发挥市场作用。

第六条　国家支持开展动力蓄电池回收利用的科学技术研究，引导产学研协作，鼓励开展梯次利用和再生利用，推动动力蓄电池回收利用模式创新。

二、设计、生产及回收责任

第七条　动力蓄电池生产企业应采用标准化、通用性及易拆解的产品结构设计，协商开放动力蓄电池控制系统接口和通讯协议等利于回收利用的相关信息，对动力蓄电池固定部件进行可拆卸、易回收利用设计。材料有害物质应符合国家相关标准要求，尽可能使用再生材料。新能源汽车设计开发应遵循易拆卸原则，以利于动力蓄电池安全、环保拆卸。

第八条　电池生产企业应及时向汽车生产企业等提供动力蓄电池拆解及贮存技术信息，必要时提供技术培训。汽车生产企业应符合国家新能源汽车生产企业及产品准入管理、强制性产品认证的相关规定，主动公开动力蓄电池拆卸、拆解及贮存技术信息说明以及动力蓄电池的种类、所含有毒有害成分含量、回收措施等信息。

第九条　电池生产企业应与汽车生产企业协同，按照国家标准要求对所生产动力蓄电池进行编码，汽车生产企业应记录新能源汽车及其动力蓄电池编码对应信息。电池生产企业、汽车生产企业应及时通过溯源信息系统上传动力蓄电池编码及新能源汽车相关信息。

电池生产企业及汽车生产企业在生产过程中报废的动力蓄电池应移交至回收服务网点或综合利用企业。

第十条　汽车生产企业应委托新能源汽车销售商等通过溯源信息系统记录新能源汽车及所有人溯源信息，并在汽车用户手册中明确动力蓄电池回收要求与程序等相关信息。

第十一条　汽车生产企业应建立维修服务网络，满足新能源汽车所有人的维修需求，并依法向社会公开动力蓄电池维修、更换等技术信息。新能源汽车售后服务机构、电池租赁等运营企业应在动力蓄电池维修、拆卸和更换时核实新能源汽车所有人信息，按照维修手册及贮存等技术信息要求对动力蓄电池进行维修、拆卸和更换，规范贮存，将废旧动力蓄电池移交至回收服务网点，不得移交其他单位或个人。

新能源汽车售后服务机构、电池租赁等运营企业应在溯源信息系统中建立动力蓄电池编码与新能源汽车的动态联系。

第十二条 汽车生产企业应建立动力蓄电池回收渠道，负责回收新能源汽车使用及报废后产生的废旧动力蓄电池。

（一）汽车生产企业应建立回收服务网点，负责收集废旧动力蓄电池，集中贮存并移交至与其协议合作的相关企业。

回收服务网点应遵循便于移交、收集、贮存、运输的原则，符合当地城市规划及消防、环保、安全部门的有关规定，在营业场所显著位置标注提示性信息。

（二）鼓励汽车生产企业、电池生产企业、报废汽车回收拆解企业与综合利用企业等通过多种形式，合作共建、共用废旧动力蓄电池回收渠道。

（三）鼓励汽车生产企业采取多种方式为新能源汽车所有人提供方便、快捷的回收服务，通过回购、以旧换新、给予补贴等措施，提高其移交废旧动力蓄电池的积极性。

第十三条 汽车生产企业与报废汽车回收拆解企业等合作，共享动力蓄电池拆卸和贮存技术、回收服务网点以及报废新能源汽车回收等信息。回收服务网点应跟踪本区域内新能源汽车报废回收情况，可通过回收或回购等方式收集报废新能源汽车上拆卸下的动力蓄电池。

报废新能源汽车回收拆解，应当符合国家有关报废汽车回收拆解法规、规章和标准的要求。

第十四条 新能源汽车所有人在动力蓄电池需维修更换时，应将新能源汽车送至具备相应能力的售后服务机构进行动力蓄电池维修更换；在新能源汽车达到报废要求时，应将其送至报废汽车回收拆解企业拆卸动力蓄电池。动力蓄电池所有人（电池租赁等运营企业）应将废旧动力蓄电池移交至回收服务网点。废旧动力蓄电池移交给其他单位或个人，私自拆卸、拆解动力蓄电池，由此导致环境污染或安全事故的，应承担相应责任。

第十五条 废旧动力蓄电池的收集可参照《废蓄电池回收管理规范》（WB/T 1061—2016）等国家有关标准要求，按照材料类别和危险程度，对废旧动力蓄电池进行分类收集和标识，应使用安全可靠的器具包装以防有害物质渗漏和扩散。

第十六条 废旧动力蓄电池的贮存可参照《废电池污染防治技术政策》（环境保护部公告 2016 年第 82 号）、《一般工业固体废物贮存、处置场污染控制标准》（GB 18599—2016）等国家相关法规、政策及标准要求。

第十七条 动力蓄电池及废旧动力蓄电池包装运输应尽量保证其结构完整，属于危险货物的，应当遵守国家有关危险货物运输规定进行包装运输，可参照《废电池污染防治技术政策》（环境保护部公告 2016 年第 82 号）、《废蓄电池回收管理规范》（WB/T 1061—2016）等国家相关法规、政策及标准要求。

三、综合利用

第十八条　鼓励电池生产企业与综合利用企业合作，在保证安全可控前提下，按照先梯次利用后再生利用原则，对废旧动力蓄电池开展多层次、多用途的合理利用，降低综合能耗，提高能源利用效率，提升综合利用水平与经济效益，并保障不可利用残余物的环保处置。

第十九条　综合利用企业应符合《新能源汽车废旧动力蓄电池综合利用行业规范条件》（工业和信息化部公告 2016 年第 6 号）的规模、装备和工艺等要求，鼓励采用先进适用的技术工艺及装备，开展梯次利用和再生利用。

第二十条　梯次利用企业应遵循国家有关政策及标准等要求，按照汽车生产企业提供的拆解技术信息，对废旧动力蓄电池进行分类重组利用，并对梯次利用电池产品进行编码。

梯次利用企业应回收梯次利用电池产品生产、检测、使用等过程中产生的废旧动力蓄电池，集中贮存并移交至再生利用企业。

第二十一条　梯次利用电池产品应符合国家有关政策及标准等要求，对不符合该要求的梯次利用电池产品不得生产、销售。

第二十二条　再生利用企业应遵循国家有关政策及标准等要求，按照汽车生产企业提供的拆解技术信息规范拆解，开展再生利用；对废旧动力蓄电池再生利用后的其他不可利用残余物，依据国家环保法规、政策及标准等有关规定进行环保无害化处置。

四、监督管理

第二十三条　工业和信息化部会同国家标准化主管部门研究制定拆卸、包装运输、余能检测、梯次利用、材料回收、安全环保等动力蓄电池回收利用技术标准，建立动力蓄电池回收利用管理标准体系。

第二十四条　建立动力蓄电池回收服务网点上传制度，汽车生产企业应定期通过溯源信息系统上传动力蓄电池回收服务网点等信息，并通过信息平台及时向社会公布有关信息。

第二十五条　工业和信息化部、质检总局负责建立统一的溯源信息系统，会同环境保护部、交通运输部、商务部等有关部门建立信息共享机制，确保动力蓄电池产品来源可查、去向可追、节点可控。

第二十六条　工业和信息化部会同有关部门对梯次利用电池产品实施管理，加强对梯次利用企业的指导，规范梯次利用企业产品，保障产品质量和安全。

第二十七条　鼓励社会资本发起设立产业基金，研究探索动力蓄电池残值交易等市场化模式，促进动力蓄电池回收利用。

第二十八条　工业和信息化部会同质检总局等部门，在各自职责范围内，通过责令企业限期整改、暂停企业强制性认证证书、公开企业履责信息、行业规范条件申报及公告管理等措施，对有关企业落实本办法有关规定实施监督管理。

第二十九条　任何组织和个人有权对违反本办法规定的行为向有关部门投诉、举报。

五、附则

第三十条　本办法由工业和信息化部商科技部、环境保护部、交通运输部、商务部、质检总局、能源局负责解释。

第三十一条　本办法自 2018 年 8 月 1 日施行。

附录

术语和定义

一、动力蓄电池：为新能源汽车动力系统提供能量的蓄电池，由蓄电池包（组）及蓄电池管理系统组成，包括锂离子动力蓄电池、金属氢化物/镍动力蓄电池等，不含铅酸蓄电池。

二、废旧动力蓄电池是指：

（一）经使用后剩余容量或充放电性能无法保障新能源汽车正常行驶，或因其他原因拆卸后不再使用的动力蓄电池；

（二）报废新能源汽车上的动力蓄电池；

（三）经梯次利用后报废的动力蓄电池；

（四）电池生产企业生产过程中报废的动力蓄电池；

（五）其他需回收利用的动力蓄电池。

以上废旧动力蓄电池包括废旧的蓄电池包、蓄电池模块和单体蓄电池。

三、回收：废旧动力蓄电池收集、分类、贮存和运输的过程总称。

四、拆卸：将动力蓄电池从新能源汽车上拆下的过程。

五、拆解：对废旧动力蓄电池进行逐级拆分，直至拆出单体蓄电池的过程。

六、贮存：废旧动力蓄电池收集、运输、梯次利用、再生利用过程中的存放行为，包括暂时贮存和区域集中贮存。

七、利用：废旧动力蓄电池回收后的再利用，包括梯次利用和再生利用。

八、梯次利用：将废旧动力蓄电池（或其中的蓄电池包/蓄电池模块/单体蓄电池）应用到其他领域的过程，可以一级利用也可以多级利用。

九、再生利用：对废旧动力蓄电池进行拆解、破碎、分离、提纯、冶炼等处理，进行资源化利用的过程。

十、汽车生产企业：获得《道路机动车辆生产企业及产品公告》的国内新能源汽车生产企业和新能源汽车进口商。

十一、电池生产企业：国内动力蓄电池生产企业和动力蓄电池进口商。

十二、回收服务网点：汽车生产企业在本企业新能源汽车销售的行政区域（至少地级）内，通过自建、共建、授权等方式建立的废旧动力蓄电池回收服务机构。

十三、报废汽车回收拆解企业：取得资质认定，从事报废汽车回收拆解经营业务的企业。

十四、综合利用企业：是指符合《新能源汽车废旧动力蓄电池综合利用行业规范条件》要求的废旧动力蓄电池梯次利用企业或再生利用企业。

十五、梯次利用企业：即梯次利用电池产品生产企业，是指对废旧动力蓄电池（或其中的蓄电池包/蓄电池模块/单体蓄电池）进行必要的检测、分类、拆解和重组，使其可应用至其他领域的企业。

十六、再生利用企业：是指对废旧动力蓄电池进行拆解、破碎、分离、提纯、冶炼等处理，实现资源再生利用、原材料回收利用等的企业。

工业和信息化部　科技部　生态环境部　交通运输部商务部　市场监管总局　能源局关于做好新能源汽车动力蓄电池回收利用试点工作的通知

工信部联节〔2018〕134号

各省、自治区、直辖市及计划单列市、新疆生产建设兵团工业和信息化、科技、生态环境、交通、商务、市场监管、能源主管部门，中国铁塔股份有限公司：

根据《关于组织开展新能源汽车动力蓄电池回收利用试点工作的通知》（工信部联节函〔2018〕68号）要求，工业和信息化部、科技部、生态环境部、交通运输部、商务部、市场监管总局、能源局组织对有关地区及企业申报的新能源汽车动力蓄电池回收利用试点实施方案进行了评议。经研究，确定京津冀地区、山西省、上海市、江苏省、浙江省、安徽省、江西省、河南省、湖北省、湖南省、广东省、广西壮族自治区、四川省、甘肃省、青海省、宁波市、厦门市及中国铁塔股份有限公司为试点地区和企业。有关事项通知如下：

一、加强组织领导。各试点地区要结合实际情况，成立试点工作领导小组。按照试点实施方案目标、重点任务和具体计划，明确各项任务分工，精心组织，加强协调，确保完成试点目标任务。

二、注重区域协作。各试点地区要与周边地区建立联动机制，破解影响和制约协作开展的瓶颈问题。结合各自产业基础和特点，充分发挥区域互补优势，开展废旧动力蓄电池的集中回收和规范化综合利用，促进形成以点带面的协同发展格局，实现跨区域产业链融合发展。

三、统筹推进回收利用体系建设。推动汽车生产企业落实生产者责任延伸制度，建立回收服务网点，充分发挥现有售后服务渠道优势，与电池生产、报废汽车回收拆解及综合利用企业合作构建区域化回收利用体系。做好动力蓄电池回收利用相关信息公开，采取回购、以旧换新等措施促进动力蓄电池回收。

四、积极探索创新商业模式。要充分调动企业积极性，引导产业链上下游企业密切合作，形成跨行业利益共同体。利用信息技术推动商业模式创新，建设第三方商业化服务平台和技术评估体系，探索线上线下动力蓄电池残值交易等新型商业模式，形成成熟的市场化机制。

五、统筹产业布局和规模。结合本地区新能源汽车保有量、动力蓄电池退役量等实际情况，充分利用现有报废汽车、电子电器拆解以及有色冶金等产业基础，统筹布局动力蓄电池回收利用企业，适度控制拆解和梯次利用企业规模，严格控制再生利用企业（特别是湿法冶炼）数量，促进产业可持续发展。

六、强化科技支撑。统筹利用现有资源，充分发挥骨干企业、科研机构、行业平台及第三方认证机构等各方面优势，促进产学研用合作，重点加强关键共性技术攻关，建立完善动力蓄电池绿色制造、回收利用及处置污染防控等标准体系，形成动力蓄电池回收利用技术创新和推广应用机制。

七、抓好项目建设。以重点建设项目为抓手，带动试点工作整体推进，解决动力蓄电池梯次利用、高效再生利用等突出瓶颈问题，树立一批行业标杆企业，建设一批示范工程，促进相关标准及政策措施逐步完善。

八、加大政策支持。制定出台支持动力蓄电池回收利用的配套政策措施，加强与相关产业政策的对接，充分利用现有税收优惠政策。创新投融资方式，引导金融机构及社会资本加大对动力蓄电池回收利用项目的支持力度。

九、中国铁塔股份有限公司要按照试点实施方案目标、任务等要求，做好组织协调，通过重大项目建设保证示范工作落实。加强与试点地区的对接合作，发挥自身优势，在梯次利用商业模式构建、关键技术研发、标准规范研究及信息化平台建设等方面加强创新。

十、加强过程管理。及时协调解决试点工作过程中遇到的问题和困难，注重总结推广试点工作的好经验、好做法，不断优化试点方案，确保试点工作扎实推进。

十一、做好宣传解读。充分发挥新闻媒体作用，对废旧动力蓄电池的环境安全风险及国家有关政策进行广泛宣传，加大对违法行为的曝光力度，提升社会公众对动力蓄电池回收利用问题重要性的认知度，营造良好的社会氛围。

十二、试点工作结束后，试点地区和中国铁塔股份有限公司要对试点完成情况进行总结，并报工业和信息化部。工业和信息化部将会同科技部、生态环境部、交通运输部、商务部、市场监管总局、能源局，在试点期满后组织开展试点评估，总结试点经验，进一步推动在全国范围内构建完善、高效、规范的动力蓄电池回收利用体系。

其他非试点地区也应结合本地实际情况，尽快研究提出本地区具体实施方案，并将实施方案报工业和信息化部等七部门备案。要加强政府引导，推动汽车生产等相关企业落实动力蓄电池回收利用责任，构建回收利用体系和全生命周期监管机制。加强与试点地区和企业的经验交流与合作，促进形成跨区域、跨行业的协作机制，确保动力蓄电池高效回收利用和无害化处置。

工业和信息化部

科学技术部

生态环境部

交通运输部

商务部

国家市场监督管理总局

国家能源局

2018 年 7 月 23 日

国务院办公厅关于印发"无废城市"建设试点工作方案的通知

国办发〔2018〕128 号

各省、自治区、直辖市人民政府，国务院各部委、各直属机构：

《"无废城市"建设试点工作方案》已经国务院同意，现印发给你们，请认真贯彻执行。

国务院办公厅

2018 年 12 月 29 日

（此件公开发布）

"无废城市"建设试点工作方案

"无废城市"是以创新、协调、绿色、开放、共享的新发展理念为引领，通过推动形成绿色发展方式和生活方式，持续推进固体废物源头减量和资源化利用，最大限度减少填埋量，将固体废物环境影响降至最低的城市发展模式。"无废城市"并不是没有固体废物产生，也不意味着固体废物能完全资源化利用，而是一种先进的城市管理理念，旨在最终实现整个城市固体废物产生量最小、资源化利用充分、处置安全的目标，需要长期探索与实践。现阶段，要通过"无废城市"建设试点，统筹经济社会发展中的固体废物管理，大力推进源头减量、资源化利用和无害化处置，坚决遏制非法转移倾倒，探索建立量化指标体系，系统总结试点经验，形成可复制、可推广的建设模式。为指导地方开展"无废城市"建设试点工作，制定本方案。

一、总体要求

（一）重大意义。党的十八大以来，党中央、国务院深入实施大气、水、土壤污染防治行动计划，把禁止洋垃圾入境作为生态文明建设标志性举措，持续推进固体废物进口管理制度改革，加快垃圾处理设施建设，实施生活垃圾分类制度，固体废物管理工作迈出坚实步伐。同时，我国固体废物产生强度高、利用不充分，非法转移倾倒事件仍呈高发频发态势，既污染环境，又浪费资源，与人民日益增长的优美生态环境需要还有较大差距。开展"无废城市"建设试点是深入落实党中央、国务院决策部署的具体行动，是从城市整体层面深化固体废物综合管理改革和推动"无废社会"建设的有力抓手，是提升生态文明、建设美丽中国的重要举措。

（二）指导思想。以习近平新时代中国特色社会主义思想为指导，全面贯彻党的十九大和十九届二中、三中全会精神，紧紧围绕统筹推进"五位一体"总体布局和协调推进"四个全面"战略布局，深入贯彻习近平生态文明思想和全国生态环境保护大会精神，认真落实党中央、国务院决策部署，坚持绿色低碳循环发展，以大宗工业固体废物、主要农业废弃物、生活垃圾和建筑垃圾、危险废物为重点，实现源头大幅减量、充分资源化利用和安全处置，选择典型城市先行先试，稳步推进"无废城市"建设，为全面加强生态环境保护、建设美丽中国作出贡献。

（三）基本原则。

坚持问题导向，注重创新驱动。着力解决当前固体废物产生量大、利用不畅、非法转移倾倒、处置设施选址难等突出问题，统筹解决本地实际问题与共性难题，加快制度、机制和模式创新，推动实现重点突破与整体创新，促进形成"无废城市"建设长效机制。

坚持因地制宜，注重分类施策。试点城市根据区域产业结构、发展阶段，重点识别主要固体废物在产生、收集、转移、利用、处置等过程中的薄弱点和关键环节，紧密结合本地实际，明确目标，细化任务，完善措施，精准发力，持续提升城市固体废物减量化、资源化、无害化水平。

坚持系统集成，注重协同联动。围绕"无废城市"建设目标，系统集成固体废物领域相关试点示范经验做法。坚持政府引导和市场主导相结合，提升固体废物综合管理水平与推进供给侧结构性改革相衔接，推动实现生产、流通、消费各环节绿色化、循环化。

坚持理念先行，倡导全民参与。全面增强生态文明意识，将绿色低碳循环发展作为"无废城市"建设重要理念，推动形成简约适度、绿色低碳、文明健康的生活方式和消费模式。强化企业自我约束，杜绝资源浪费，提高资源利用效率。充分发挥社会组织和公众监督作用，形成全社会共同参与的良好氛围。

（四）试点目标。到2020年，系统构建"无废城市"建设指标体系，探索建立"无废城市"建设综合管理制度和技术体系，试点城市在固体废物重点领域和关键环节取得明显进展，大宗工业固体废物贮存处置总量趋零增长、主要农业废弃物全量利用、生活垃圾减量化资源化水平全面提升、危险废物全面安全管控，非法转移倾倒固体废物事件零发生，培育一批固体废物资源化利用骨干企业。通过在试点城市深化固体废物综合管理改革，总结试点经验做法，形成一批可复制、可推广的"无废城市"建设示范模式，为推动建设"无废社会"奠定良好基础。

（五）试点范围。在全国范围内选择 10 个左右有条件、有基础、规模适当的城市，在全市域范围内开展"无废城市"建设试点。综合考虑不同地域、不同发展水平及产业特点、地方政府积极性等因素，优先选取国家生态文明试验区省份具备条件的城市、循环经济示范城市、工业资源综合利用示范基地、已开展或正在开展各类固体废物回收利用无害化处置试点并取得积极成效的城市。

二、主要任务

（一）强化顶层设计引领，发挥政府宏观指导作用。建立"无废城市"建设指标体系，发挥导向引领作用。2019 年 6 月底前，研究建立以固体废物减量化和循环利用率为核心指标的"无废城市"建设指标体系，并与绿色发展指标体系、生态文明建设考核目标体系衔接融合。健全固体废物统计制度，统一工业固体废物数据统计范围、口径和方法，完善农业废弃物、建筑垃圾统计方法。（生态环境部牵头，国家发展改革委、工业和信息化部、住房城乡建设部、农业农村部、国家统计局参与）

优化固体废物管理体制机制，强化部门分工协作。根据城市经济社会发展实际，以深化地方机构改革为契机，建立部门责任清单，进一步明确各类固体废物产生、收集、转移、利用、处置等环节的部门职责边界，提升监管能力，形成分工明确、权责明晰、协同增效的综合管理体制机制。（生态环境部指导，试点城市政府负责落实。以下均需试点城市政府落实，不再列出）

加强制度政策集成创新，增强试点方案系统性。落实《生态文明体制改革总体方案》相关改革举措，围绕"无废城市"建设目标，集成目前已开展的有关循环经济、清洁生产、资源化利用、乡村振兴等方面改革和试点示范政策、制度与措施。在继承与创新基础上，试点城市制定"无废城市"建设试点实施方案，和城市建设与管理有机融合，明确改革试点的任务措施，增强相关领域改革系统性、协同性和配套性。（生态环境部、国家发展改革委、工业和信息化部、财政部、自然资源部、住房城乡建设部、农业农村部、商务部、国家卫生健康委、国家统计局指导）

统筹城市发展与固体废物管理，优化产业结构布局。组织开展区域内固体废物利用处置能力调查评估，严格控制新建、扩建固体废物产生量大、区域难以实现有效综合利用和无害化处置的项目。构建工业、农业、生活等领域间资源和能源梯级利用、循环利用体系。以物质流分析为基础，推动构建产业园区企业内、企业间和区域内的循环经济产业链运行机制。明确规划期内城市基础设施保障能力需求，将生活垃圾、城镇污水污泥、建筑垃圾、废旧轮胎、危险废物、农业废弃物、报废汽车等固体废物分类收集及无害化处置设施纳入城市基础设施和公共设施范围，保障设施用地。（国家发展改革委、工业和信息化部、自然资源部、生态环境部、住房城乡建设部、农业农村部、商务部指导）

（二）实施工业绿色生产，推动大宗工业固体废物贮存处置总量趋零增长。全面实施绿色开采，减少矿业固体废物产生和贮存处置量。以煤炭、有色金属、黄金、冶金、化工、非金属矿等行业为重点，按照绿色矿山建设要求，因矿制宜采用充填采矿技术，推动利用矿业固体废物生产建筑材料或治理采空区和塌陷区等。到2020年，试点城市的大中型矿山达到绿色矿山建设要求和标准，其中煤矸石、煤泥等固体废物实现全部利用。（自然资源部、工业和信息化部指导）

开展绿色设计和绿色供应链建设，促进固体废物减量和循环利用。大力推行绿色设计，提高产品可拆解性、可回收性，减少有毒有害原辅料使用，培育一批绿色设计示范企业；大力推行绿色供应链管理，发挥大企业及大型零售商带动作用，培育一批固体废物产生量小、循环利用率高的示范企业。（工业和信息化部、商务部、生态环境部指导）以铅酸蓄电池、动力电池、电器电子产品、汽车为重点，落实生产者责任延伸制，到2020年，基本建成废弃产品逆向回收体系。（国家发展改革委、工业和信息化部、生态环境部、商务部、市场监管总局指导）

健全标准体系，推动大宗工业固体废物资源化利用。以尾矿、煤矸石、粉煤灰、冶炼渣、工业副产石膏等大宗工业固体废物为重点，完善综合利用标准体系，分类别制定工业副产品、资源综合利用产品等产品技术标准。（市场监管总局、工业和信息化部负责）推广一批先进适用技术装备，推动大宗工业固体废物综合利用产业规模化、高值化、集约化发展。（工业和信息化部指导）

严格控制增量，逐步解决工业固体废物历史遗留问题。以磷石膏等为重点，探索实施"以用定产"政策，实现固体废物产消平衡。全面摸底调查和整治工业固体废物堆存场所，逐步减少历史遗留固体废物贮存处置总量。（生态环境部、工业和信息化部指导）

（三）推行农业绿色生产，促进主要农业废弃物全量利用。以规模养殖场为重点，以建立种养循环发展机制为核心，逐步实现畜禽粪污就近就地综合利用。在肉牛、羊和家禽等养殖场鼓励采用固体粪便堆肥或建立集中处置中心生产有机肥，在生猪和奶牛等养殖场推广快速低排放的固体粪便堆肥技术、粪便垫料回用和水肥一体化施用技术，加强二次污染管控。推广"果沼畜"、"菜沼畜"、"茶沼畜"等畜禽粪污综合利用、种养循环的多种生态农业技术模式。到2020年，规模养殖场粪污处理设施装备配套率达到95%以上，畜禽粪污综合利用率达到75%以上。（农业农村部指导）

以收集、利用等环节为重点，坚持因地制宜、农用优先、就地就近原则，推动区域农作物秸秆全量利用。以秸秆就地还田，生产秸秆有机肥、优质粗饲料产品、固化成型燃料、沼气或生物天然气、食用菌基料和育秧、育苗基料，生产秸秆板材和墙体材料为主要技术路线，建立肥料化、饲料化、燃料化、基料化、原料化等多途径利用模式。到2020年，秸秆综合利用率达到85%以上。（国家发展改革委、农业农村部指导）

以回收、处理等环节为重点，提升废旧农膜及农药包装废弃物再利用水平。建立政府引导、企业主体、农户参与的回收利用体系。推广一膜多用、行间覆盖等技术，减少地膜使用。推广应用标准地膜，禁止生产和使用厚度低于0.01 mm的地膜。有条件的城市，将地膜回收作为生产全程机械化的必要环节，全面推进机械化回收。到 2020 年，重点用膜区当季地膜回收率达到 80％以上。（农业农村部、市场监管总局指导）按照"谁购买谁交回、谁销售谁收集"原则，探索建立农药包装废弃物回收奖励或使用者押金返还等制度，对农药包装废弃物实施无害化处理。（生态环境部、农业农村部、财政部指导）

（四）践行绿色生活方式，推动生活垃圾源头减量和资源化利用。以绿色生活方式为引领，促进生活垃圾减量。通过发布绿色生活方式指南等，引导公众在衣食住行等方面践行简约适度、绿色低碳的生活方式。（生态环境部、住房城乡建设部指导）支持发展共享经济，减少资源浪费。限制生产、销售和使用一次性不可降解塑料袋、塑料餐具，扩大可降解塑料产品应用范围。加快推进快递业绿色包装应用，到 2020 年，基本实现同城快递环境友好型包装材料全面应用。（国家发展改革委、商务部、国家邮政局、市场监管总局指导）推动公共机构无纸化办公。在宾馆、餐饮等服务性行业，推广使用可循环利用物品，限制使用一次性用品。创建绿色商场，培育一批应用节能技术、销售绿色产品、提供绿色服务的绿色流通主体。（商务部、文化和旅游部、国管局指导）

多措并举，加强生活垃圾资源化利用。全面落实生活垃圾收费制度，推行垃圾计量收费。建设资源循环利用基地，加强生活垃圾分类，推广可回收物利用、焚烧发电、生物处理等资源化利用方式。（国家发展改革委、住房城乡建设部指导）垃圾焚烧发电企业实施"装、树、联"（垃圾焚烧企业依法依规安装污染物排放自动监测设备、在厂区门口树立电子显示屏实时公布污染物排放和焚烧炉运行数据、自动监测设备与生态环境部门联网），强化信息公开，提升运营水平，确保达标排放。（生态环境部指导）以餐饮企业、酒店、机关事业单位和学校食堂等为重点，创建绿色餐厅、绿色餐饮企业，倡导"光盘行动"。促进餐厨垃圾资源化利用，拓宽产品出路。（国家发展改革委、商务部、国管局指导）

开展建筑垃圾治理，提高源头减量及资源化利用水平。摸清建筑垃圾产生现状和发展趋势，加强建筑垃圾全过程管理。强化规划引导，合理布局建筑垃圾转运调配、消纳处置和资源化利用设施。加快设施建设，形成与城市发展需求相匹配的建筑垃圾处理体系。开展存量治理，对堆放量比较大、比较集中的堆放点，经评估达到安全稳定要求后，开展生态修复。在有条件的地区，推进资源化利用，提高建筑垃圾资源化再生产品质量。（住房城乡建设部、国家发展改革委、工业和信息化部指导）

（五）提升风险防控能力，强化危险废物全面安全管控。筑牢危险废物源头防线。新建涉危险废物建设项目，严格落实建设项目危险废物环境影响评价指南等管理要求，明确管理对象和源头，预防二次污染，防控环境风险。以有色金属冶炼、石油开采、石油加工、化工、焦化、电镀等行业为重点，实施强制性清洁生产审核。（生态环境部指导）

夯实危险废物过程严控基础。开展排污许可"一证式"管理，探索将固体废物纳入排污许可证管理范围，掌握危险废物产生、利用、转移、贮存、处置情况。严格落实危险废物规范化管理考核要求，强化事中事后监管。（生态环境部指导）全面实施危险废物电子转移联单制度，依法加强道路运输安全管理，及时掌握流向，大幅提升危险废物风险防控水平。（生态环境部、交通运输部指导）开展废铅酸蓄电池等危险废物收集经营许可证制度试点。（生态环境部指导）落实《医疗废物管理条例》，强化地方政府医疗废物集中处置设施建设责任，推动医疗废物集中处置体系覆盖各级各类医疗机构。加强医疗废物分类管理，做好源头分类，促进规范处置。（生态环境部、国家卫生健康委指导）

完善危险废物相关标准规范。以全过程环境风险防控为基本原则，明确危险废物处置过程二次污染控制要求及资源化利用过程环境保护要求，规定资源化利用产品中有毒有害物质含量限值，促进危险废物安全利用。（生态环境部、市场监管总局指导）建立多部门联合监管执法机制，将危险废物检查纳入环境执法"双随机"监管，严厉打击非法转移、非法利用、非法处置危险废物。（生态环境部指导）

（六）激发市场主体活力，培育产业发展新模式。提高政策有效性。将固体废物产生、利用处置企业纳入企业环境信用评价范围，根据评价结果实施跨部门联合惩戒。（生态环境部、国家发展改革委、人民银行、银保监会指导）落实好现有资源综合利用增值税等税收优惠政策，促进固体废物综合利用。（财政部、税务总局指导）构建工业固体废物资源综合利用评价机制，制定国家工业固体废物资源综合利用产品目录，对依法综合利用固体废物、符合国家和地方环境保护标准的，免征环境保护税。（工业和信息化部、财政部、税务总局指导）按照市场化和商业可持续原则，探索开展绿色金融支持畜禽养殖业废弃物处置和无害化处理试点，支持固体废物利用处置产业发展。到2020年，在试点城市危险废物经营单位全面推行环境污染责任保险。（人民银行、财政部、国家发展改革委、生态环境部、农业农村部、银保监会指导）在农业支持保护补贴中，加大对畜禽粪污、秸秆综合利用生产有机肥的补贴力度，同步减少化肥补贴。（农业农村部、财政部指导）增加政府绿色采购中循环利用产品种类，加大采购力度。（财政部、国家发展改革委、生态环境部指导）加快建立有利于促进固体废物减量化、资源化、无害化处理的激励约束机制。在政府投资公共工程中，优先使用以大宗工业固体废物等为原料的综合利用产品，推广新型墙材等绿色建材应用；探索实施建筑垃圾资源化利用产品强制使用制度，明确产品质量要求、使用范围和比例。（国家发展改革委、工业和信息化部、住房城乡建设部、市场监管总局、国管局指导）

发展"互联网＋"固体废物处理产业。推广回收新技术新模式，鼓励生产企业与销售商合作，优化逆向物流体系建设，支持再生资源回收企业建立在线交易平台，完善线下回收网点，实现线上交废与线下回收有机结合。（商务部指导，供销合作总社参与）建立政府固体废物环境管理平台与市场化固体废物公共交易平台信息交换机制，充分运用物联网、全球定位系统等信息技术，实现固体废物收集、转移、处置环节信息化、可视化，提高监督管理效率和水平。（生态环境部指导）

积极培育第三方市场。鼓励专业化第三方机构从事固体废物资源化利用、环境污染治理与咨询服务，打造一批固体废物资源化利用骨干企业。（工业和信息化部指导）以政府为责任主体，推动固体废物收集、利用与处置工程项目和设施建设运行，在不增加地方政府债务前提下，依法合规探索采用第三方治理或政府和社会资本合作（PPP）等模式，实现与社会资本风险共担、收益共享。（财政部、国家发展改革委、生态环境部指导）

三、实施步骤

（一）确定试点城市。试点城市由省级有关部门推荐，生态环境部会同国家发展改革委、工业和信息化部、财政部、自然资源部、住房城乡建设部、农业农村部、商务部、文化和旅游部、国家卫生健康委、国家统计局、国家邮政局等部门筛选确定。

（二）制定实施方案。试点城市负责编制"无废城市"建设试点实施方案，明确试点目标，确定任务清单和分工，做好年度任务分解，明确每项任务的目标成果、进度安排、保障措施等。实施方案按程序报送生态环境部，经生态环境部会同有关部门组织专家评审通过后实施。2019 年上半年，试点城市政府印发实施方案。

（三）组织开展试点。试点城市政府是"无废城市"建设试点责任主体，要围绕试点内容，有力有序开展试点，确保实施方案规定任务落地见效。生态环境部会同有关部门对试点工作进行指导和成效评估，发现问题及时调整和改进，适时组织开展"无废城市"建设试点经验交流。

（四）开展评估总结。2021 年 3 月底前，试点城市政府对本地区试点总体情况、主要做法和成效、存在的问题及建议等进行评估总结，形成试点工作总结报告报送生态环境部。生态环境部会同有关部门组织开展"无废城市"建设试点工作成效评估，对成效突出的城市给予通报表扬，把试点城市行之有效的改革创新举措制度化。

四、保障措施

（一）加强组织领导。生态环境部会同有关部门组建协调小组和专家委员会，建立工作协调机制，共同指导推进"无废城市"建设试点工作，统筹研究重大问题，协调重大政策，指导各地试点实践，确保试点工作取得实效。各试点城市政府要高度重视，把试点工作列为政府年度重点工作任务，作为深化城市管理体制改革的重要内容，成立领导小组，健全工作机制，明确部门职责，强化激励措施。正在开展固体废物相关领域试点工作的，要做好与"无废城市"建设试点工作的统筹衔接，加强系统集成，发挥综合效益。

（二）加大资金支持。鼓励地方政府统筹运用相关政策，支持建设固体废物处置等公共设施。试点城市政府要加大各级财政资金统筹整合力度，明确"无废城市"建设试点资金范围和规模。加大科技投入，加快固体废物减量化、高质化利用关键技术、工艺和设备研发制造。鼓励金融机构在风险可控前提下，加大对"无废城市"建设试点的金融支持力度。

（三）严格监管执法。强化对试点城市绿色矿山建设、建筑垃圾处置、固体废物资源化利用工作的督导检查。鼓励试点城市制定相关地方性法规和规章。依法严厉打击各类固体废物非法转移、倾倒行为，以及无证从事危险废物收集、利用与处置经营活动。持续打击非法收集和拆解废铅酸蓄电池、报废汽车、废弃电器电子产品行为。加大对生产和销售超薄塑料购物袋、农膜的查处力度。加强固体废物集散地综合整治。对固体废物监管责任落实不到位、工作任务未完成的，依纪依法严肃追究责任。

（四）强化宣传引导。面向学校、社区、家庭、企业开展生态文明教育，凝聚民心、汇集民智，推动生产生活方式绿色化。加大固体废物环境管理宣传教育，有效化解"邻避效应"，引导形成"邻利效应"。将绿色生产生活方式等内容纳入有关教育培训体系。依法加强固体废物产生、利用与处置信息公开，充分发挥社会组织和公众监督作用。

北京资源强制回收环保产业技术创新
战略联盟团体标准

T/ATCRR06—2019

梯次利用锂离子蓄电池 检验方法

Echelon used lithium ion battery—Test method

（发布稿）

2019 – 07 – 08 发布 2019 – 07 – 18 实施

北京资源强制回收环保产业技术创新战略联盟 发布

目　次

前言

1　范围

2　规范性引用文件

3　术语和定义

4　符号

5　检验方法

6　型式试验项目及数量

前　言

本标准按照 GB/T 1.1—2009 给出的规则起草。

请注意本文件的某些内容可能涉及专利，本文件的发布机构不承担识别这些专利的责任。

本标准由北京资源强制回收环保产业技术创新战略联盟（ATCRR）提出并归口。

本标准起草单位：清华大学苏州汽车研究院（吴江）、广东省资源综合利用研究所、张家港清研检测技术有限公司、贵州中伟资源循环产业发展有限公司、浙江天能新材料有限公司、骆驼集团武汉新能源科技有限公司、赣州市豪鹏科技有限公司、天齐锂业资源循环技术研发（江苏）有限公司、北京赛德美资源再利用研究院有限公司、中天鸿锂清源股份有限公司、国家轻型电动车及电池产品质量监督检验中心、格林美（武汉）新能源汽车服务有限公司、国网重庆市电力公司电力科学研究院、张家港清研再制造产业研究院有限公司、国际铜业协会（中国）、工业和信息化部电子第五研究所、轻工业化学电源研究所。

本标准主要起草人：郑郁、周赵亮、刘牡丹、周吉奎、薛绍军、何晓霞、陈军、甄爱钢、李靖、刘辉、夏诗忠、区汉成、高洁、赵小勇、陈进昭、张超、顾正建、康俊杰、龙伟、龙羿、胡建峰、徐强、高屹峰、梁建国、胡坚耀、王海波。

梯次利用锂离子蓄电池　检验方法

1　范围

本标准规定了梯次利用锂离子蓄电池的术语和定义、符号、检验方法和型式试验项目及样品数量。

本标准适用于应用于低速车、电动自行车、储能用梯次利用锂离子蓄电池。应用于其他场景的梯次利用锂离子蓄电池可参照本标准执行。

2　规范性引用文件

下列文件对于本文件的应用是必不可少的。凡是注日期的引用文件，仅注日期的版本适用于本文件。凡是不注日期的引用文件，其最新版本（包括所有的修改单）适用于本文件。

GB/T **31467.3**　电动汽车用锂离子动力电池包和系统　第**3**部分：安全性要求与测试方法

GB/T **31485**　电动汽车用动力电池安全要求及试验方法

GB/T **34015**　车用动力电池回收利用 余能检测

GB/T **36276**　电力储能用锂离子电池

GB/T **36945**　电动自行车用锂离子电池词汇

GB/T **36972** 电动自行车用锂离子蓄电池

QB/T **2947.3**　电动自行车用电池及充电器　第**3**部分：锂离子电池及充电器

T/ATCRR **01**　废旧动力蓄电池综合利用企业生产通用要求

3　术语和定义

GB/T **31467.3**、GB/T **31485**、GB/T **34015**、GB/T **36276**、GB/T **36945**、GB/T **36972**、QB/T **2947.3**界定的以及下列术语和定义适用于本文件。

3.1　*梯次利用*　echelon use

梯次利用是指动力电池从电动车上退役后，梯级应用到其他目标领域，其功能全部或部分恢复的继续使用过程。

［T/ATCRR **01—2018**，定义**3.4**］

3.2　梯次利用锂离子蓄电池　echelon used lithium ion battery

退役后性能仍满足小功率动力电动车或储能等其他使用要求的车用动力锂离子蓄电池，由若干个电池单体和电池管理系统组成，电池单体与电池管理系统可放置于一个单独的机械电气单元内，也可分开放置。

4　符号

下列符号适用于本文件。

R_{ac}——单体电池的内阻，单位为毫欧［姆］（$m\Omega$）

U_a——单体电池两端的电压降，单位为伏［特］（V）

I_a——通过单体电池的电流，单位为安［培］（A）

I_5——5h 率放电电流，单位为安［培］（A）

I_2——2h 率放电电流，单位为安［培］（A）

5　检验方法

5.1　试验条件

5.1.1　环境条件

环境温度：**25 ± 2 ℃**；

相对湿度：**25% ~ 85%**；

气压：大气压力 **86 ~ 106** kPa。

5.1.2　测量仪器、仪表准确度

测量仪器、仪表准确度应满足以下要求：

a）电压测量装置：不低于 **0.5** 级；

b）电流测量装置：不低于 **0.5** 级；

c）温度测量装置：**±0.5 ℃**；

d）时间测量装置：**±0.1%**；

e）尺寸测量装置：**±0.1%**；

f）质量测量装置：**±0.1%**。

5.1.3　安全防护要求

检验安全性能项目，宜在防爆房或防爆箱中进行，试验区域应配备灭火设施。

5.2 外观、极性、外形尺寸、质量、标志

5.2.1 外观

目视检查被测电池的外观。

5.2.2 极性

使用万用表电压档测量电池的极性。

5.2.3 外形尺寸

使用量具测量电池的外形尺寸。

5.2.4 质量

使用衡器测量电池的质量。

5.2.5 标志

目视检查电池标志。

5.3 电性能

5.3.1 开路电压

使用电压表测量电池的开路电压。

5.3.2 工作电流

5.3.2.1 充电

在 25 ± 2 ℃的环境下，将完全放电状态的电池以表1规定的充电电流恒流充电至充电截止电压后转恒压充电，在恒压充电阶段，当充电电流小于充电截止电流时停止充电；或按电池生产商要求进行充电，总充电时长应不超过 8 h。

表1 充放电电流

应用场景	充电电流/A	放电电流/A
储能用	I_5	I_5
电动自行车用	$0.4I_2$	I_2
低速车用	I_2	I_2
其他	I_5	I_5

5.3.2.2　试验方法

在 25 ± 2 ℃ 的环境下，电池按 5.3.2.1 的规定充电，静置 1 ~ 5 h 后，以 0.5 I_2（A）电流放电至放电截止电压或电池保护，在放电过程中的第 10 min 时，以 15 A 的脉冲电流、脉宽 5 s 放电一次。

5.3.3　容量

5.3.3.1　室温放电容量

试验方法如下：

a）按 5.3.2.1 的规定充电，静置 8 h；

b）将电池置于 25 ± 2 ℃ 环境条件下，以表 1 规定的放电电流放电至放电截止电压或电池保护；

c）计算电池室温放电容量；

d）试验可重复三次，在三次试验内，实际容量不能大于额定容量的 110%。

5.3.3.2　低温放电容量

试验方法如下：

a）按 5.3.2.1 的规定充电；

b）将电池置于低温箱中静置 24 h，试验温度按表 2 的规定执行；

c）在低温箱中以表 1 规定的放电电流放电至放电截止电压或电池保护；

d）计算电池实际低温放电容量。

表 2　　　　　　　　　低温放电容量试验温度

电池类型	试验温度/ ℃
低速车/电动自行车用梯次利用锂离子蓄电池	− 20
其他应用场景的梯次利用锂离子蓄电池	− 10

5.3.3.3　高温放电容量

试验方法如下：

a）按 5.3.2.1 的规定充电；

b）将电池置于高温箱中静置 16 h，试验温度按表 3 的规定执行；

c）在高温箱中以表 1 规定的放电电流放电至放电截止电压或电池保护；

d）计算电池实际高温放电容量。

表 3　　　　　　　　　高温放电容量试验温度

电池类型	试验温度/ ℃
电动自行车用梯次利用锂离子蓄电池	55
其他应用场景的梯次利用锂离子蓄电池	40

5.3.4 1C 放电容量

试验方法如下：

a) 按 5.3.2.1 的规定充电，并静置 16 h 后；

b) 将电池置于 25 ±2 ℃的环境条件下；

c) 以 1C 电流放电至放电截止电压或电池保护；

d) 计算电池 1C 放电容量。

5.3.5 荷电保持能力

试验方法如下：

a) 按 5.3.2.1 的规定充电；

b) 将电池置于 5.1.1 规定的环境条件下；

c) 以开路方式静置 30 d 后，以表 1 规定的放电电流放电至放电截止电压或电池保护；

d) 计算放电容量；

e) 电池的荷电保持能力用额定容量值的百分比表达。

5.3.6 循环寿命

试验方法如下：

a) 按 5.3.2.1 的规定充电；

b) 以表 1 规定的放电电流放电至电池的放电截止电压或电池保护，在 5.1.1 的规定条件下连续循环；

c) 充、放电之间的间歇转换时间不低于 0.5 h 且不超过 1 h；

d) 当电池放电容量连续三次低于额定容量的 80% 时，停止试验；

e) 记录电池循环的次数。

注 1：循环寿命实验停止前的 3 次循环不计入循环寿命总次数。

注 2：电动自行车用锂离子蓄电池循环寿命试验停止对应的额定容量为 70%。

5.3.7 余能

余能试验按 5.3.3 的规定进行。

5.3.8 交流内阻

试验方法如下：

a) 按 5.3.2.1 的规定充电，静置 1 h；

b) 使一个交流电流 I_a 通过电池，测量单体电池两端的电压降 U_a；

c) 测试信号的频率为 1 ±0.1 kHz，正弦波；

d）测试电流为 50 mA，或者交流信号流过电池时，在电池两端产生的电压降不得大于 20 mV；

e）使用公式 $R_{ac} = U_a / I_a$ 计算电池交流电阻。

5.4　振动

振动按 GB/T 36972—2018，6.3.7 中的规定进行。

5.5　安全性能

5.5.1　短路

将按 5.3.2.1 规定完成充电的电池，正负极用电阻不大于 5 mΩ 的导线短路 1 h，或电压低于 0.2 V，或保护装置动作，观察 1 h。

5.5.2　过充电

将按 5.3.2.1 规定完成充电的电池，以表 1 规定的电流进行过充电 2 h 或达到充电截止电压 1.5 倍或保护装置动作。

5.5.3　过放电

电池完全放电后，以表 1 规定的放电电流继续放电，直至达到 2 h，或电池电压为 0 V，或保护装置动作。

5.5.4　恒温湿热

将按 5.3.2.1 规定完成充电的电池放入温度 40 ± 2 ℃，相对湿度 90% ~95% 的恒温恒湿箱中，持续时间 48 h。时间到达后取出，在 5.1.1 规定的条件下静置 6 h，对样品进行外观目测检查。

5.5.5　温度冲击

按 GB/T 31467.3—2015，7.7 中的规定进行。

5.5.6　海水浸泡

按 GB/T 31467.3—2015，7.9 中的规定进行。

5.5.7　自由跌落

将按 5.3.2.1 规定完成充电的电池从 1000 mm 高度处自由跌落到水泥板试验台面上，X、Y、Z 每个方向各试验 1 次。试验结束后，对样品进行外观目测检查。

5.5.8 加热

电池按 5.3.2.1 规定充电后，置于温度箱，以 3 ~ 7 ℃/min 的速度升温，温度升至 130 ℃后开始计时，并保持温度在 130 ±2 ℃范围内 1 h，观察 1 h。试验结束后，对样品进行外观目测检查。

5.5.9 针刺

将按 5.3.2.1 规定完成充电的电池在 5.2.1 规定的条件下，用一个直径 3 ~ 8 mm 的钢针贯穿电池几何中心，钢针停留在电池内 10 min 后拔出，观察 1 h。

5.5.10 挤压

5.5.10.1 储能用梯次利用锂离子蓄电池挤压测试时应符合以下要求：

a) 电池按 5.3.2.1 的规定充电；

b) 挤压板形式：半径为 75 mm 的半圆柱体，半圆柱体的长度应大于测试对象的高度，相差小于 1 m；

c) 挤压方向：最易受到挤压的方向；

d) 挤压力达到 13 kN 或挤压变形量达到挤压方向的整体尺寸的30%时停止挤压；

e) 观察 1 h。

5.5.10.2 电动自行车用梯次利用锂离子电池挤压测试时应符合以下要求：

a) 电池按 5.3.2.1 的规定充电；

b) 挤压板形式：半径为 75 mm 的半圆柱体，半圆柱体的长度应大于测试对象的高度，相差小于 1 m；

c) 挤压方向：最易受到挤压的方向；

d) 挤压力达到 30 kN 或挤压变形量达到挤压方向的整体尺寸的30%时停止挤压；

e) 保持 10 min，观察 1 h。

5.5.10.3 低速电动车用梯次利用锂离子电池挤压测试时应符合以下要求：

a) 电池按 5.3.2.1 的规定充电；

b) 挤压板形式：半径为 75 mm 的半圆柱体，半圆柱体的长度应大于测试对象的高度，相差小于 1 m；

c) 挤压方向：X 轴和 Y 轴；

d) 挤压力达到 80 kN 或挤压变形量达到挤压方向的整体尺寸的30%时停止挤压；

e) 保持 10 min，观察 1 h。

低速车行驶方向为 X 轴，另一垂直于行驶方向的水平方向为 Y 轴。

5.5.10.4 其他应用场景用梯次利用锂离子电池挤压测试时应符合以下要求：

a) 电池按 5.3.2.1 的规定充电；

b) 挤压板形式：半径为 75 mm 的半圆柱体，半圆柱体的长度应大于测试对象的高度，相差小于 1 m；

c) 挤压方向：最易受到挤压的方向；

d) 挤压力达到 13 kN 或挤压变形量达到挤压方向的整体尺寸的 30% 时停止挤压；

e) 保持 10 min，观察 1 h。

5.5.11　机械冲击

电动自行车用锂离子蓄电池按 GB/T 36972—2018，6.3.6 中的规定进行；其他应用锂离子蓄电池按 GB/T 31467.3—2015，7.2 中的规定进行。

5.5.12　低气压

按 GB/T 36972—2018，6.3.9 中的规定进行。

5.5.13　热失控

按 GB/T 36276—2018，A.3.19 中的规定进行。

5.5.14　绝热温升

按 GB/T 36276—2018，5.2.1.5 中的规定进行。

5.5.15　浸水

按 GB/T 36972—2018，6.3.11 中的规定进行。

5.5.16　放电过流保护

按 GB/T 36972—2018，6.4.5 中的规定进行。

6　型式试验项目及样品数量

梯次利用锂离子蓄电池未规定型式试验项目和样品数量时，按表 4 进行测试。

表 4　　　　　　　　　型式试验项目及数量表

序号	项目名称	性能要求	试验方法	样品编号
1	外观		5.2.1	全部
2	极性		5.2.2	全部
3	外形尺寸		5.2.3	第5、6组
4	质量		5.2.4	第7、8组
5	标志		5.2.5	第1、2组
6	开路电压	梯次利用锂离子 电池性能要求	5.3.1	第3、4组
7	工作电流		5.3.2	第5、6组
8	室温放电容量		5.3.3.1	第7、8组
9	低温放电容量		5.3.3.2	第1、2组
10	高温放电容量		5.3.3.3	第3、4组
11	1C放电容量		5.3.4	第9，10组
12	荷电保持能力		5.3.5	第5、6组
13	循环寿命		5.3.6	第7、8组
14	振动		5.4	第1组
15	短路		5.5.1	第2组
16	过充电		5.5.2	第3组
17	过放电		5.5.3	第4组
18	恒温湿热		5.5.4	第5组
19	温度冲击		5.5.5	第8组
20	海水浸泡		5.5.6	第7组
21	自由跌落		5.5.7	第6组
22	加热	梯次利用锂离子 电池安全性能要求	5.5.8	第9组
23	针刺		5.5.9	第5组
24	挤压		5.5.10	第9组
25	机械冲击		5.5.11	第1组
26	低气压		5.5.12	第7组
27	热失控		5.5.13	第6组
28	绝热温升		5.5.14	第8组
29	浸水		5.5.15	第7组
30	放电过流保护		5.5.16	第10组
注：电性能试验完成后的电池可用于安全性能测试。				

北京资源强制回收环保产业技术
创新战略联盟团体标准

T/ATCRR07—2019

梯次利用锂离子电池　储能用蓄电池

Echelon used lithium ion battery—Battery for energy storage

（发布稿）

北京资源强制回收环保产业技术创新战略联盟　发布

目　次

前言

1　范围

2　规范性引用文件

3　术语和定义

4　规格

5　技术要求

6　蓄电池包/蓄电池系统组装

7　检验规则

8　标志、包装、运输、储存

前　言

本标准按照 GB/T 1.1—2009 给出的规则起草。

请注意本文件的某些内容可能涉及专利，本文件的发布机构不承担识别这些专利的责任。

本标准由北京资源强制回收环保产业技术创新战略联盟（ATCRR）提出并归口。

本标准起草单位：清华大学苏州汽车研究院（吴江）、张家港清研再制造产业研究院有限公司、格林美（武汉）新能源汽车服务有限公司、浙江天能新材料有限公司、北京京城金太阳能源科技有限公司、骆驼集团武汉新能源科技有限公司、启迪桑德环境资源股份有限公司、深圳市雄韬电源科技股份有限公司、珠海瓦特电力设备有限公司、天齐锂业资源循环技术研发（江苏）有限公司、赣州市豪鹏科技有限公司、北京赛德美资源再利用研究院有限公司、中天鸿锂清源股份有限公司、深圳市钜力能科技有限公司、国网重庆市电力公司电力科学研究院、张家港清研检测技术有限公司、江苏省电池储能产品质量监督检验中心（筹）、国际铜业协会（中国）、工业和信息化部电子第五研究所、轻工业化学电源研究所。

本标准主要起草人：董金聪、陈海龙、胡建峰、康俊杰、何晓霞、龙伟、李靖、陈建、陈永涛、夏诗忠、丁莹、高鹏然、郑永强、高洁、区汉成、赵小勇、陈进昭、王文景、曹德定、龙羿、周赵亮、顾正建、高屹峰、王玉、梁建国、胡坚耀、王海波。

梯次利用锂离子电池　储能用蓄电池

1　范围

本标准规定了梯次利用锂离子蓄电池储能用电池的术语和定义、规格、技术要求、蓄电池包组装、检验规则和标志、包装、运输、储存。

本标准适用于电力储能用梯次利用锂离子蓄电池，其他应用场景的储能用梯次利用锂离子蓄电池可参照本标准。

2　规范性引用文件

下列文件对于本文件的应用是必不可少的。凡是注日期的引用文件，仅注日期的版本适用于本文件。凡是不注日期的引用文件，其最新版本（包括所有的修改单）适用于本文件。

GB/T 191　包装储运图示标志

GB/T 2893.1 图形符号　安全色和安全标志　第1部分：安全标志和安全标记的设计原则

GB 2894　安全标志及其使用导则

GB/T 4208　外壳防护等级（IP代码）

GB/T 18384.1　电动汽车　安全要求　第1部分：车载可充电储能系统（REESS）

GB/T18384.3　电动汽车　安全要求　第3部分：人员触电防护

GB/T 18455　包装回收标志

GB/T 34014　汽车动力蓄电池编码规则

GB/T 34015　车用动力电池回收利用余能检测

GB/T 31467.3　电动汽车用锂离子动力蓄电池包和系统　第3部分：安全性要求与测试方法

GB/T 31485　电动汽车用动力蓄电池安全要求及试验方法

GB/T 36276　电力储能用锂离子电池

JT/T 617.7 危险货物道路运输规则　第7部分：运输条件及作业要求

T/ATCRR 06　梯次利用锂离子电池 检验方法

3　术语和定义

GB/T 31467.3、GB/T 31484、GB/T 31485、GB/T 36276、GB/T 36945、GB/T 36972、

QB/T 2947.3、T/ATCRR 06 界定的以及下列术语和定义适用于本文件。

3.1　单体蓄电池　secondary cell

直接将化学能转化为电能的基本单元装置，包括电极、隔膜、电解质、外壳和端子，并被设计成可充电。

［GB/T 31485—2015，定义 3.1］

3.2　蓄电池模块　battery module

将一个以上单体蓄电池按照串联、并联或串并联方式组合，且只有一对正负极输出端子，并作为电源使用的组合体。

［GB/T 31485—2015，定义 3.2］

3.3　蓄电池包 battery pack

通常包括蓄电池组、蓄电池管理模块（不包含 BCU）、蓄电池箱以及相应附件，具有从外部获得电能并可对外输出电能的单元。

［GB/T 31467.3—2015，定义 3.4］

3.4　蓄电池系统　battery system

一个或一个以上蓄电池包及相应附件（管理系统、高压电路、低压电路、热管理设备以及机械总成等）构成的能量存储装置。

［GB/T 31467.3—2015，定义 3.5］

3.5　额定容量　rated capacity

在规定条件下测得，并由制造商标称的电池的容量值。

［GB 36945—2018，定义 4.6］

3.6　初始容量　initial capacity

新出厂的动力蓄电池，在室温下，完全充电后，以 $1I_1$（A）电流放电至企业规定的放电终止条件时所放出的容量（Ah）。

［GB/T 31485—2015，定义 3.7］

3.7　保护装置　protective device

当单体蓄电池或蓄电池包出现温度、电压、电流等异常情况时，保障安全的辅助装置。

［GB 36972—2018，定义 3.2］

4 规格

梯次利用锂离子电池 储能用蓄电池的型号、规格，按 GB/T 36276—2018，第 4 章的规定执行。

5 技术要求

5.1 一般要求

5.1.1 外观

5.1.1.1 单体蓄电池

外观不应有变形及裂纹，表面平整无毛刺、干燥、无外伤、无污物，且标志清晰、正确。

5.1.1.2 蓄电池模块

外观不应有变形及裂纹，表面干燥、无外伤、无污物，排列整齐、连接可靠，且标志清晰、正确。

5.1.1.3 蓄电池包

所含设备、零部件及辅助设施的外观不应有变形及裂纹，表面干燥、无外伤、无污物，排列整齐、连接可靠，且规格、警示等标志清晰、正确。

5.1.2 编码

按 GB/T 34014 的规定，对蓄电池包、蓄电池模块编码后，上传至汽车动力蓄电池编码备案系统。

5.1.3 极性

5.1.3.1 单体蓄电池

端子极性标志应正确、清晰。

5.1.3.2 蓄电池模块

端子极性标志应正确、清晰。

5.1.3.3 蓄电池包

端子极性标志应正确、清晰。

5.1.4 外形尺寸及质量

符合产品规格书要求。

5.2 单体蓄电池性能

5.2.1 基本性能

5.2.1.1 初始充放电能量

单体蓄电池按 GB/T 34015 的规定方法进行初始充放电能量试验，应不低于单体蓄电池原出厂额定容量的 60%。

5.2.1.2 倍率充放电性能

按 GB/T 36276—2018，5.2.1.2 的规定执行。

5.2.1.3 高温充放电性能

按 GB/T 36276—2018，5.2.1.3 的规定执行。

5.2.1.4 低温充放电性能

按 GB/T 36276—2018，5.2.1.4 的规定执行。

5.2.1.5 绝热温升

按 GB/T 36276—2018，5.2.1.5 的规定执行。

5.2.1.6 能量保持与能量恢复能力

按 GB/T 36276—2018，5.2.1.6 的规定执行。

5.2.1.7 储存性能

按 GB/T 36276—2018，5.2.1.7 的规定执行。

5.2.2 循环寿命

单体蓄电池按 GB/T 36276—2018，A.2.11 的规定进行过充电试验时，单体蓄电池循环寿命应不低于 500 次。第 500 次的放电容量应不低于额定容量的 80%。

5.2.3 安全性能

5.2.3.1 过充电

单体蓄电池按 GB/T 36276—2018，A.2.12 的规定进行过充电试验时，应不起火、不爆炸。

5.2.3.2 过放电

单体蓄电池按 GB/T 36276—2018，A.2.13 的规定进行放电试验时，应不起火、不爆炸、不漏液。

5.2.3.3 短路

单体蓄电池按 GB/T 36276—2018，A.2.14 的规定进行短路试验时，应不起火、不爆炸。

5.2.3.4 挤压

单体蓄电池按 GB/T 36276—2018，A.2.15 的规定进行挤压试验时，应不起火、不爆炸。

5.2.3.5 跌落

单体蓄电池按 GB/T 36276—2018，A.2.16 的规定进行跌落试验时，应不起火、不爆炸。

5.2.3.6 低气压

单体蓄电池按 GB/T 36276—2018，A.2.17 的规定进行低气压试验时，应不起火、不爆炸、不漏液。

5.2.3.7 加热

单体蓄电池按 GB/T 36276—2018，A.2.18 的规定进行加热试验时，应不起火、不爆炸。

5.2.3.8 热失控

单体蓄电池按 GB/T 36276—2018，A.2.18 的规定进行热失控试验时，应不起火、不爆炸，不发生热失控。

5.3 蓄电池包性能

5.3.1 基本性能

5.3.1.1 室温放电容量

按 T/ATCRR 06—2019，5.3.3.1 的规定进行室温放电容量试验，放电容量应不小于额定容量，且不大于额定容量的 110%。

5.3.1.2 1C 放电容量

按 T/ATCRR 06—2019，5.3.4 的规定进行 1C 放电容量试验，放电容量应不小于额定容量，且不大于额定容量的 110%。

5.3.1.3 高温放电容量

按 T/ATCRR 06—2019，5.3.3.3 的规定进行高温放电容量试验，放电容量应不小于初始容量的 98%，充放电能量效率应不低于 90%。

5.3.1.4 低温放电容量

按 T/ATCRR 06—2019，5.3.3.2 的规定进行低温放电容量试验，放电容量应不小于初始容量的 75%，充放电能量效率应不低于 75%。

5.3.1.5 荷电保持能力

按 T/ATCRR 06—2019，5.3.5 的规定进行荷电保持能力试验，荷电保持能力应不低于初始容量的 90%，充、放电容量恢复率应不低于 92%。

5.3.1.6 储存性能

蓄电池包按 GB/T 36276—2018，A.3.9 的规定进行存储性能试验时，其充、放电能量恢复率应不低于 90%。

5.3.1.7 绝缘性能

蓄电池包按 GB/T 36276—2018，A.3.10 的规定进行绝缘性能试验时，各部分绝缘电阻按标称电压计算应不低于 2000 Ω/V。

5.3.1.8　耐压性能

蓄电池包按 GB/T 36276—2018，A.3.11 的规定进行耐压性能试验时，不应发生绝缘材料的击穿或闪络现象。

5.3.2　循环寿命

蓄电池包按 T/ATCRR 06—2019，5.3.6 的规定进行循环寿命试验时，循环寿命不低于 500 次。第 500 次的放电容量应不低于额定容量的 80%。

5.3.3　安全性能

5.3.3.1　过充电

蓄电池包按 T/ATCRR 06 – 2019，5.5.2 的规定进行过充电试验时，应不起火，不爆炸。

5.3.3.2　过放电

蓄电池包按 T/ATCRR 06—2019，5.5.3 的规定进行过放电试验时，应不起火，不爆炸，不漏液。

5.3.3.3　短路

蓄电池包按 T/ATCRR 06—2019，5.5.1 的规定进行短路试验时，应不起火，不爆炸。

5.3.3.4　挤压

蓄电池包按 T/ATCRR 06 – 2019，5.5.10.1 的规定进行挤压试验时，应不起火，不爆炸。

5.3.3.5　自由跌落

蓄电池包按 T/ATCRR 06—2019，5.5.7 的规定进行跌落试验时，应不起火，不爆炸。

5.3.3.6　盐雾与高温高湿

按 GB/T 36276—2018，5.3.3.6 的规定执行。

5.3.3.7　热失控扩散

蓄电池包按 GB/T 36276—2018，A.3.19 的规定进行热失控试验时，应不起火、不爆炸，不发生热失控扩散。

5.3.3.8　IP 防护等级

5.3.3.8.1　防尘等级

按 GB/T 4208—2017，表 2 中防护等级为 4 的规定执行。

5.3.3.8.2　防水等级

按 GB/T 4208—2017，表 3 中防护等级为 5 的规定执行。

5.4 蓄电池系统性能

5.4.1 初始充放电能量

蓄电池系统按 GB/T 36276—2018，A.4.2 的规定进行初始充放电能量试验时，应符合以下要求：

a）实际充电能量应不小于额定充电能量；

h）实际放电能量应不小于额定放电能量；

c）充放电能量效率应不小于92%。

5.4.2 绝缘性能

按 GB/T 36276—2018，5.4.2 的规定执行。

5.4.3 耐压性能

按 GB/T 36276—2018，5.4.3 的规定执行。

5.4.4 监测与报警保护

5.4.4.1 监测功能

应能正常显示包括但不限于以下监测信息：

a）电压；

b）电流；

c）输入/输出功率；

d）通讯状态；

e）充电/放电状态；

f）可用能量状态；

g）荷电状态；

h）健康状态；

i）绝缘状态；

j）工作电压设定值；

k）保护电压设定值；

l）电池单体电压极差；

m）电池单体温度极差；

n）异常报警状态。

5.4.4.2 报警保护

5.4.4.2.1 过压充电

任意一只单体电池的充电电压异常时，电池管理系统应具有以下功能：

a）达到设定的充电报警电压限值，发出过压充电报警信息；

b）达到设定的充电保护电压限值，发出过压充电保护信息。

5.4.4.2.2 过流充电

任意一只单体电池的充电电流异常时，电池管理系统应具有以下功能：

a）达到设定的充电报警电流限值，发出过流充电报警信息；

b）达到设定的充电保护电流限值，发出过流充电保护信息。

5.4.4.2.3 欠压放电

任意一只单体电池的放电电压异常时，电池管理系统应具有以下功能：

a）达到设定的放电报警电压限值，发出欠压放电报警信息；

b）达到设定的放电保护电压限值，发出欠压放电保护信息。

5.4.4.2.4 过流放电

任意一只单体电池的放电电流异常时，电池管理系统应具有以下功能：

a）达到设定的放电报警电流限值，发出过流放电报警信息；

b）达到设定的放电保护电流限值，发出过流放电保护信息。

5.4.4.2.5 过温

任意一只单体电池的温度异常时，电池管理系统应具有以下功能：

a）达到设定的报警温度限值，发出过温报警信息；

b）达到设定的保护温度限值，发出过温保护信息。

5.4.4.2.6 短路

蓄电池包应具备熔断器、快速开关等短路保护装置。

6 蓄电池包/蓄电池系统组装

6.1 固定

6.1.1 蓄电池包/蓄电池系统在电池箱内应可靠固定；固定系统和蓄电池包之间的电绝缘符合 GB/T 18384.1—2015，6.1 的要求，固定系统应采取防护措施。

6.1.2 固定系统不应影响排气系统、通风系统或高压元件的正常工作。

6.1.3 固定系统应设计成易拆卸和安装的结构。

6.2 动力线及相关电器件组装

6.2.1 连接点

应符合以下要求：

a) 各种电连接点应保持牢靠的预紧力，采取防松脱措施；

b) 所有无基本绝缘的连接点应加强防护，应符合 GB/T 4208 的要求。

6.2.2 动力线路标志

动力线路标志应符合 GB/T 2893.1 和 GB 2894 的规定。

6.2.3 动力线路的连接件

连接件应有表面防腐处理。

6.2.4 保险装置

选取合理安装位置，保险装置中的电子部件熔断时应不引燃其他部件。

6.3 组装

6.3.1 极性标志

蓄电池包/蓄电池系统的正负极性应标志在接线端子附近，清楚易见；标志所用材料和颜色按 GB/T 2893.1 的规定执行。

6.3.2 组装

应符合以下要求：

a) 应采取防止振动和碰擦措施，采用定位和夹紧装置；

b) 对于绝缘间隙小于 15 mm 的部位应采取绝缘和防护措施；

c) 蓄电池包或蓄电池系统的电连接按 GB/T 4208 的规定执行。

6.4 管理系统安装

6.4.1 管理模块

管理模块安装时应符合以下要求：

a) 管理模块可集成在电池箱内，宜安装在独立的箱体内；

b) 应与蓄电池模块等部件物理隔离；

c) 有声光提示的部位应采用透明和透声材料，提示信号清晰，便于感知，提示音量大于 70dB。

6.4.2 传感元件

蓄电池包/蓄电池系统总电流、总电压及电池组电压、温度等传感元件宜集成在相应的箱体中；未集成在相应的箱体中时，应采取防护措施，按 GB/T 18384.3—2015，6.3 的规定执行。

6.4.3 采集线路布置

线束应可靠固定，走线平顺合理，应与其他线路可靠隔离。

6.5 元器件接口

6.5.1 机械接口

机械接口应定位准确、固定可靠，宜设计为不对称性结构，接口准确对接，防止误装。

6.5.2 高功率电接口

高功率电接口应具有防腐蚀功能，防松动措施。

6.5.3 监控与控制接口

监控与控制接口应定位准确、固定可靠，宜设计为不对称性结构，接口准确对接，防止误装。

7 检验规则

7.1 检验分类和检验项目

按 GB/T 36276—2018，6.1 中的规定执行。

7.2 出厂检验

按 GB/T 36276—2018，6.2 中的规定执行。

7.3 型式试验

7.3.1 型式检验

按 GB/T 36276—2018，6.3.1 中的规定执行。

7.3.2 检验项目和样品数

按 GB/T 36276—2018，6.3.2 中的规定执行。

7.3.3 判定规则

按 GB/T 36276—2018，6.3.3 中的规定执行。

8 标志、包装、运输、储存

8.1 标志

8.1.1 蓄电池包/蓄电池系统外表面应具有永久性铭牌。内容应包括但不限于：

a) 产品名称；

b) 产品型号/规格；

c) 蓄电池包/蓄电池系统编码号；

d) 额定能量（kW·h）；

e) 额定容量（Ah）；

f) 标称电压（V）；

g) 额定放电电流（A）；

h) 峰值放电电流（A）；

i) 额定充电电流（A）；

j) 质量（kg）；

k) 制造商；

l) 厂址；

m) 执行标准号、年号；

n) 生产批号；

o) 生产日期；

p) 梯次利用电池标志。

8.1.2 蓄电池包/蓄电池系统安全标志和铭牌应明显可见，安全标志应符合 GB/T 18384.1—2015 中第 4 章的规定。

8.1.3 蓄电池包/蓄电池系统应有 GB 2894—2008，表 2 中 2－7 警示标志。

8.1.4 蓄电池包/蓄电池系统应有可回收标志，选用回收标志按 GB/T 18455—2010，表 1 中的规定执行。

8.1.5 蓄电池包/蓄电池系统对外动力线缆、控制线缆的接口处应有明显标记。

8.1.6 蓄电池包/蓄电池系统外表面上禁止、警告和指令标志应符合 GB 2894 的要求。

8.1.7 蓄电池包/蓄电池系统应标识极性。极性标志应位于接近端子柱的位置，标志符如下：

a) 正极端子——用符号"＋"或文字"正极"标志；

b) 负极端子——用符号"－"或文字"负极"标志。

8.2 包装

8.2.1 放置在干燥、防尘、防潮、防振的包装箱内。包装箱上应标明以下标志：

a) 小心轻放；

b) 向上；

c) 防雨；

d) 防晒；

e) 重心；

f) 堆码层数极限；

g) 禁止翻滚；

h) 第九类危险品标志；

i) 远离热源标志。

包装储运图示标志按 GB/T 191 的规定执行。

8.2.2　包装箱上应包含以下信息：

a) 品名；

b) 型号；

c) 数量；

d) 制造商；

e) 地址；

f) 邮政编码；

g) 执行标准编号、年号；

h) 净质量；

i) 总质量。

8.2.3　包装箱内应包含以下随机文件：

a) 装箱单；

b) 产品合格证；

c) 使用说明书；

d) 出厂检验报告。

8.3　运　输

8.3.1　运输时剩余电量应在20% ~50%或不小于制造商推荐值。

8.3.2　运输中，应防止剧烈振动、冲击、日晒、雨淋，不应倒置，运输车辆应按 JT/T 617.7 的规定配置灭火器等消防设备。

8.3.3　运输中应对电气接口进行保护，防止碰撞、跌落。

8.3.4 装卸时，应轻搬轻放，严禁摔掷、翻滚、重压。

8.4　储　存

8.4.1　宜储存于温度为 5 ~35 ℃、相对湿度不大于75%、通风、清洁、干燥的室内。避免阳光直射，远离腐蚀性物质、火源及热源。

8.4.2 电储存期间，剩余电量宜在 40%~50%。

8.4.3 不应倒置或卧放，避免机械冲击或重压。

8.4.4 从制造之日起，宜每储存 6 个月，按制造商要求补充电。

北京资源强制回收环保产业技术创新战略联盟团体标准

T/ATCRR 08—2019

梯次利用锂离子电池 低速电动车用蓄电池

Echelon used lithium ion batteries—Battery for low speed electric vehicle

（发布稿）

2019 – 07 – 08 发布　　　　　　　　　　　2019 – 07 – 18 实施

北京资源强制回收环保产业技术创新战略联盟　发布

目　次

前言

1　范围

2　规范性引用文件

3　术语和定义

4　单体蓄电池

5　蓄电池包/蓄电池系统

6　蓄电池包/蓄电池系统组装

7　检验分类和检验项目

8　标志、包装、运输、储存

前　言

本标准按照 GB/T 1. 1—2009 给出的规则起草。

请注意本文件的某些内容可能涉及专利，本文件的发布机构不承担识别这些专利的责任。

本标准由北京资源强制回收环保产业技术创新战略联盟（ATCRR）提出并归口。

本标准起草单位：中天鸿锂清源股份有限公司、张家港清研再制造产业研究院有限公司、常州攸米新能源科技有限公司、浙江天能新材料有限公司、骆驼集团武汉新能源科技有限公司、启迪桑德环境资源股份有限公司、深圳市雄韬电源科技股份有限公司、北京赛德美资源再利用研究院有限公司、赣州市豪鹏科技有限公司、格林美（武汉）新能源汽车服务有限公司、国网重庆市电力公司电力科学研究院、国家轻型电动车及电池产品质量监督检验中心、江苏蓝博威新能源科技有限公司、工业和信息化部电子第五研究所、国际铜业协会（中国）、轻工业化学电源研究所。

本标准主要起草人：陈进昭、张超、陈海龙、胡建峰、徐强、周赵亮、何晓霞、李靖、余心亮、夏诗忠、丁莹、高鹏然、赵小勇、区汉成、康俊杰、张华、胡晓锐、高屹峰、顾正建、谢家喜、殷劲松、胡坚耀、王海波。

梯次利用锂离子电池　低速电动车用蓄电池

1　范围

本标准规定了低速电动车用梯次利用锂离子电池的单体蓄电池要求、蓄电池包/蓄电池系统要求、蓄电池包/蓄电池系统组装、检验分类和检验项目及标志、包装、运输、储存。

本标准适用于低速电动车用梯次利用锂离子电池。

2　规范性引用文件

下列文件对于本文件的应用是必不可少的。凡是注日期的引用文件，仅注日期的版本适用于本文件。凡是不注日期的引用文件，其最新版本（包括所有的修改单）适用于本文件。

GB/T 191　包装储运图示标志

GB/T 2893.1 图形符号　安全色和安全标志　第1部分：安全标志和安全标记的设计原则

GB 2894　安全标志及其使用导则

GB/T 4208　外壳防护等级（IP 代码）

GB/T 5013.1　额定电压 450 V/750 V 及以下橡皮绝缘电缆　第1部分：一般要求

GB/T 18384.1 电动汽车　安全要求　第1部分：车载可充电储能系统（REESS）

GB/T 18384.3　电动汽车　安全要求　第3部分：人员触电防护

GB/T 18455　包装回收标志

GB/T 19666　阻燃和耐火电线电缆通则

GB/T 20234.1　电动汽车传导充电用连接装置　第1部分：通用要求

GB/T 20234.2　电动汽车传导充电用连接装置　第2部分：交流充电接口

GB/T 20234.3　电动汽车传导充电用连接装置　第3部分：直流充电接口

GB/T 20626.1　特殊环境条件 高原电工电子产品　第1部分：通用技术要求

GB/T 31467.3　电动汽车用锂离子动力蓄电池包和系统　第3部分：安全性要求与测试方法

GB/T 31485　电动汽车用动力蓄电池安全要求及试验方法

GB/T 31486　电动汽车用动力蓄电池性能要求及试验方法

GB/T **34013**　电动汽车用动力蓄电池产品规格尺寸

GB/T **34014**　汽车动力蓄电池编码规则

GB/T **36945**　电动自行车用锂离子蓄电池词汇

GB/T **36972**　电动自行车用锂离子蓄电池

QB/T **2947.3**　电动自行车用蓄电池及充电器　第 **3** 部分：锂离子蓄电池及充电器

QC/T **413**　汽车电气设备基本技术条件

QC/T **417.1**　车用电线束插接器　第 **1** 部分：定义，试验方法和一般性能要求（汽车部分）

QC/T **417.3**　车用电线束插接器　第 **3** 部分：单线片式插接件的尺寸和特殊要求

QC/T **417.4**　车用电线束插接器　第 **4** 部分：多线片式插接件的尺寸和特殊要求

JT/T **617.7** 危险货物道路运输规则　第 **7** 部分：运输条件及作业要求

T/ATCRR**06**　梯次利用锂离子蓄电池　检验方法

T/TBPS **1001**　微型低速电动车技术条件

3　术语和定义

GB/T **31467.3**、GB/T **31485**、GB/T **36945**、GB/T **36972**、QB/T **2947.3**、T/ATCRR **06**、T/TBPS **1001** 界定的以及下列术语和定义适用于本文件。

3.1　低速电动车　low speed electric vehicle

纯电驱动的四轮车辆（包括客、货、专用车），整车整备质量小于 **1500**kg、设计最高车速小于 **70**km/h，驱动电能来源于车载蓄能装置。

［T/TBPS **1001—2016**，定义 **3.1**］

3.2　单体蓄电池　secondary cell

直接将化学能转化为电能的基本单元装置，包括电极、隔膜、电解质、外壳和端子，并被设计成可充电。

［GB/T **31485—2015**，定义 **3.1**］

3.3　蓄电池模块　battery module

将一个以上单体蓄电池按照串联、并联或串并联方式组合，且只有一对正负极输出端子，并作为电源使用的组合体。

［GB/T **31485—2015**，定义 **3.2**］

3.4　蓄电池包　battery pack

通常包括蓄电池组、蓄电池管理模块（不包含 BCU）、蓄电池箱以及相应附件，具有从外部获得电能并可对外输出电能的单元。

［GB/T 31467.3—2015，定义3.4］

3.5 蓄电池系统 battery system

一个或一个以上蓄电池包及相应附件（管理系统、高压电路、低压电路、热管理设备以及机械总成等）构成的能量存储装置。

［GB/T 31467.3—2015，定义3.5］

3.6 额定容量 rated capacity

在规定条件下测得，并由制造商标称的电池的容量值。

［GB 36945—2018，定义4.6］

3.7 初始容量 initial capacity

新出厂的动力蓄电池，在室温下，完全充电后，以$1I_1$（A）电流放电至企业规定的放电终止条件时所放出的容量（Ah）。

［GB 31485—2015，定义3.7］

3.8 保护装置 protective device

当单体蓄电池或蓄电池包出现温度、电压、电流等异常情况时，保障安全的辅助装置。

［GB 36972—2018，定义3.2］

3.9 荷电状态 state of charge

蓄电池包/蓄电池系统在某一时刻含有的可用电量。

4 单体蓄电池要求

4.1 信息采集

4.1.1 退役蓄电池包/蓄电池系统用于梯次利用时，应记录电池信息，包括但不限于以下参数：

a）类型；

b）额定容量；

c）余能；

d）交流内阻；

e）尺寸；

f）电压；

g）温度；

h）荷电状态；

i）制造商；

j）电池编码。

4.1.2　单体蓄电池检验报告。单体蓄电池安全性及电性能检验应按 GB/T 31485 和 GB/T 31486 的规定进行。

4.2　外观

单体蓄电池应平整、无外伤、无污物，标识清晰、正确，不应泄漏、破损、腐蚀、变形。

4.3　极性

单体蓄电池的正负极性应标识清晰，正确。

4.5　外形尺寸和质量

单体蓄电池的外形尺寸和质量应符合 GB/T 34013 的规定。

4.6　余能

按 T/ATCRR 06—2019，5.3.7 的规定进行余能试验，单体蓄电池余能应不小于原出厂额定容量的 80%，外观无变形、无爆裂。

4.7　1C 放电容量

按 T/ATCRR 06—2019，5.3.4 的规定进行 1C 放电容量试验，单体蓄电池余能应不小于原出厂额定容量的 80%，外观无变形、无爆裂。

4.8　荷电保持能力

按 T/ATCRR 06—2019，5.3.5 的规定进行荷电保持能力试验，单体蓄电池的荷电保持率应不低于 85%。

4.9　循环寿命

按 T/ATCRR 06—2019，5.3.6 的规定进行循环寿命试验，单体蓄电池衰减到额定容量 80% 时，循环次数应大于 500 次。

4.10　交流内阻

按 T/ATCRR 06—2019，5.3.8 的规定进行交流内阻试验，单体蓄电池的内阻值，应不超过其出厂规格的 1.5 倍。

4.11 过放电

按 GB/T 31485—2015，6.2.2 的规定进行过放电试验时，应不爆炸、不起火、不漏液。

4.12 过充电

按 GB/T 31485—2015，6.2.3 的规定进行过充电试验时，应不爆炸、不起火。

4.13 短路

按 GB/T 31485—2015，6.2.4 的规定进行短路试验时，应不爆炸、不起火。

4.14 温度循环

按 GB/T 31485—2015，6.2.10 的规定进行温度循环试验时，应不爆炸、不起火、不漏液。

4.15 挤压

按 GB/T 31485—2015，6.2.7 的规定进行挤压试验时，应不爆炸、不起火。

4.16 低气压

按 GB/T 31485—2015，6.2.11 的规定进行低气压试验时，应不爆炸、不起火、不漏液。

5 蓄电池包/蓄电池系统要求

5.1 环境要求

5.1.1 温度应符合以下要求：

a) 储运温度：−10 ~ 50 ℃；

b) 充电温度：0 ~ 45 ℃；

c) 放电温度：−20 ~ 55 ℃。

5.1.2 相对湿度应符合以下要求：

a) 工作相对湿度：25% ~ 95%；

b) 储运相对湿度：25% ~ 95%。

5.1.3 大气压力应在 **86** k～106kPa 之间，大气压力低于 **86** kPa 时，应符合 GB/T **20626.1** 的规定。

5.2 一般要求

5.2.1 充电和放电应安全可靠。

5.2.2 应有信息采集、信息传递和安全监测功能。

5.2.3 应设计成便于检查、维修的结构。

5.2.4 应具有过热保护装置。

5.2.5 根据图样设计制造蓄电池包/蓄电池系统，外形尺寸和质量应符合 GB/T **34013** 要求。

5.2.6 外壳完好，不得有变形、裂纹及漏液；表面应平整、干燥、无外伤；蓄电池模块排列整齐，连接完好。

5.2.7 按 GB/T **34014** 的规定对蓄电池包/蓄电池系统进行编码，与原蓄电池模块编码建立关联。

5.3 电气性能

5.3.1 一般要求

5.3.1.1 应符合 GB/T **31467.3** 的要求。

5.3.1.2 正负极性应标识清晰，正确。

5.3.2 额定电压

标称电压分 **48**V、**60**V、**72**V 三级。

5.3.3 容量（Ah）

按 T/ATCRR **06—2019**，**5.3.3** 的规定进行容量试验，应不低于制造商规定的额定容量。

5.3.4 荷电保持能力

按 T/ATCRR **06—2019**，**5.3.5** 的规定进行荷电保持能力试验，应不低于初始容量的 **80%**。

5.3.5 循环寿命

按 T/ATCRR **06—2019**，**5.3.6** 的规定进行循环寿命试验，蓄电池包/蓄电池系统衰减到额定容量的 **80%** 时，循环次数应大于 **500** 次。

5.3.6 电气绝缘性能

蓄电池包/蓄电池系统正极或负极与金属外壳的绝缘电阻应大于 **10 MΩ**。

5.4 安全性能

5.4.1 IP 防护等级

蓄电池包/蓄电池系统 IP 防护等级应不低于 **IP45**。

5.4.2 振动

按 T/ATCRR **06—2019**, **5.4** 的规定进行振动试验，蓄电池包/蓄电池系统应结构完好，无电压锐变，无泄漏、外壳破裂、着火或爆炸现象。试验后绝缘电阻值不小于 **100 Ω/V**。

5.4.3 机械冲击

按 T/ATCRR **06—2019**, **5.5.11** 的规定进行机械冲击试验，蓄电池包/蓄电池系统应结构完好，无泄漏、外壳破裂，着火或爆炸现象。

5.4.4 恒温湿热

按 T/ATCRR **06—2019**, **5.5.4** 的规定进行恒温湿热试验，蓄电池包/蓄电池系统应结构完好，无泄漏、外壳破裂，着火或爆炸现象。试验后绝缘电阻值不小于 **100 Ω/V**。

5.4.5 低气压

按 T/ATCRR **06—2019**, **5.5.12** 的规定进行低气压试验，蓄电池包/蓄电池系统应结构完好，无电压锐变，无泄漏、外壳破裂、着火或爆炸现象。试验后绝缘电阻值不小于 **100 Ω/V**。

5.4.6 短路

按 T/ATCRR **06—2019**, **5.5.1** 的规定进行短路试验，蓄电池包/蓄电池系统保护装置应起作用，无泄漏、外壳破裂，着火或爆炸现象。

5.4.7 过充电

按 T/ATCRR **06—2019**, **5.5.2** 的规定进行过充电试验，蓄电池包/蓄电池系统应结构完好，无电压锐变，无泄漏、外壳破裂、着火或爆炸现象。

5.4.8 过放电

按 T/ATCRR **06—2019**, **5.5.3** 的规定进行过放电试验，蓄电池包/蓄电池系统应结构完好，无电压锐变，无泄漏、外壳破裂、着火或爆炸现象。

5.4.9　加热

按 T/ATCRR 06—2019，5.5.8 的规定进行加热试验，蓄电池包/蓄电池系统应结构完好，无电压锐变，无泄漏、外壳破裂、着火或爆炸现象。

5.5　参数管理

5.5.1　功能要求

5.5.1.1　应与低速电动车控制器参数相匹配。

5.5.1.2　应具备过压保护、过充保护、过流保护、过温保护、短路保护和低压报警功能。

5.5.2　I/O 接口和通讯协议

5.5.2.1　管理单元和充电机的接口应符合 GB/T 20234.1、GB/T 20234.2、GB/T 20234.3 的规定。

5.5.2.2　管理单元的通讯协议应支持发送数据、上传或保存服务器、随时查阅电池状态。

5.5.3　数据记录

5.5.3.1　特征数据记录

车辆在充电和行驶过程中应自动采集特殊数据并记录。

5.5.3.2　基本信息参数数据记录

应采集并记录以下信息：

a）充电机初始化的电池和低速车基本信息；

b）充电过程控制的电池和低速车基本信息。

5.6　动力线路

5.6.1　安装

5.6.1.1　按蓄电池包/蓄电池系统最大限流值选择动力线导线，动力线路的载流面积应满足电动车使用中的最大电流要求，线径选择应符合 GB/T 5013.1 的要求。

5.6.1.2　动力线缆阻燃和耐火性能应符合 GB/T 19666 的要求。

5.6.1.3　安装和绑扎应紧实、采取防振措施。

5.6.2 动力线连接器

5.6.2.1 应具有可靠输电能力。

5.6.2.2 接触电阻应符合 GB/T 18384.3—2015，6.4.2 的要求。

5.6.2.3 采用插拔型式的动力线接插器，单个插接器插拔力应大于 **50** N。

5.7 控制线路

5.7.1 材料

材料应符合 QC/T **413** 的要求。

5.7.2 线束

线束应符合 QC/T **417.1** 的要求，其阻燃和耐火性能应符合 GB/T **19666** 的要求。

5.7.3 连接器

低压控制线路、采集线路的连接器应符合 QC/T **417.1**、QC/T **417.3**、QC/T **417.4** 的要求。

6 蓄电池包/蓄电池系统组装

6.1 固定

6.1.1 蓄电池包/蓄电池系统在电池箱内应可靠固定；固定系统和蓄电池包之间的电绝缘符合 GB/T **18384.1**—**2015**，**6.1** 的要求，固定系统应采取防护措施。

6.1.2 固定系统不应影响排气系统、通风系统或高压元件的正常工作。

6.1.3 固定系统应设计成易拆卸和安装的结构。

6.2 动力线及相关电器件组装

6.2.1 连接点

应符合以下要求：

a) 各种电连接点应保持牢靠的预紧力，采取防松脱措施；

b) 所有无基本绝缘的连接点应加强防护，应符合 GB/T **4208** 的要求。

6.2.2 动力线路标志

动力线路标志应符合 GB/T **2893.1** 和 GB **2894** 的规定。

6.2.3 动力线路的连接件

连接件应有表面防腐处理。

6.2.4 保险装置

选取合理安装位置，保险装置中的电子部件熔断时应不引燃其他部件。

6.3 组装

6.3.1 极性标志

蓄电池包/蓄电池系统的正负极性应标志在接线端子附近，清楚易见；标志所用材料和颜色按 GB/T 2893.1 的规定执行。

6.3.2 组装

应符合以下要求：

a）应采取防止振动和碰擦措施，采用定位和夹紧装置；

b）对于绝缘间隙小于 15 mm 的部位应采取绝缘和防护措施；

c）蓄电池包或蓄电池系统的电连接按 GB/T 4208 的规定执行。

6.4 管理系统安装

6.4.1 管理模块

管理模块安装时应符合以下要求：

a）管理模块可集成在电池箱内，宜安装在独立的箱体内；

b）应与蓄电池模块等部件物理隔离；

c）有声光提示的部位应采用透明和透声材料，提示信号清晰，便于感知，提示音量大于 70 dB。

6.4.2 传感元件

蓄电池包/蓄电池系统总电流、总电压及电池组电压、温度等传感元件宜集成在相应的箱体中；未集成在相应的箱体中时，应采取防护措施，按 GB/T 18384.3—2015，6.3 的规定执行。

6.4.3 采集线路布置

线束应可靠固定，走线平顺合理，应与其他线路可靠隔离。

6.5 元器件接口

6.5.1 机械接口

机械接口应定位准确、固定可靠，宜设计为不对称性结构，接口准确对接，防止误装。

6.5.2 高功率电接口

高功率电接口应具有防腐蚀功能，防松动措施。

6.5.3 监控与控制接口

监控与控制接口应定位准确、固定可靠，宜设计为不对称性结构，接口准确对接，防止误装。

7 检验分类和检验项目

7.1 检验分类

检验分为出厂检验和型式检验。

7.2 出厂检验

7.2.1 产品应由检验部门检查合格后方能出厂，并应附有产品质量合格证。

7.2.2 产品应按批进行检验，每批应保证为同一工艺方法生产的同一型号的产品。

7.2.3 在出厂检验中，若有一项或一项以上不合格时，应将该产品退回返修，修复后进行复检。

7.3 型式检验

7.3.1 有下列情况之一应进行型式检验：

a）新产品试制定型鉴定时；

b）原材料、工艺发生较大变更，可能影响产品性能时；

c）停止生产半年后，恢复生产时；

d）正式生产时，每两年进行一次；

e）国家质量监督机构提出要求时。

7.3.2 判定规则

型式检验中，若有一项不合格时，应判定为不合格。

8　标志、包装、运输、储存

8.1　标志

8.1.1　蓄电池包/蓄电池系统外表面应具有永久性铭牌。铭牌内容应包括：

a) 产品名称；

b) 产品型号/规格；

c) 蓄电池包/蓄电池系统编码号；

d) 额定能量（kW·h）；

e) 额定容量（Ah）；

f) 标称电压（V）；

g) 额定放电电流（A）；

h) 额定充电电流（A）；

i) 质量（kg）；

j) 制造商；

k) 厂址；

l) 执行标准号；

m) 生产日期。

8.1.2　蓄电池包/蓄电池系统安全标志和铭牌应明显、可见，安全标志应符合 GB/T 18384.1—2015 第 4 章的规定。

8.1.3　蓄电池包/蓄电池系统的警示标志应符合 GB 2894—2008，表 2 中 2-7 的规定。

8.1.4　蓄电池包/蓄电池系统应有可回收标志，选用回收标志应符合 GB/T 18455—2010，表 1 的规定。

8.1.5　蓄电池包/蓄电池系统对外接动力线缆、控制线缆的接口处应有明显标记。

8.1.6　蓄电池包/蓄电池系统外表面上禁止、警告和指令的标志应符合 GB 2894 的要求。

8.1.7　蓄电池包/蓄电池系统应标识极性。极性标志应位于接近端子柱的位置，标志符如下：

a) 正极端子——用符号"+"或文字"正极"标志。

b) 负极端子——用符号"−"或文字"负极"标志。

8.2　包装

8.2.1　放置在干燥、防尘、防潮、防振的包装箱内。包装箱上应标明以下标志：

a) 小心轻放；

b) 向上；

c) 防雨；

d) 防晒；

e) 重心；

f) 堆码层数极限；

g) 禁止翻滚；

h) 第九类危险品标志。

包装储运图示标志按 GB/T 191 的规定执行。

8.2.2 包装箱上应包含以下信息：

a) 品名；

b) 型号；

c) 数量；

d) 制造商；

e) 地址；

f) 邮编；

g) 执行标准编号；

h) 净质量；

i) 总质量。

8.2.3 包装箱内应包含以下随机文件：

a) 装箱单；

b) 产品合格证；

c) 使用说明书；

d) 出厂检验报告。

8.3 运输

8.3.1 蓄电池包/蓄电池系统应在不完全放电状态下运输，剩余电量根据运输时间和自放电率确定，剩余电量应保持在额定容量的 20%～50% 或符合制造商推荐值。

8.3.2 在运输过程中，应防止剧烈振动、冲击、日晒和雨淋，按 JT/T 617.7 的要求配置灭火器等消防设备。

8.3.3 运输中应对电气接口进行保护，防止碰撞和跌落。

8.4 储存

8.4.1 应在温度为 5～35℃，通风、清洁和干燥的室内储存。避免阳光直射，距离热源应大于 2 m。

8.4.2 储存期间，剩余电量应保持在额定容量的 40%～50% 或符合制造商推荐值。

8.4.3 不应倒置或卧放，避免机械冲击或重压。

北京资源强制回收环保产业技术创新
战略联盟团体标准

T/ATCRR09—2019

梯次利用锂离子电池 电动自行车用蓄电池

Echelon used lithium ion battery—Battery for electric bicycle

（发布稿）

2019－07－08发布 2019－07－18实施

北京资源强制回收环保产业技术创新战略联盟 发布

目　次

前言

1　范围

2　规范性引用文件

3　术语和定义

4　规格

5　技术要求

6　蓄电池包/蓄电池系统组装

7　检验规则

8　标志、包装、运输、储存

前　言

本标准按照 GB/T 1.1—2009 给出的规则起草。

请注意本文件的某些内容可能涉及专利，本文件的发布机构不承担识别这些专利的责任。

本标准由北京资源强制回收环保产业技术创新战略联盟（ATCRR）提出和归口。

本标准起草单位：格林美（武汉）新能源汽车服务有限公司、中天鸿锂清源股份有限公司、张家港清研再制造产业研究院有限公司、浙江天能新材料有限公司、骆驼集团武汉新能源科技有限公司、赣州市豪鹏科技有限公司、北京赛德美资源再利用研究院有限公司、广东省资源综合利用研究所、国网重庆市电力公司电力科学研究院、国家轻型电动车及电池产品质量监督检验中心、张家港清研检测技术有限公司、江苏蓝博威新能源科技有限公司、工业和信息化部电子第五研究所、轻工业化学电源研究所。

本标准主要起草人：康俊杰、龙伟、陈进昭、王文景、董金聪、胡建峰、何晓霞、詹稳、李彬、夏诗忠、区汉成、赵小勇、周吉奎、刘牡丹、龙羿、顾正建、周赵亮、谢家喜、徐强、黄国贤、殷劲松、胡坚耀、王海波。

梯次利用锂离子电池 电动自行车用蓄电池

1 范围

本标准规定了电动自行车用梯次利用锂离子电池的规格、技术要求、蓄电池包/蓄电池系统组装、检验规则及标志、包装、运输、储存。

本标准适用于电动自行车用梯次利用锂离子电池。

2 规范性引用文件

下列文件对于本文件的应用是必不可少的。凡是注日期的引用文件，仅注日期的版本适用于本文件。凡是不注日期的引用文件，其最新版本（包括所有的修改单）适用于本文件。

GB/T 191　包装储运图示标志

GB/T 2893.1　图形符号　安全色和安全标志　第1部分：安全标志和安全标记的设计原则

GB 2894　安全标志及其使用导则

GB/T 4208　外壳防护等级（IP代码）

GB/T 5359.1　摩托车和轻便摩托车术语　第1部分：车辆类型

GB 17761　电动自行车安全技术规范

GB/T 18384.1 电动汽车　安全要求　第1部分：车载可充电储能系统（REESS）

GB/T 18384.3　电动汽车 安全要求 第3部分：人员触电防护

GB/T 18455　包装回收标志

GB/T 31467.1　电动汽车用锂离子动力蓄电池包和系统　第1部分：高功率应用测试规程

GB/T 31467.3　电动汽车用锂离子动力蓄电池包和系统　第3部分：安全性要求与测试方法

GB/T 31485　电动汽车用动力蓄电池安全要求及试验方法

GB/T 34014　汽车动力蓄电池编码规则

GB/T 36276　电力储能用锂离子电池

GB/T 36945　电动自行车用锂离子蓄电池词汇

GB/T 36972　电动自行车用锂离子蓄电池

JT/T **617.7** 危险货物道路运输规则 第 **7** 部分：运输条件及作业要求

QC/T **413** 汽车电器设备基本技术条件

QC/T **841** 电动汽车传导式充电接口

QC/T **897** 电动汽车用电池管理系统技术条件

QB/T **2947.3** 电动自行车用蓄电池及充电器 第 **3** 部分：锂离子蓄电池及充电器

QB/T **4428** 电动自行车用锂离子电池产品 规格尺寸

T/ATCRR **06** 梯次利用锂离子电池 检验方法

3 术语和定义

GB/T **5359.1**、GB **17761**、GB/T **31467.3**、GB/T **31485**、GB/T **36276**、GB/T **36945**、GB/T **36972**、QB/T **2947.3**、T/ATCRR **06** 界定的术语和定义适用于本文件。

3.1 电动自行车 electric bicycle

以车载蓄电池作为辅助能源，具有脚踏骑行能力，能实现电助动或/和电驱动功能的两轮自行车。

［GB **17761—2018**，定义 **3.1**］

3.2 单体蓄电池 secondary cell

直接将化学能转化为电能的基本单元装置，包括电极、隔膜、电解质、外壳和端子，并被设计成可充电。

［GB/T **31485—2015**，定义 **3.1**］

3.3 蓄电池模块 battery module

将一个以上单体蓄电池按照串联、并联或串并联方式组合，且只有一对正负极输出端子，并作为电源使用的组合体。

［GB/T **31485—2015**，定义 **3.2**］

3.4 蓄电池包 battery pack

通常包括蓄电池组、蓄电池管理模块（不包含 BCU）、蓄电池箱以及相应附件，具有从外部获得电能并可对外输出电能的单元。

［GB/T **31467.1—2015**，定义 **3.4**］

3.5 蓄电池系统 battery system

一个或一个以上蓄电池包及相应附件（管理系统、高压电路、低压电路、热管理设备以及机械总成等）构成的能量存储装置。

［GB/T **31467. 1—2015**，定义 **3. 5**〕

3. 6　额定容量　rated capacity

在规定条件下测得，并由制造商标称的电池的容量值。

［GB **36945—2018**，定义 **4. 6**〕

3. 7　初始容量　initial capacity

新出厂的动力蓄电池，在室温下，完全充电后，以 1I₁（A）电流放电至企业规定的放电终止条件时所放出的容量（Ah）。

［GB **31485—2015**，定义 **3. 7**〕

4　规格

电动自行车用锂离子电池的型号、规格要求按 QB/T **4428** 的规定执行。

5　技术要求

5. 1　外观、极性标志、外形尺寸、质量、标志和代号

5.1.1　外观

5.1.1.1　单体蓄电池外观应清洁，不应有裂痕、裂纹、凹痕、沙眼、变形和其他形式的机械损伤，输出引线不应有锈蚀且有清晰、正确的标志。

5.1.1.2　蓄电池包/蓄电池系统所有引出电缆线均有防止电缆线转动和拔脱的固定装置，不应有电缆拔脱、断线、机械变形和接头松动的现象，电缆线均不应有导线裸露的现象。

5.1.1.3　蓄电池包/蓄电池系统箱体外观应清洁，不应有裂痕凹痕、沙眼、变形和其他形式的机械损伤。

5.1.2　极性标志

单体蓄电池和蓄电池包/蓄电池系统的极性应与标志的极性符号相一致。

5.1.3　外形尺寸

应符合产品说明书规定。

5.1.4　质量

应符合产品说明书规定。

5.1.5　编码

单体蓄电池和蓄电池包/蓄电池系统编码按 GB/T 34014 的规定执行。

5.1.6　充放电接口

蓄电池包/蓄电池系统的充电和放电接口应符合 QB/T 4428 的要求。

5.2　电性能

5.2.1　开路电压

蓄电池包/蓄电池系统开路电压应符合产品说明书的规定。

5.2.2　工作电流

蓄电池包/蓄电池系统工作电流应符合产品说明书的规定。

5.2.3　容量

5.2.3.1　室温放电容量

蓄电池包/蓄电池系统按 T/ATCRR 06—2019，5.3.3.1 的规定进行试验后，室温放电容量应不低于额定容量值的 100%，且平均单体蓄电池容量不低于单体蓄电池原出厂额定容量的 60%。

5.2.3.2　低温放电容量

蓄电池包/蓄电池系统按 T/ATCRR 06—2019，5.3.3.2 的规定进行试验后，低温放电容量应不低于额定容量值的 70%，且平均单体蓄电池容量不低于单体蓄电池原出厂额定容量的 50%。

5.2.3.3　高温放电容量

蓄电池包/蓄电池系统按 T/ATCRR 06—2019，5.3.3.3 的规定进行试验后，高温放电容量应不低于额定容量值的 95%。

5.2.3.4　1C 放电容量

蓄电池包/蓄电池系统按 T/ATCRR 06—2019，5.3.4 的规定进行试验后，1C 放电容量应不低于额定容量值的 90%，且平均单体蓄电池容量不低于单体蓄电池原出厂额定容量的 60%。

5.2.4　荷电保持能力及荷电恢复能力

蓄电池包/蓄电池系统按 GB/T 36972—2018，6.2.5 的规定进行试验后，荷电保持能力应不低于额定容量值的 80%，荷电恢复能力应不低于初始容量的 90%。

5.2.5　循环寿命

蓄电池包/蓄电池系统按 T/ATCRR 06—2019，5.3.6 的规定进行试验后，循环寿命应不低于 **600** 次。第 **100** 次的放电容量应不低于额定容量的 **85%**，第 **600** 次的放电容量应不低于额定容量的 **70%**，且平均单体蓄电池容量不得低于单体蓄电池原出厂额定容量的 **60%**。

5.2.6　交流内阻

单体蓄电池或蓄电池包/蓄电池系统按 T/ATCRR 06—2019，5.3.8 的规定进行试验后，交流内阻应不高于制造商出厂时交流内阻的 **100%**。

5.2.7　长期贮存后荷电恢复能力

蓄电池包/蓄电池系统按 GB/T 36972—2018，6.2.6 的规定进行试验后，放电容量应不低于初始容量的 **85%**。

5.3　振动

按 T/ATCRR06—2019，5.4 的规定进行试验后，单体蓄电池和蓄电池包/蓄电池系统应满足：

a) 结构完好，无松动，外壳无破裂；

b) 放电容量应不低于初始容量的 **95%**；

c) 不泄漏、不起火、不爆炸。

5.4　安全性

5.4.1　短路

蓄电池包/蓄电池系统按 T/ATCRR 06—2019，5.5.1 的规定进行试验后，应不泄漏、不起火、不爆炸。

5.4.2　过充电

蓄电池包/蓄电池系统按 T/ATCRR 06—2019，5.5.2 的规定进行试验后，应不泄漏、不起火、不爆炸。

5.4.3　过放电

蓄电池包/蓄电池系统按 T/ATCRR 06—2019，5.5.3 的规定进行试验后，应不泄漏、不起火、不爆炸。

5.4.4　恒温湿热

蓄电池包/蓄电池系统按 T/ATCRR 06—2019，5.5.4 的规定进行试验后，应不泄漏、不冒烟、不着火、不爆炸。

5.4.5　温度冲击

蓄电池包/蓄电池系统按 T/ATCRR 06—2019，5.5.5 的规定进行试验后，应不泄漏、不冒烟、不着火、不爆炸。

5.4.6　浸水

蓄电池包/蓄电池系统按 T/ATCRR 06—2019，5.5.15 的规定进行试验后，应不泄漏、不冒烟、不着火、不爆炸。

5.4.7　自由跌落

蓄电池包/蓄电池系统按 T/ATCRR 06—2019，5.5.7 的规定进行试验后，应不泄漏、不冒烟、不着火、不爆炸。

5.4.8　加热

蓄电池包/蓄电池系统按 T/ATCRR 06—2019，5.5.8 的规定进行试验后，应不泄漏、不冒烟、不着火、不爆炸。

5.4.9　挤压

蓄电池包/蓄电池系统按 T/ATCRR 06—2019，5.5.10 的规定进行试验后，应不爆炸、不起火。

5.4.10　低气压

蓄电池包/蓄电池系统按 T/ATCRR 06—2019，5.5.12 的规定进行试验后，应不爆炸、不起火、不漏液。

5.4.11　机械冲击

蓄电池包/蓄电池系统按 T/ATCRR 06—2019，中 5.5.11 的规定进行试验后，应不爆炸、不起火、不漏液。

5.4.12　短路保护

蓄电池包/蓄电池系统按 GB/T 36972—2018，6.4.4 的规定进行试验后，应不爆炸、不起火、不漏液且保护功能起作用，恢复后，蓄电池包/蓄电池系统应正常工作。

5.4.13 放电过流保护

蓄电池包/蓄电池系统按 T/ATCRR 06—2019，5.5.16 的规定进行试验后，应不爆炸、不起火、不漏液且保护功能起作用；恢复后，蓄电池包/蓄电池系统应正常工作。

5.4.14 静电放电

蓄电池包/蓄电池系统按 GB/T 36972—2018，6.4.6 的规定进行试验后，工作应正常。

5.4.15 组合外壳安全

蓄电池包/蓄电池系统应满足 GB/T 36972—2018，5.5 的要求。

6 蓄电池包/蓄电池系统组装

6.1 固定系统

6.1.1.1 蓄电池包/蓄电池系统在电池箱内应可靠固定；固定系统和蓄电池包之间的电绝缘符合 GB/T 18384.1—2015，6.1 的要求，固定系统应采取防护措施。

6.1.1.2 固定系统不应影响排气系统、通风系统或高压元件的正常工作。

6.1.1.3 维护蓄电池包/蓄电池系统时，固定系统应易于拆卸和安装。

6.2 动力线及相关电器件组装

6.2.1 连接点

应符合以下要求：

a) 各种电连接点应保持牢靠的预紧力，采取防松脱措施。

b) 所有无基本绝缘的连接点应加强防护，应符合 GB/T 4208 的要求。

6.2.2 动力线路标志

动力线路标志应显著，应符合 GB 2894 和 GB/T 2893.1 的要求。

6.2.3 动力线路的连接件

连接件表面应防腐处理。

6.2.4 保险装置

选取合理安装位置，保险装置中的电子部件熔断时应不引燃其他部件。

6.3 组装

6.3.1 极性标志

蓄电池包/蓄电池系统的正负极性应标识在接线端子附近，清楚易见；标志所用材料和颜色按 GB/T 2893.1 的规定执行。

6.3.2 组装

应符合以下要求：

a) 应具有定位和夹紧装置等防振动和防碰擦措施；

b) 对于绝缘间隙小于 15 mm 的部位应采取绝缘和防护措施。

c) 蓄电池包或蓄电池系统的电连接按 GB/T 4208 的规定执行。

6.4 管理系统安装

6.4.1 管理模块

管理模块安装时应符合以下要求：

a) 管理模块可集成在电池箱内，宜安装在独立的箱体内；

b) 应与蓄电池模块等部件物理隔离；

c) 有声光提示的部位应采用透明和透声材料，提示信号清晰，便于感知，提示音量大于 70 dB。

6.4.2 传感元件

蓄电池包/蓄电池系统总电流、总电压及电池组电压、温度等传感元件宜集成在相应的箱体中；未集成在相应的箱体中时，应采取防护措施，按 GB/T 18384.3—2015，6.3 的规定执行。

6.4.3 采集线路布置

线束应可靠固定，走线平顺合理，应与其他线路可靠隔离。

6.5 蓄电池包/蓄电池系统元器件接口

6.5.1 元器件要求

元器件应符合 GB/T 20234、QC/T 841 和 QC/T 413 的规定。

6.5.2 机械接口

机械接口应定位准确、固定可靠，宜设计为不对称性结构，满足接口准确对接，防止误装。

6.5.3 高功率电接口

高功率电接口应具有防腐蚀功能，防松动措施。

6.5.4 监控与控制接口

监控与控制接口应定位准确、固定可靠，宜设计为不对称性结构，接口准确对接，防止误装。

6.5.5 热管理及接口

管理模块对通风、加热、制冷等电器元件控制接口，应符合 QC/T 897 的规定。

7 检验规则

7.1 检验分类

检验分为出厂检验和型式检验。

7.2 出厂检验

7.2.1 产品应由检验部门检查合格后方能出厂，并应附有产品质量合格证。

7.2.2 产品应按批进行检验，每批应保证为同一工艺方法生产的同一型号的产品。

7.2.3 在出厂检验中，若有一项或一项以上不合格时，应将该产品退回返修，修复后进行复检。

7.3 型式试验

7.3.1 有下列情况之一应进行型式检验：

a）新产品试制定型鉴定时；

b）原材料、工艺发生较大变更，可能影响产品性能时；

c）停止生产半年后，恢复生产时；

d）正式生产时，每两年进行一次；

e）国家质量监督机构提出要求时。

7.3.2　判定规则为：

a）型式检验中，所有项目均合格，判定为合格；

b）若有一项不合格时，应判定为不合格。

7.3.3　型式检验项目和样品数量

型式检验项目和样品数量见表 1。

表 1　　　　　　　　型式检验项目和样品数量

序号	检验项目	性能要求	检验方法	样品数量及编号
1	外观	5.1.1	T/ATCRR 06—2019，5.2.1	全部
2	极性标志	5.1.2	T/ATCRR 06—2019，5.2.2	全部
3	外形尺寸	5.1.3	T/ATCRR 06—2019，5.2.3	1组、2组
4	质量	5.1.4	T/ATCRR 06—2019，5.2.4	1组、2组
5	标志和代号	5.1.5	T/ATCRR 06—2019，5.2.5	1组、2组
6	开路电压	5.2.1	T/ATCRR 06—2019，5.3.1	全部
7	工作电流	5.2.2	T/ATCRR 06—2019，5.3.2	3组、4组
8	常温容量	5.2.3.1	T/ATCRR 06—2019，5.3.3.1	3组、4组
9	低温容量	5.2.3.2	T/ATCRR 06—2019，5.3.3.2	3组、4组
10	高温容量	5.2.3.3	T/ATCRR 06—2019，5.3.3.3	3组、4组
11	1C 放电容量	5.2.3.4	T/ATCRR 06—2019，5.3.4	1组、2组
12	荷电保持能力及荷电恢复能力	5.2.4	GB/T 36972—2018，6.2.5	1组、2组
13	循环寿命	5.2.5	T/ATCRR 06—2019，5.3.6	5组、6组
14	交流内阻	5.2.6	T/ATCRR 06—2019，5.3.8	全部
15	长期贮存后荷电恢复能力	5.2.7	GB/T 36972—2018，6.2.6	1组、2组
16	振动	5.3	T/ATCRR 06—2019，5.4	1组、2组
17	短路	5.4.1	T/ATCRR 06—2019，5.5.1	3组
18	过充电	5.4.2	T/ATCRR 06—2019，5.5.2	1组
19	过放电	5.4.3	T/ATCRR 06—2019，5.5.3	4组
20	恒温湿热	5.4.4	T/ATCRR 06—2019，5.5.4	3组
21	温度冲击	5.4.5	T/ATCRR 06—2019，5.5.5	3组
22	浸水	5.4.6	T/ATCRR 06—2019，5.5.15	3组
23	自由跌落	5.4.7	T/ATCRR 06—2019，5.5.7	4组

序号	检验项目	性能要求	检验方法	样品数量及编号
24	加热	5.4.8	T/ATCRR 06—2019，5.5.8	2 组
25	挤压	5.4.9	T/ATCRR 06—2019，5.5.10	4 组
26	低气压	5.4.10	T/ATCRR 06—2019，5.5.12	1 组
27	机械冲击	5.4.11	T/ATCRR 06—2019，5.5.11	7 组
28	短路保护	5.4.12	GB/T 36972—2018，6.4.4	8 组
29	放电过流保护	5.4.13	T/ATCRR 06—2019，5.5.16	8 组
30	静电放电	5.4.10	GB/T 36972—2018，6.4.6	8 组

注1："样品数量及编号"列中的数字表示蓄电池包/蓄电池系统的号码。

注2："组"代表蓄电池包/蓄电池系统。

注3：1~8 为样品随机编号。

8 标志、包装、运输、储存

8.1 标志

8.1.1 蓄电池包/蓄电池系统外表面应具有永久性铭牌。内容应包括但不限于：

a）产品名称；

b）产品型号或规格；

c）蓄电池包/蓄电池系统编码号；

d）额定能量（kW·h）；

e）额定容量（Ah）；

f）标称电压（V）；

g）额定放电电流（A）；

h）峰值放电电流（A）；

i）额定充电电流（A）；

j）质量（kg）；

k）制造商；

l）厂址；

m）执行标准号；

n）生产批号；

o）生产日期；

p）梯次利用电池标志。

8.1.2 蓄电池包/蓄电池系统安全标志和铭牌应明显可见，安全标志应符合 GB/T

18384. 1—2001 中 4.1 的规定。

8.1.3　蓄电池包/蓄电池系统应有 GB 2894—2008 表 2 中 2 – 7 警示标志。

8.1.4　蓄电池包/蓄电池系统应有可回收标志，选用回收标志按 GB/T 18455—2010 中表 1 的规定执行。

8.1.5　蓄电池包/蓄电池系统对外动力线缆、控制线缆的接口处应有明显标记。

8.1.6　蓄电池包/蓄电池系统外表面上禁止、警告和指令标志的标志应符合 GB 2894 的要求。

8.1.7　蓄电池包/蓄电池系统应标识极性。极性标志应位于接近端子柱的位置，标志符如下：

a）正极端子——用符号"＋"或文字"正极"标志；

b）负极端子——用符号"－"或文字"负极"标志。

8.2　包装

8.2.1　放置在干燥、防尘、防潮、防振的包装箱内。包装箱上应标明以下标志：

a）小心轻放；

b）向上；

c）防雨；

d）防晒；

e）重心；

f）堆码层数极限；

g）禁止翻滚；

h）第九类危险品标志；

i）远离热源标志。

包装储运图示标志按 GB/T 191 的规定执行。

8.2.2　包装箱上应包含以下信息：

a）品名；

b）型号；

c）数量；

d）制造商；

e）地址；

f）邮编；

g）执行标准编号；

h）净质量；

i）总质量。

8.2.3　包装箱内应包含以下随机文件：

a) 装箱单；

b) 产品合格证；

c) 使用说明书；

d) 出厂检验报告。

8.3 运输

8.3.1 蓄电池包/蓄电池系统应在不完全放电状态下运输，剩余电量根据运输时间和自放电率确定，剩余电量应保持在额定容量的20%～50%或符合制造商推荐值。

8.3.2 运输中，应防止剧烈振动、冲击、日晒、雨淋，不得倒置，应远离热源，运输车辆应按 JT/T 617.7 规定的要求配置灭火器等消防设备。

8.3.3 运输中应对电气接口进行保护，防止碰撞、跌落。

8.4 储存

8.4.1 宜在温度为 5～40 ℃，通风、清洁、干燥的室内储存。避免阳光直射，距离热源应大于 2 m。

8.4.2 储存期间，剩余电量应保持在额定容量的40%～50%或符合制造商推荐值。

8.4.3 不应倒置或卧放，避免机械冲击或重压。